# Planeta Aqua

Últimos títulos publicados en esta colección:

L. Napoleoni, *Traficantes de personas*
Z. Bauman, *Extraños llamando a la puerta*
N. Chomsky, *Porque lo decimos nosotros*
E. Fottorino (comp.), *¿Quién es Dáesh?*
P. Khanna, *Conectografía*
J. Wajcman, *Esclavos del tiempo*
P. Singer, *Vivir éticamente*
Z. Bauman, *Retrotopía*
A. Cortina, *Aporofobia, el rechazo al pobre*
U. Beck, *La metamorfosis del mundo*
O. Nachtwey, *La sociedad del descenso*
N. Klein, *Decir no no basta*
K. Raworth, *Economía rosquilla*
Z. Bauman y Th. Leoncini, *Generación líquida*
D. Casassas, *Libertad incondicional*
Y. Mounk, *El pueblo contra la democracia*
M. Albright, *Fascismo*
M. Yunus, *Un mundo de tres ceros*
N. Klein, *La batalla por el paraíso*
Z. Bauman y L. Donskis, *Maldad líquida*
D. Runciman, *Así termina la democracia*
M. C. Nussbaum, *La monarquía del miedo*
J. Rifkin, *El Green New Deal global*
P. Mason, *Por un futuro brillante*
M. C. Nussbaum, *La tradición cosmopolita*
S. Zuboff, *La era del capitalismo de la vigilancia*
E. Morin, *Cambiemos de vía*
N. Klein, *En llamas*
C. Mudde, *La ultraderecha hoy*
M. Yunus, *El banquero de los pobres*
A. Cortina, *Ética cosmopolita*
F. Zakaria, *Diez lecciones para el mundo de la postpandemia*
M. Shafik, *Lo que nos debemos unos a otros*
A. Mbembe, *Brutalismo*
E. Morin, *Lecciones de un siglo de vida*
M. C. Nussbaum, *Ciudadelas de la soberbia*
Y. Mounk, *El gran experimento*
J. Rifkin, *La era de la resiliencia*
M. C. Nussbaum, *India*
Q. Slobodian, *El capitalismo de la fragmentación*
M. C. Nussbaum, *Justicia para los animales*
N. Klein, *Doppleganger*
E. Morin, *¡Despertemos!*
Y. Mounk, *La trampa identitaria*
J. Rifkin, *Planeta Aqua*

Jeremy Rifkin

# Planeta Aqua

## Repensar nuestro hogar en el universo

Traducción de Pedro Pacheco González

PAIDÓS Estado y Sociedad

Título original: *Planet Aqua,* de Jeremy Rifkin

*1.ª edición, octubre de 2024*


Paidós es un sello editorial de Editorial Planeta, S. A.
Avda. Diagonal, 662-664
08034 Barcelona, España
www.paidos.com
www.planetadelibros.com

ISBN: 978-84-493-4287-5
Maquetación: Realización Planeta
Depósito legal: B. 14.114-2024
Impresión y encuadernación en CPI Black Print

Impreso en España – *Printed in Spain*

PEFC Certificado
Este libro procede de bosques gestionados de forma sostenible
PEFC
PEFC/14-38-00305
www.pefc.es

*A Carol L. Grunewald,*
*por toda una vida compartiendo ideas*

# SUMARIO

## Cuarta parte
## AGUAS SUBLIMES Y UNA NUEVA ONTOLOGÍA DE LA VIDA EN LA TIERRA

# INTRODUCCIÓN

¿Qué pasaría si un día al despertarnos (los 8.000 millones de personas que habitamos este planeta) nos diéramos cuenta de que el mundo en el que vivimos y al que estamos profundamente apegados de repente nos parece extraño, como si nos hubiéramos teletransportado a otro mundo lejano en el que faltara todo aquello que ha dado sentido a nuestra existencia, y sintiéramos que no tenemos el control? Esta aterradora perspectiva está ocurriendo en el presente. Todo lo que creíamos saber sobre nuestro hogar en el universo ahora parece que es erróneo. Todo lo que nos resultaba familiar, lo que nos aportaba un sentido de pertenencia y nos permitía orientarnos, parece haber desaparecido en un suspiro. Eso hace que nos sintamos desposeídos y perdidos en nuestro propio planeta. Y cada uno de nosotros, a su manera, está asustado y es incapaz de imaginar adónde acudir en busca de consuelo e implicación.

¿Qué ha ocurrido para que nos sintamos como extraterrestres en nuestro pequeño mundo? Es duro escuchar esto, pero durante mucho tiempo (al menos los últimos seis milenios, el lapso de tiempo durante el que hemos desarrollado lo que hemos denominado *civilización*) hemos malinterpretado cuál era la auténtica naturaleza de nuestra existencia y en qué se sustentaba. Para decirlo sin rodeos, nuestra especie, en particular en el mundo occidental, ha llegado a creer que vivimos en *terra firma*, una verde extensión de tierra firme sobre la que prosperamos y que consideramos nuestro hogar en el teatro cósmico. Ese sentido de lugar se hizo añicos el 7 de diciembre de 1972.

En su viaje a la Luna, la tripulación de la nave espacial Apolo 17 tomó una foto de la Tierra desde una distancia de 29.400 kilómetros, en la que se podía apreciar, con todo lujo de detalles, un hermoso orbe azul iluminado por el Sol. Esa fotografía cambió la percepción que la humanidad tenía de nuestro hogar. La visión que durante tanto tiempo se había tenido de una

*Tierra* verde llena de vegetación se redujo instantáneamente a unas pinceladas verdosas sobre el que siempre ha sido un planeta de agua que gira alrededor del Sol. Con sus múltiples tonalidades azules, este parece ser el único planeta acuático que orbita en nuestro sistema solar y quizá en el universo. El 24 de agosto de 2021, la Agencia Espacial Europea introdujo la expresión *planeta Aqua*. La Administración Nacional de Aeronáutica y el Espacio de Estados Unidos (NASA) está de acuerdo y afirma en su página web que «observando la Tierra desde el espacio, es obvio que vivimos en un planeta acuático».

Últimamente, nuestro planeta se ha convertido en el centro de atención de nuestras conversaciones domésticas, en nuestros barrios y comunidades, en los pasillos de las sedes gubernamentales, y en la industria y la sociedad civil. La razón es que la hidrosfera planetaria se está resilvestrando de un modo que parecía impensable hace solo unos años, lo que nos lleva a pensar que estamos siendo testigos de las primeras fases de la sexta extinción de la vida en la Tierra. Nuestros científicos nos dicen que más del 50 % de las especies del planeta están en peligro de extinguirse en los próximos ochenta años, muchas de ellas durante la vida de quienes hoy son aún niños.[1] Se trata de especies que han habitado la Tierra durante millones de años.

La temperatura global está subiendo debido a la emisión de gases de efecto invernadero a la atmósfera: dióxido de carbono ($CO_2$), metano y óxido nitroso. Y eso afecta a la hidrosfera del planeta. Cada grado centígrado de aumento de la temperatura de la Tierra debido a las emisiones de gases de efecto invernadero provoca una aceleración de la evaporación del agua del suelo y del mar hacia la atmósfera. Otra consecuencia es el aumento del 7 % de la concentración de precipitaciones en las nubes, y la aparición cada vez más frecuente de fenómenos más violentos y exponenciales relacionados con el agua: inviernos gélidos que traen consigo potentes ríos atmosféricos y grandes nevadas, inundaciones masivas en primavera, sequías prolongadas en verano, olas de calor e incendios forestales mortales, y huracanes catastróficos en otoño. Cada uno de esos episodios devasta los ecosistemas del planeta, lo que provoca la pérdida de vidas humanas y no humanas, además de la destrucción de infraestructuras sociales.[2]

Echa un vistazo a la siguiente lista de los daños infligidos hasta ahora. Da que pensar, pero es necesario examinarla para acabar con el negacionismo, el pasotismo o, peor aún, con la letargia y el desaliento.

- En la actualidad, 2.600 millones de personas viven en lugares que sufren estrés hídrico alto o extremo. En 2040, un total de 5.400 millones de personas —es decir, más de la mitad de la población mundial prevista— vivirán en cincuenta y nueve países con estrés hídrico alto o extremo.[3]

- En 2050, 3.500 millones de personas podrían sufrir inseguridad alimentaria debida a la falta de agua, lo que supone un aumento de 1.500 millones respecto a la cifra actual.[4]
- En la última década, el número de conflictos e incidentes violentos relacionados con el agua aumentó un 270 % en todo el mundo.[5]
- Unos 1.000 millones de personas viven en países que probablemente no tendrán la capacidad necesaria para afrontar las nuevas amenazas ecológicas y adaptarse a ellas, lo que provocará desplazamientos masivos de población y migraciones climáticas forzosas de aquí al año 2050.[6]
- Las inundaciones, la catástrofe natural más común desde 1990, representan el 42 % de todos los desastres naturales registrados. Las más importantes sufridas por China fueron las inundaciones con corrimientos de tierra de 2010, que provocaron el desplazamiento de 15,2 millones de personas. Las inundaciones también han aumentado drásticamente en intensidad en toda Europa; representan el 35 % de las catástrofes registradas en la región y se prevé que aumenten.[7]
- Todos los continentes sufren sequías, olas de calor e incendios forestales masivos que arrasan ecosistemas y destruyen infraestructuras.
- A finales de la primavera de 2022, el 32 % del territorio de los Estados Unidos continentales sufrió «sequías severas o extremas».[8] En 2023, 1.840 millones de personas (casi el 25 % de la humanidad) vivían en países que experimentaban graves sequías. El 85 % de las personas afectadas por la sequía residen en países de renta baja o media.[9]
- Se están alcanzando temperaturas récord que oscilan entre los 43 y los 50 grados centígrados en regiones de todo el planeta. El Valle de la Muerte, en California, registró una temperatura de 54,44 grados centígrados el 9 de julio de 2021.[10] Incluso la Antártida registró un récord mundial de 18,33 grados centígrados en una extraordinaria ola de calor en abril de 2021. Los años comprendidos entre 2015 y 2021 fueron los más calurosos de los que se tiene constancia.[11] Este récord se batió dos años después, en julio de 2023, cuando el planeta experimentó los tres días seguidos más calurosos jamás documentados.[12]
- En los nueve primeros meses de 2023, 44.011 incendios forestales habían quemado casi 948.000 hectáreas de tierra en Estados Unidos.[13] Los incendios forestales de ese país se vieron eclipsados en 2023 por

la quema de 18,5 millones de hectáreas de bosques boreales en Canadá en un periodo de solo seis semanas.[14] Estos bosques contienen el 12 % del carbono terrestre del mundo, por lo que, si se quemaran en su totalidad, liberarían una cantidad de carbono igual a la que se emitiría en todo el mundo, en un periodo de 36 años, a partir de la quema de combustibles fósiles.[15]

- El humo procedente de los incendios forestales de Canadá hizo empeorar tanto la calidad del aire que el cielo de la ciudad de Nueva York se tiñó de un color naranja brillante. Se consideró la peor calidad del aire del planeta, seguida de la de Chicago, Washington D. C. y otras ciudades, y se recomendó a millones de personas que permanecieran en sus casas.
- Diecinueve países corren peligro si sube el nivel del mar, lo que podría afectar al menos al 10 % de su población. Esto tendrá importantes consecuencias para las zonas costeras más bajas de China, Bangladés, la India, Vietnam, Indonesia y Tailandia en las próximas tres décadas, así como para ciudades con grandes poblaciones, como Alejandría (Egipto), La Haya (Países Bajos) y Osaka (Japón).[16]
- En 2050, 4.700 millones de personas residirán en países que se encontrarán bajo una amenaza ecológica alta o extrema.[17]
- Los científicos han hecho público un alarmante descubrimiento: el derretimiento de las capas de hielo polares y los glaciares de montaña más la extracción de un volumen sin precedentes de agua bombeada del subsuelo para el riego y el consumo humano, han cambiado la forma en que se distribuye la masa del planeta y desplazando el eje de rotación de la Tierra, con consecuencias inimaginables para el futuro de la vida.[18]
- Los niveles de oxígeno en los océanos se han desplomado como consecuencia del cambio climático hasta un 40 % en algunas regiones.[19]
- En 2050, el 61 % de todas las centrales hidroeléctricas del planeta estarán en cuencas fluviales que tendrán un «riesgo muy alto o extremo de sufrir sequías, inundaciones o ambas».[20]
- El 20 % de toda el agua dulce que queda en la Tierra se encuentra en los cinco Grandes Lagos interconectados de Norteamérica.[21]
- El Banco Mundial informa de que «en los últimos cincuenta años, el agua dulce per cápita se ha reducido a la mitad».[22]

Si somos los responsables de la pérdida de tanta vida, quizá también podamos ser los salvadores. Hay razones para ser cautelosamente optimistas, aunque no debemos creer ingenuamente que todo se va a solucionar. Pero este giro radical dependerá de que se produzca un cambio en la forma en que concebimos la actividad humana y nuestra relación con el planeta. Tendremos que llevar a cabo un profundo análisis sobre cómo ha sido posible que nuestra especie se alejara, hace unos seis milenios, de todos los demás seres vivos que habitan la Tierra y que, desde tiempos inmemoriales, se adaptara paso a paso a un planeta animado y en constante evolución.

Nuestros primeros antepasados eran animistas y concebían el mundo que los rodeaba como algo vivo, vibrante y rebosante de espíritus que interactuaban constantemente con una naturaleza sin límites, y con la que los actos de nuestra especie estaban íntimamente entrelazados. El gran cambio se produjo cuando nuestros antepasados empezaron a utilizar la extraordinaria agudeza mental y la destreza física que poseían para cambiar de rumbo y adaptar toda la naturaleza a las necesidades caprichosas de nuestra especie, a costa del agotamiento del mundo natural.

Hace seis milenios, a lo largo de los ríos Éufrates y Tigris,[23] en lo que hoy es Turquía e Irak; poco después en el río Nilo, en Egipto;[24] en los ríos Ghaggar e Indo, en el valle del Indo que hoy cubre partes de la India y Pakistán;[25] en el río Amarillo, en el valle de Huang He, en China;[26] y más tarde en todo el Imperio romano,[27] nuestros antepasados comenzaron a aprovechar las aguas planetarias para el uso exclusivo de la familia humana. Construyeron elaboradas presas y embalses artificiales, levantaron diques, y excavaron canales para aprovechar los grandes ríos, secuestrando, apropiándose y mercantilizando las aguas para el uso de sus poblaciones. Eso alteró radicalmente la ecología natural de sus biorregiones. Estas infraestructuras hidráulicas dieron lugar a lo que los historiadores denominan civilizaciones o sociedades hidráulicas. La captación de aguas en regiones de todo el mundo continuó sin cesar, alcanzando su punto álgido en las primeras décadas del siglo XXI.

Aunque ni los historiadores ni los antropólogos, y menos aún los economistas y los sociólogos, han prestado la atención que merece esta extraordinaria reorientación de la hidrosfera planetaria, el hecho es que la aparición de una población urbana densa es una consecuencia inextricable de la infraestructura hidráulica cuyo único propósito es servir a las necesidades de nuestra especie.

Gran parte de la sociología, la economía y la gobernanza que han acompañado a la humanidad a lo largo de estos seis milenios ha quedado plasmada en las infraestructuras hidráulicas. Aunque algunos grupos de nuestra especie han permanecido fuera de estas enormes burbujas de infraestructuras (algunos incluso hasta la era actual), son las grandes civilizaciones hidráulicas las que mayormente han dejado una huella perceptible.

Ahora, en medio del calentamiento del planeta, causado en gran parte por el nexo existente entre el agua, la energía y los alimentos (impulsado a su vez por los combustibles fósiles), la civilización hidráulica urbana se está derrumbando en todo el mundo. Este vacío está dando lugar a un gran reajuste en la relación de nuestra especie con la hidrosfera planetaria. Apenas estamos empezando a saber cómo volver a adaptarnos a los requisitos de un planeta vivo, en constante evolución y que se autoorganiza, en el que la hidrosfera desempeña el papel central como organizadora de la vida. De lo que hablamos es de una nueva forma de neoanimismo, impulsado por un sofisticado acercamiento a nuestro hogar acuático basado en la ciencia y que es posible gracias a nuestras tecnologías.

La búsqueda de nuestro camino de vuelta en un planeta que se desboca a toda velocidad ha alterado lo que los filósofos llaman *lo sublime*. El término fue introducido por primera vez en 1757 por el filósofo irlandés Edmund Burke, que escribió un ensayo titulado *Indagación filosófica sobre el origen de nuestras ideas acerca de lo sublime y de lo bello*, y fue retomado posteriormente por los filósofos de la época para convertirse en una pieza central de la Ilustración y del Romanticismo, y más tarde, en los siglos XIX y XX, también de la era del progreso.

Burke describe la sensación de terror absoluto que se siente ante una fuerza abrumadora de la naturaleza: puede ser una imponente cadena montañosa, un cañón profundamente esculpido, un enorme incendio forestal, una furiosa inundación o un huracán, una hilera de tornados mortíferos, un géiser en erupción, un volcán al rojo vivo que escupe ceniza o un potente terremoto que abre las costuras del planeta y se lo traga todo. Si se observa desde una distancia segura, y lejos del peligro, el terror se convierte en una sensación de «asombro» ante la naturaleza desatada. El asombro, a su vez, nos lleva a «maravillarnos» ante las poderosas fuerzas de la naturaleza y despierta nuestra «imaginación» sobre el significado de la vida. En ocasiones, nos proporciona una «experiencia trascendente», un cambio en nuestro sentido de pertenencia dentro del todo que es nuestro planeta compartido.

Esta experiencia de lo sublime ha suscitado un acalorado debate entre dos escuelas filosóficas muy diferentes sobre el sentido de la vida y sobre nuestra propia relación personal con todo aquello que existe. A medida que nuestra familia humana se acerca cada vez más a un abismo medioambiental y a la posible extinción de la vida en la Tierra, la cuestión de cómo responder a lo sublime de la naturaleza nos ha colocado en una encrucijada. Es aquí donde cada uno de nosotros, a su manera, empieza a plantearse la gran pregunta: ¿qué enfoque adoptaremos ante esta experiencia trascendente? ¿Será una nueva forma de utilitarismo o se basará en una reconexión biofílica consciente y empática con nuestro hogar en el universo?

El filósofo de la Ilustración Immanuel Kant creía que en el punto en el que se unen el terror, el asombro, la maravilla y la imaginación en la agonía que provoca lo sublime, la «mente racional» (una fuerza no material, independiente de la tempestad de la naturaleza e incluso inmune a su apabullante intervención) entra en acción y toma el control. Recurre a una razón fría, desapegada y objetiva para someter, capturar, secuestrar y domar los excesos de la naturaleza y así poder satisfacer las necesidades de nuestra familia humana. En resumen, la razón humana neutraliza a la bestia.

Sin embargo, el filósofo Arthur Schopenhauer no creía en el desapego racional de Kant. Defendió que, aunque lo sublime evoca al principio terror y una sensación de impotencia en el observador, para poco después provocar asombro, maravilla e imaginación al verse envuelto por poderosas fuerzas planetarias, puede conducir a un camino diferente hacia la trascendencia: un sentimiento de pertenencia compasiva a un planeta vivo en el que cada individuo influye y participa, rodeado por la unidad irreductible de todas las formas de vida que conforman la existencia.

Hoy en día, la objetividad fría y el utilitarismo desapegado mantienen un equilibrio con el apego biofílico comprometido en todos los frentes, mientras las fuerzas de la inteligencia artificial (IA), la singularidad tecnológica y el metaverso se preparan para enfrentarse a las fuerzas que defienden la reconexión neoanimista. Lo que está en juego es si nuestra especie seguirá doblegando la naturaleza a nuestra voluntad racional o si se readaptará a ella y volverá a unirse a la comunidad que conforman todos los seres vivos del planeta Aqua. ¿Cuándo se solucionará este debate? Cuando comprendamos que vivimos en el planeta Aqua. Este es nuestro entorno, el medio en el que vivimos. La hidrosfera no es solo una parte de la Tierra, sino la fuerza animadora de la historia de la vida en el planeta. Es el motor de las otras tres esferas principales de la Tierra (la litosfera, la atmósfera y la biosfera), y la incubadora de toda la vida que está por venir.

Es primordial comprender cuál es nuestra auténtica ontología (la naturaleza de nuestro ser). Y el siguiente paso es actuar siendo fiel a ella. Los capítulos y páginas que siguen son una historia, un relato en el que explico de dónde venimos, qué nos ha llevado aquí, a nosotros y al resto de las especies con las que compartimos el planeta, al borde de la extinción, y adónde tendremos que ir cuando se instaure definitivamente el «nuevo orden de los tiempos», *novus ordo seclorum*, que está empezando a conformarse. Esta nueva narrativa y el viaje que la acompaña podrían dar a nuestra especie y a todas las demás una segunda oportunidad en el planeta Aqua.

Nada de lo que explico en las páginas y en los capítulos siguientes es meramente teórico, sino que todo está fenomenológicamente basado en todas las experiencias que han llevado a nuestra especie hasta este punto de la historia del planeta en el que nos encontramos. Cómo podría desarrollarse una nueva versión de «lo sublime» es una incógnita que depende del futuro que nos aguarda, sujeta al efecto mariposa, y a las buenas y malas fortunas que nos depare la vida en el planeta Aqua.

Lo que nos dicen los datos es que estamos cerca de ser testigos del colapso de la civilización hidráulica/urbana tras seis milenios de historia. El calentamiento del planeta ha liberado una hidrosfera secuestrada durante mucho tiempo. Nuestro planeta acuático está evolucionando de formas tan nuevas que apenas podemos imaginar. Los ecosistemas de muchas zonas del mundo se están colapsando, las infraestructuras están siendo devastadas y las vidas de nuestra especie y de nuestros compañeros de viaje corren cada vez más peligro. Todo el entorno construido por el hombre es ahora un activo abandonado y tendrá que ser repensado, reimaginado y reutilizado de nuevas maneras.

Por ejemplo, un nuevo estudio realizado por investigadores de la Universidad del Noroeste de Estados Unidos y publicado en 2023 reveló que el calentamiento global está aumentando la temperatura del suelo situado bajo la superficie. También lo deforma,[28] lo que significa que los edificios, las tuberías de agua y gas, los servicios eléctricos, el metro y otras infraestructuras subterráneas corren cada vez más peligro. Chicago, por ejemplo, ya está empezando a experimentar las primeras fases del hundimiento de sus infraestructuras, un proceso que amenaza el emblemático conjunto de edificios que hicieron de la ciudad un hito arquitectónico en el siglo XX. Será inevitable que otras megalópolis urbanas del resto del planeta se hundan, y no a lo largo de este milenio, sino más bien en los próximos ciento cincuenta años aproximadamente, lo que supondrá una reducción potencial de la vida urbana, al menos tal y como la conocemos.

Como dice el conocido dicho, las crisis crean oportunidades. Nuestra especie se encuentra inmersa en la mayor crisis desde que habitamos el planeta. Se trata de una extinción masiva que se está produciendo en tiempo real. Lo que tenemos que hacer es repensar cada aspecto de nuestros orígenes, de aquello en lo que creíamos, de cómo hemos vivido, y hacia dónde tenemos que ir para adaptarnos y reconectar con el planeta Aqua, cuya hidrosfera se está transformando de formas inéditas.

Este proceso ya está en marcha. La «civilización hidráulica» urbana ya se está derrumbando en varias regiones, mientras que la «sociedad efímera» en espera de una hidrosfera impredecible está empezando a asomar y a progresar. Si la primera se caracteriza por largos periodos de vida sedentaria y periodos más cortos de existencia migratoria, la segunda se articula en torno a periodos más largos de vida migratoria y periodos más cortos de existencia sedentaria.

Con este cambio de época llega un vocabulario totalmente nuevo asociado a los procesos, los patrones y las prácticas que acompañan a una hidrosfera que se está resilvestrando. Y por eso surgen propuestas innovadoras. El movimiento *slow water* (agua lenta), *internet y microrredes del agua, ciudades esponja, calendarios del agua* o *año hidrológico* son algunos de los numerosos conceptos nuevos que se están convirtiendo en parte integrante de nuestra vida cotidiana, intentando volver a poner a nuestra especie en sintonía con el planeta Aqua. Las comunidades incluso están introduciendo el término *despavimentación*, un proceso de eliminación de superficies impermeables en barrios y comunidades que serán sustituidas por espacios verdes permeables, con el fin de liberar el agua y permitir que se filtre en el suelo y, a partir de ahí, siga su curso natural. También está de moda la *desalinización alquímica* del agua salada impulsada por la energía solar y eólica. Se calcula que en 2050 más de 1.000 millones de personas beberán agua desalinizada producida por ósmosis solar. Ya están apareciendo en el mercado dispositivos de ósmosis portátiles del tamaño de una maleta que consumen menos energía eléctrica que un teléfono móvil y se están convirtiendo en un accesorio indispensable en un mundo asolado por la sequía.[29]

Ahora, en medio del calentamiento climático, está emergiendo un incipiente neonomadismo, transformando la noción misma de *infraestructura*. Las ciudades emergentes, las infraestructuras desmontables y reciclables, los hábitats temporales impresos en 3D, la agricultura vertical de interior impulsada por la inteligencia artificial y la cría de insectos, que utiliza doscientas cincuenta veces menos agua que la agricultura convencional al aire libre, están cambiando el panorama socioeconómico. Se están empezando a cartografiar los corredores migratorios, y probablemente se emitirán cientos de millones de pasaportes climáticos, a medida que nuestras sociedades abandonan cada vez más los hábitats urbanos convencionales de alta densidad atrapados por el calentamiento global. Una hidrosfera en proceso de resilvestración está cambiando rápidamente los patrones de asentamiento de nuestra población en todos los continentes, dejando que las aguas determinen cómo se distribuyen nuestra familia humana y el resto de las especies.

Los Gobiernos nacionales, encorsetados durante mucho tiempo en forma de Estados soberanos y protegidos por fronteras fijas, también se ven desafiados por la gobernanza biorregional, cuyo ámbito va más allá de las fronteras políticas, a medida que las comunidades locales empiezan a compartir la responsabilidad de administrar su ecosistema común. La globalización está disminuyendo a medida que el clima se calienta y las catástrofes climáticas minan las cadenas logísticas y el comercio a través de los corredores oceánicos y aéreos. Poco a poco, está dando paso a la glocalización, a medida que nuevas pequeñas y medianas empresas (pymes) y cooperativas de alta tecnología y gran agilidad, situadas en diversas regiones, se empiezan a relacionar directamente entre sí a través de redes de proveedores y usuarios impulsadas digitalmente. Al eludir los mercados capitalistas tradicionales (vendedor/comprador), su coste es cercano a cero.

A pesar de su senescencia, la «geopolítica» está dando sus últimos coletazos que conducen hacia el hundimiento del mundo. Pero al mismo tiempo, a medida que nuestra familia humana se da cuenta de que todos nosotros y nuestros congéneres vivimos en una biosfera global que tenemos que compartir, está siendo desafiada (aunque solo sea ligeramente) por una nueva y ferviente «política de la biosfera». A su vez, este cambio va acompañado, aunque sea tímidamente, por una nueva priorización de los objetivos de los ejércitos: de defender las fronteras políticas y la propiedad; de rescatar, recuperar y socorrer a las personas en caso de catástrofe climática en ecosistemas compartidos.

El auge de la sociedad efímera también viene acompañado de nuevos términos para describir la vida económica. La economía ecológica, que se inspira en la primera y la segunda ley de la termodinámica, es un sistema económico híbrido que solo se ajusta parcialmente a lo que llamamos capitalismo de mercado, mientras se basa, cada vez más, en una economía en la que el capital financiero pierde paulatinamente importancia frente al capital ecológico. El hidroísmo se convierte en el nuevo punto común de una sociedad efímera.

En el planeta Aqua, la eficiencia deja paso a la adaptabilidad como principal valor temporal, la productividad se vuelve mucho menos importante que la regeneración, el producto interior bruto (PIB) se deja de lado para dar paso a los indicadores de calidad de vida (ICV), y los juegos de suma cero pierden vigencia, mientras que el efecto de red se convierte de manera progresiva en la norma.

Para aprender a vivir en el planeta Aqua hemos de utilizar nuevas formas de medir el rendimiento. En un planeta formando principalmente por agua, es fundamental comprender el nexo entre agua, energía y alimentos, y utilizar el índice de agua virtual para medir cómo se distribuye el agua tanto a nivel nacional como la dedicada a la exportación y la importación. En un planeta de agua como el nuestro, estos últimos son indicadores tan importantes como la huella de carbono en el comercio.

Quizá lo más alentador sea que el colapso de la civilización hidráulica urbana y el auge de la sociedad efímera van acompañados de un creciente reconocimiento de los «derechos de las aguas» como motor principal y fuerza animadora de todas las formas de vida que habitan el planeta Aqua. Diversos países han empezado a promulgar leyes que garantizan el derecho legal de océanos, lagos, ríos y llanuras aluviales a fluir a su antojo, a medida que la hidrosfera se va resilvestrando en busca de un nuevo equilibrio. Además, están respaldando estos derechos con la autoridad que se les ha otorgado para llevar las infracciones a los tribunales.

Estos vastos cambios en la concepción que tenemos de nuestro planeta reinician la historia humana, llevándonos a un nuevo futuro conectado con la vida. Vivimos en un planeta acuático y todos los aspectos de nuestra existencia se derivan de esta verdad incontrovertible. Rebautizar nuestro hogar en el universo como planeta Aqua, e introducir esta segunda denominación en las constituciones, estatutos, códigos, reglamentos y normas gubernamentales, es un primer paso de gigante hacia una reconexión con las aguas que sustentan nuestra existencia. Este momento de revelación marca el comienzo de un nuevo viaje trascendental cuyo objetivo es que la vida de nuestra morada acuosa recupere su pulso. Estas y otras innumerables decisiones que tomemos en el curso de las próximas generaciones determinarán si la vida en el planeta se recupera y nuestra especie se renueva. Solo tenemos un objetivo: hacer las paces con una hidrosfera que se está resilvestrando y encontrar nuevas formas de prosperar junto con el resto de las especies que habitan nuestro mundo. Todo lo demás es una distracción.

PRIMERA PARTE

# EL COLAPSO INMINENTE DE LA CIVILIZACIÓN HIDRÁULICA

## Capítulo 1

# PRIMERO EXISTIERON LAS AGUAS

El gran misterio de la historia de la Tierra se resume en una sencilla pregunta: ¿cómo surgió la vida? Resulta muy tentador aceptar como primera pista lo que se dice en el inicio del libro del Génesis de la Biblia. Shlomo Yitzchaki, también conocido como Rashi, fue un conocido rabino francés del siglo XI, cuya reflexión sobre el Talmud sigue siendo una interpretación autorizada de las Escrituras. El relato bíblico de la creación, señala Rashi, comienza con la sorprendente aceptación de que primero existieron las aguas, las cuales precedieron a la creación divina del cielo y de la tierra.[1] El Génesis comienza con un pasaje que sugiere que, al principio, la Tierra no tenía forma y estaba vacía, y las tinieblas cubrían la superficie de las profundidades. El espíritu de Dios se cernía sobre las aguas.[2]

Dios dividió entonces las aguas primordiales, creó el cielo y la tierra, el día y la noche, separó la tierra de los océanos y pobló el planeta con toda una serie de criaturas vivientes. Sus últimas y más preciadas creaciones fueron Adán y Eva, hechos a imagen de Dios y modelados a partir del polvo de la tierra. Para ser justos con los relatos históricos, hay que mencionar que hubo otros que, como el Génesis, hablaban de la existencia de las aguas antes de la creación. La antigua civilización babilónica cuenta una historia similar sobre la creación del mundo, y existen muchas más que están en la misma línea. Las antiguas historias de las aguas primigenias están cobrando interés recientemente, a medida que los científicos empiezan a desentrañar los secretos de la formación y evolución del universo, de nuestro propio sistema solar y de nuestro planeta, y se centran en el papel que desempeña el agua en el desarrollo del cosmos.

Estos relatos sobre el inicio de la Tierra que sitúan las aguas antes de la creación han adquirido una vital importancia a causa de los tumultuosos cambios que se están produciendo en la hidrosfera terrestre. Aunque el calentamiento global, resultado de las emisiones industriales de $CO_2$, metano y óxido nitroso procedentes de la quema de combustibles fósiles, afecta a las cuatro esferas primarias de la Tierra (hidrosfera, litosfera, atmósfera y biosfera), la que sufre un mayor impacto es la hidrosfera. Los ecosistemas terrestres, que se han desarrollado en un régimen de clima templado durante los últimos once mil años (Holoceno), están colapsando con la embestida del cambio climático y la resilvestración de las aguas, provocando la sexta extinción de la vida en el planeta (la última vez que la Tierra experimentó una extinción masiva de la vida fue hace 65 millones de años).

No es de extrañar que la comunidad científica esté intentando comprender a toda prisa el funcionamiento profundo de la hidrosfera y su impacto en la litosfera, la atmósfera y la biosfera. Con esos conocimientos nos podríamos adaptar mejor a los cambios de las corrientes oceánicas y la corriente del Golfo, los efectos del deshielo de los últimos vestigios de la anterior Edad de Hielo sobre la tierra y el mar, la alteración y el desplazamiento de las placas tectónicas de la Tierra, el desencadenamiento de terremotos procedentes del manto terrestre y el fuerte aumento de las erupciones de volcanes hasta ahora inactivos.

Si te quedara alguna duda sobre la importancia de las aguas a la hora de determinar la dirección en la que evoluciona el planeta, piensa en los descubrimientos científicos que demuestran que la forma en que se distribuyen las aguas altera la inclinación del eje de la Tierra.[3] Y eso es exactamente lo que está ocurriendo desde la década de 1990 en nuestro planeta. La razón es que el calentamiento provocado por el cambio climático está derritiendo rápidamente los últimos glaciares y capas de hielo del Pleistoceno que quedan en la región ártica. El enorme volumen de agua liberada se está extendiendo por los océanos y alterando la forma en que se distribuye el peso del planeta, además de modificar la rotación sobre su eje.[4]

Una nueva investigación también ha descubierto que el reciente bombeo de aguas subterráneas para la agricultura con el fin de alimentar a una población creciente, que ya supera los 8.000 millones de personas, también está influyendo en la forma en que se distribuyen las aguas, «lo suficiente como para hacer que el eje del planeta se desplace». En 2010, la población de la India bombeó 348 billones de litros de agua del subsuelo. Aunque, con el paso del tiempo, es probable que la modificación de la inclinación de la Tierra provocada por el cambio climático antropogénico solo «altere ligeramente la duración del día en un milisegundo más o menos», es suficiente para que nos sintamos impresionados por la acción de las aguas y el impacto que causan en el planeta.[5]

Los científicos se preguntan de dónde proceden las aguas primordiales y cómo se formaron. Desde hace tiempo, los astrónomos creen que el agua está presente en todo el universo y que llegó a la Tierra recién formada hace 3.900 millones de años gracias al intenso bombardeo de cometas compuestos principalmente de hielo. Sin embargo, nuevos estudios apuntan a una segunda fuente complementaria de agua: la lixiviación de rocas fundidas bajo la superficie terrestre.[6] Hallazgos recientes sugieren también que la Tierra antigua podría haber sido un mundo acuático sin continentes, lo que refuerza la descripción bíblica de las aguas primordiales que precedieron a la creación de la tierra por parte de Dios.[7]

Aunque la comunidad científica aún no ha descifrado del todo la conexión existente entre las aguas y la evolución de la vida en el planeta, sí que se sabe que todas las especies están compuestas principalmente por agua de la hidrosfera. Todo esto nos remonta a Adán en el jardín del Edén, ya que durante mucho tiempo se pensó que había sido formado a partir del polvo de la tierra. En realidad, el agua constituye gran parte de la composición del esperma, y el cuerpo humano se gesta en un medio acuático, el útero. En algunos organismos, más del 90 % de su peso corporal es de agua; en los seres humanos, el agua constituye aproximadamente el 60 % del cuerpo de un adulto.[8] El corazón es agua aproximadamente en un 73 %; los pulmones, en un 83 %; la piel, en un 64 %; los músculos y los riñones están compuestos por un 79 % de agua y los huesos son en un 31 % agua.[9] El plasma, el líquido de color amarillo pálido que transporta las células sanguíneas, las enzimas, los nutrientes y las hormonas, es en un 90 % agua.[10]

El agua desempeña un papel esencial en la gestión de las funciones y características más importantes de los sistemas vivos. La lista de particularidades es impresionante. El agua es:

> Un nutriente vital en la vida de cada célula que actúa, en primer lugar, como material de construcción. Regula la temperatura interna de nuestro cuerpo mediante la transpiración y la respiración. Los hidratos de carbono y las proteínas que nuestro cuerpo utiliza como alimento son metabolizados y transportados por el agua en el torrente sanguíneo. El agua ayuda a eliminar los residuos, principalmente a través de la orina. Actúa como amortiguador para el cerebro, la médula espinal y el feto. Forma parte de la composición de la saliva y lubrica las articulaciones.[11]

El agua entra y sale de nuestro cuerpo todos los días. En este sentido, nuestros sistemas abiertos semipermeables introducen agua dulce de la hidrosfera terrestre en nuestro cuerpo para realizar funciones vitales, tras lo cual se la devuelven. Si queremos defender que el cuerpo humano (y el de todos los demás seres vivos) es más un sistema fluido y disipativo que se alimenta de energía y excreta residuos entrópicos, en lugar de una estructura fija, un mecanismo cerrado que importa energía para asegurar su propia autonomía, un punto de partida apropiado para explicar nuestro argumento sería el ciclo y reciclaje del agua ($H_2O$).

Todo ser humano sabe intuitivamente que el agua es vida. Podemos estar sin comida hasta tres semanas, pero solo podemos estar sin agua alrededor de una semana por término medio antes de correr el riesgo de morir. Pero ahora, el ciclo hidrológico se está convulsionando de un modo que nos cuesta comprender, cambiando la dinámica de todas las demás esferas de la Tierra y la perspectiva de supervivencia tanto de nuestra especie como de todas las demás. Ya hemos pasado por esto.

## UN *DÉJÀ VU* Y EL SEGUNDO DILUVIO

La memoria histórica de nuestra especie empezó con el relato del diluvio universal, tal como la cuentan los pueblos de todo el mundo. Mientras que la civilización occidental habla de la gran inundación provocada por Yavé que se tragó toda forma de vida, con la excepción de Noé y su familia y un macho y una hembra de cada especie que embarcaron en su arca, otras relatan sus propias historias de una gran inundación y de la supervivencia de la creación. En los últimos años, la comunidad científica ha descubierto pruebas de inundaciones catastróficas que se produjeron en varias regiones del mundo tras el deshielo de la última Edad de Hielo. En Eurasia, Norteamérica y otros lugares, se derritieron gigantescos lagos represados por el hielo, lo que provocó enormes inundaciones glaciares. Ríos que antes estaban congelados se desbordaron sobre las tierras adyacentes y mataron a todas las criaturas que las habitaban. La devastación causada por el deshielo caló hondo en la psique colectiva de nuestros antiguos antepasados y fue el primer recuerdo histórico compartido que se transmitió oralmente y, más tarde, con la llegada de la escritura, por escrito hasta nuestros días.

Ahora, once milenios después, la hidrosfera vuelve a rebelarse en pleno calentamiento global del planeta. Los científicos nos advierten de que la mitad de las especies de la Tierra pueden extinguirse en los próximos ochenta años.[12] Muchas de esas especies llevan habitando el planeta desde hace millones de años. Nuestros científicos están inmersos en un acalorado debate sobre qué es lo que ha precipitado la actual extinción. La mayoría culpa a la era industrial basada en los combustibles fósiles y a la emisión masiva a la atmósfera de $CO_2$, metano y óxido nitroso de causar el calentamiento del clima. Los registros geológicos han aportado pruebas de ello. Otros creen que el camino hacia la extinción comenzó ya con la formación de las primeras grandes civilizaciones hidráulicas en el Mediterráneo, el norte de África, la India, China y otros lugares, alrededor del año 4000 a. e. c.

Durante el 95 % de la historia de *Homo sapiens*, nuestros antepasados vivieron como el resto de los animales, cazando y recolectando, adaptándose continuamente a los cambios de estación y a los vaivenes de la naturaleza.[13] La especie homínida, que culminó con la aparición de *Homo sapiens* hace entre doscientos mil y trescientos mil años, vivió en un planeta peligroso, testigo de unos cien mil años de glaciaciones seguidos por diez mil años o más de interludios de calentamiento. El último deshielo del Pleistoceno, hace unos once mil años, dio lugar al clima templado que conocemos desde entonces. Con la llegada del Holoceno, nuestros antepasados adoptaron una vida sedentaria caracterizada por la agricultura y el pastoreo de animales: el Neolítico. Durante ese periodo de la historia surgió la civilización urbana hidráulica, hace unos seis mil años, en el Mediterráneo y, poco después, en la India y China. Por primera vez en la historia de nuestra especie, dimos marcha atrás y pasamos de adaptarnos siempre a los flujos de la naturaleza, como todas las demás criaturas, a dar un giro brusco, adaptando la naturaleza a los deseos y designios de nuestra especie. La civilización urbana hidráulica no dejó de crecer durante seis milenios, y culminó en la era industrial basada en los combustibles fósiles, el auge del capitalismo, el calentamiento del clima del planeta y una hidrosfera que siembra el caos en la Tierra.

En la última década, Estados Unidos experimentó veintidós fenómenos meteorológicos extremos relacionados con el clima, todos ellos desencadenados por la reorientación radical del ciclo hidrológico. Cada uno de ellos originó más de 1.000 millones de dólares en pérdidas para el medioambiente, la economía y la sociedad.[14] Solo en 2021, todo el país se vio afectado por desastres climáticos con daños superiores a 145.000 millones de dólares, incluidos una ola de frío glacial en el sur y en Texas; incendios forestales masivos que se extendieron por Arizona, California, Colorado, Idaho, Montana, Oregón y el estado de Washington; una sequía que duró de verano a otoño y una ola de calor en el oeste del país, inundaciones monumentales en California y Luisiana, una serie de tornados dispersos, cuatro huracanes tropicales y otros siete fenómenos meteorológicos graves. Según la Oficina Nacional de Administración Oceánica y Atmosférica, el coste total para la sociedad, la economía y el medioambiente de los fenómenos meteorológicos graves relacionados con el cambio climático ocurridos entre 2017 y 2021 (todos ellos asociados a un ciclo hidrológico que va cambiando rápidamente) superó los 742.000 millones de dólares.[15] Para poner esa cifra en perspectiva, te diré que la Ley Bipartidista de Empleo e Inversión en Infraestructura, promulgada en 2021 para reducir las emisiones de gases de efecto invernadero y construir infraestructuras inteligentes y resistentes aptas para la Tercera Revolución Industrial que se desarrollará durante la próxima década, solo destinaba 550.000 millones de dólares a programas relacionados con el clima. La crisis afecta cada vez a más personas; de hecho, en 2021, cuatro de cada diez estadounidenses vivían en un condado asolado por «desastres relacionados con el clima».[16]

Peor aún, en Estados Unidos, el 43 % de la población vive en comunidades que dependen de presas, contrafuertes, embalses y arrecifes artificiales envejecidos y en mal estado: la presa media en Estados Unidos tiene casi sesenta años, y el dique medio, más de cincuenta.[17] Estas antiguas infraestructuras hidráulicas no fueron diseñadas para resistir inundaciones, sequías, olas de calor, incendios forestales y huracanes de un ciclo hidrológico cada vez más impredecible. Estados Unidos no es el único país que sufre estas calamidades. Un estudio de 2022 publicado en la revista *Water* señalaba que, en 2050, el 61 % de todas las centrales hidroeléctricas del planeta estarán en cuencas fluviales con un «riesgo muy alto o extremo de sufrir sequías, inundaciones o ambas cosas».[18] Todos los países se enfrentan a un dilema similar: reparar y reconstruir continuamente la infraestructura hidroeléctrica, que es una causa perdida, o dejar que las aguas sigan su curso y establezcan un nuevo equilibrio. Si se opta por esta última opción, los Gobiernos de Estados Unidos y del resto del mundo tendrán que crear programas de compensación o compra de propiedades y adoptar iniciativas de reubicación para permitir el reasentamiento en zonas fuera de peligro, y dejar que las aguas vuelvan a su cauce y creen nuevos umbrales ecológicos para el florecimiento de la vida.

No podemos decir que no se nos advirtiera. Entre las grandes mentes científicas que han dado la voz de alarma en el último siglo se encuentra el famoso geoquímico ruso Vladímir Vernadski, quien a principios del siglo XX popularizó el término *biosfera* y defendió que la hidrosfera es la agencia crítica que dicta la evolución de la vida en el planeta. En esa misma época, Lawrence Joseph Henderson, biólogo, fisiólogo, químico y filósofo de Harvard, sugirió que el agua podría ser el eslabón perdido del surgimiento de la vida en la Tierra y el cosmos.[19] Más recientemente, la bióloga Lynn Margulis, quien, junto con el químico sir James Lovelock, introdujo la hipótesis ampliamente aceptada de la Tierra como un sistema autoorganizado (al que llamaron Gaia), mostró su preocupación por el impacto que la civilización humana está teniendo en la hidrosfera del planeta.[20] Vernadski, Henderson y Margulis pensaban lo mismo. Habían llegado a la conclusión de que las «aguas» son la fuerza impulsora de vida en la Tierra y probablemente en otros lugares del universo. Más recientemente, otros especialistas de los campos de la química, la física y la biología han empezado a desentrañar las cualidades hasta ahora inexploradas del agua.

## NUESTRO YO ACUÁTICO: CÓMO SURGIÓ EL SER HUMANO DESDE LAS PROFUNDIDADES

*Planeta Aqua* cuenta una nueva historia de cómo surgió la vida en nuestro planeta. En este relato, el agua es el «motor principal». Esta nueva perspectiva ha cambiado la forma en que nuestra especie se percibe a sí misma y cómo se relaciona con el planeta azul. Aunque nuestra familia humana se ha acostumbrado en parte a la idea de que descendemos de nuestros parientes cercanos, los primates, más inquietante es el reciente hallazgo científico de que nuestras raíces se encuentran mucho tiempo atrás, en las grandes profundidades de los océanos. Es un dogma largamente aceptado entre los paleontólogos que los orígenes evolutivos de nuestra especie se remontan a los primeros microorganismos que habitaron los grandes océanos, pero había pocas pruebas que reforzaran dicha teoría.

Sin embargo, en las últimas décadas, los biólogos han empezado a situar al menos algunos de los eslabones perdidos de la evolución de nuestra especie mucho más atrás en el registro acuático. En 2006, la revista *Nature* publicó un par de artículos escritos por Neil Shubin, profesor de la Universidad de Chicago, en los que informaba de que, mientras excavaba en una antigua formación rocosa del fiordo de Bird, en la isla canadiense de Ellesmere, su equipo había descubierto los restos fósiles de una criatura que llegó a medir hasta algo más de tres metros de longitud y vivió hace 375 millones de años. Era la época de la historia geológica en que los peces evolucionaron para acabar convirtiéndose en los primeros animales cuadrúpedos conocidos como tetrápodos. Estos extraños animales tenían escamas de pez, colmillos y branquias, pero también características anatómicas que solo se encuentran en animales que pasan algún tiempo en tierra. Shubin y su equipo bautizaron a esta criatura con el nombre de *fishapod*.[21] El *fishapod* tiene un cráneo ancho, un cuello flexible y, como el cocodrilo actual, sus ojos están situados en lo alto de la cabeza, lo que le permite ver a través del agua y hacia el horizonte. Esta criatura también poseía una gran caja torácica, lo que sugeriría que tenía pulmones y respiraba. Los investigadores especulan con que el tronco de la criatura era lo bastante fuerte como para sostenerla tanto en aguas poco profundas como en tierra. El hallazgo inesperado fue que al analizar minuciosamente sus aletas pectorales descubrieron los inicios de lo que sería una mano de tetrápodo y una versión primitiva de una muñeca más cinco huesos parecidos a dedos, lo que llevó a Shubin a exclamar: «¡Esta es nuestra rama del árbol evolutivo! ¡Estáis viendo a un primo muy muy lejano!».[22]

En 2021, con los hallazgos publicados en la revista *Cell*, los científicos acabaron con una idea sobre la evolución de la vida en la Tierra que llevaba vigente ciento sesenta años.[23] Tras cartografiar en la Universidad de Copenhague y en otros laboratorios de investigación el genoma de los peces primitivos, pudieron rebatir la idea convencional según la cual hace unos 370 millones de años animales primitivos parecidos a los lagartos (los tetrápodos) comenzaron a migrar a la tierra. Sus aletas se fueron transformando en extremidades y órganos que les permitían respirar aire. Los nuevos hallazgos genómicos sugieren que 50 millones de años antes de que los tetrápodos llegaran a tierra firme, los peces portaban los códigos genéticos de formas similares a extremidades y pulmones primitivos funcionales, capaces de respirar aire. Los humanos y un tipo de pez primitivo ancestral que aún nada en lagos y ríos, el bichir, comparten incluso un aspecto esencial del sistema cardiorrespiratorio, el cono arterioso, una estructura del ventrículo derecho de todo corazón que permite al órgano bombear sangre. Estos códigos genéticos, presentes en el genoma humano y en un grupo de peces primitivos, son un hallazgo extraordinario que demuestra que nuestra especie comparte una historia genética con los peces que nadaron en los océanos durante cientos de millones de años, conectándonos con las antiguas aguas en las que ha evolucionado la vida a lo largo de eones de historia.[24]

Nuestra especie tiene una estrecha relación con el agua, desde nuestro inicio en el útero materno. Mientras que el 60 % del cuerpo humano adulto es agua, el cuerpo fetal está formado por entre un 70 y un 90 % de agua, pero disminuye a medida que se acerca el nacimiento.[25] Las pinturas rupestres de hace diez mil años muestran a nuestros antiguos antepasados nadando en varias posturas que nos resultan familiares hoy en día: braza y el estilo que asociamos con los perros. Un sello de arcilla egipcio datado entre el 9000 y el 4000 a. e. c. muestra a unos individuos sumerios nadando con un estilo similar al crol. Hay referencias a la natación en la *Epopeya de Gilgamesh*, la primera obra literaria escrita entre el 2100 y el 1200 a. e. c., durante la civilización mesopotámica.[26]

Nuestra historia es una inmersión continua en las aguas, tanto con fines de supervivencia como de recreo. Bebemos, nadamos, buceamos, flotamos, disfrutamos, nos bañamos, participamos en rituales bautismales y de renovación, comulgamos con el mundo espiritual de las profundidades y aprovechamos las aguas para que estas rijan nuestra vida económica y social. En otras palabras, vivimos en un medio acuático, tanto interior como exterior, desde la concepción hasta la muerte. Y todas las moléculas de agua que componen nuestro ser líquido (en las células, los tejidos y los órganos) viajan a otros destinos y realidades durante nuestra vida y después de ella, para establecerse en otros lugares. Qué extraño resulta entonces oír interpretar el relato bíblico de la vida como un ciclo «del polvo al polvo», cuando sería más exacto describir nuestra vida sobre el orbe azul como un constante cambio y traslado de un medio líquido a otro.

Quizá ese vínculo genético con nuestros antepasados de las profundidades sea aún más profundo, pero no hemos sido muy conscientes de ello en nuestro día a día. En cambio, muchos de nuestros sueños tratan sobre el agua o tienen el agua como tema central o como metáfora que guía la imaginación. Los sueños con motivos acuáticos suelen abordar el conjunto de las emociones humanas: los miedos, las esperanzas, las tribulaciones y las expectativas que se esconden en el inconsciente y agitan la imaginación. Los psiquiatras, por ejemplo, suelen interpretar los sueños de ahogamiento de los pacientes como una sensación de sobreexcitación, mientras que los sueños de inmersión en agua evocan una limpieza espiritual, un renacimiento o una renovación de la vida. La metáfora del agua en los sueños permite a la mente inconsciente sondear íntimamente las profundidades de la psique más que cualquier otro medio, lo que sugiere que la estrecha relación que los seres humanos mantenemos con el agua puede que sea un recuerdo incrustado en la médula misma de nuestro inconsciente colectivo.

El historiador Mircea Eliade captó el sentido intuitivo de nuestra especie sobre la importancia del agua como fuerza vivificante. Escribió lo siguiente:

> El agua simboliza toda la potencialidad; es *fons et origo*, la fuente de toda existencia posible [...], el agua es siempre germinativa [...] en el mito, el ritual y la iconografía, el agua cumple la misma función en cualquier tipo de patrón cultural en el que aparece: precede a todas las formas y sostiene toda la creación [...]. Todo contacto con el agua implica regeneración.[27]

A menudo, nuestro lenguaje es un reflejo de cómo nos vemos a nosotros mismos y de cómo nos comunicamos con los demás. Aunque muchas veces no somos conscientes de que recurrimos en gran medida a las metáforas para describir y transmitir nuestros pensamientos, estas forman parten de nuestro modo de comunicarnos. El emblemático sacerdote, teólogo y filósofo católico Iván Illich nos recuerda que «el agua tiene una capacidad casi ilimitada para transmitir metáforas».[28] Y es aquí donde llegamos a comprender la importancia primordial que concedemos a las aguas. No es de extrañar que las aguas que animan toda la vida desempeñen un papel clave en la forma en que comunicamos nuestros pensamientos a los demás.

Las metáforas acuáticas forman parte de todas las culturas y lenguas. La lista es interminable: «un torrente de lágrimas», «estar claro como el agua», «ser agua pasada» o «papel mojado», «empaparse de un tema», «estar en las nubes», «tener una mirada helada», «ahogarse en un vaso de agua», «estar en aguas turbulentas», «estar con el agua al cuello», «mantenerse a flote», «moverse como pez en el agua» o «estar como pez fuera del agua», «tener un goteo de noticias», «navegar por internet», «cabalgar sobre las olas», etcétera.

Dado que nuestra especie es terrestre, no es difícil comprender que hayamos llegado a considerar el paisaje verde como nuestra morada primigenia. A lo largo de milenios de historia, la identificación con los paisajes ha sido nuestra obsesión, al menos conscientemente. En gran medida, hemos dado por sentada la existencia del agua, considerándola un recurso en lugar de una fuerza vital y algo útil en lugar del medio en el que habitamos.

Sin embargo, en los últimos años, las distintas disciplinas científicas han empezado a prestar atención a los «paisajes acuáticos», planteándose cuál es el papel que desempeñan en la definición de la naturaleza de la humanidad. Lo que están empezando a descubrir es que en el plano subconsciente seguimos perteneciendo a las aguas. Ahora, esa realidad está empezando a salir a la superficie, en pleno calentamiento del planeta y con una hidrosfera que se está resilvestrando. Los ríos atmosféricos, las inundaciones primaverales, las sequías estivales, las olas de calor, los incendios forestales, y los huracanes y tifones otoñales nos han despertado y mostrado que, como todas las demás especies, habitamos en un planeta de agua.

Nuestro despertar es agridulce. Lo positivo es que nuestros biólogos, ecólogos, ingenieros, arquitectos, urbanistas y demás profesionales están redescubriendo nuestros vínculos subliminales con los paisajes acuáticos. Aunque todavía son considerados un apéndice de los paisajes terrestres, estamos aprendiendo que nuestra afiliación más profunda sigue siendo la que mantenemos con las aguas. Los investigadores están empezando a preguntarse qué significan para nosotros los espacios azules en comparación con los verdes, y están descubriendo que nuestra afinidad con los primeros siempre ha estado ahí, aunque ha pasado desapercibida a lo largo de los milenios. En primer lugar, pensemos en dónde vive gran parte de nuestra población. El 10 % de nuestra especie vive en el litoral y otro 40 % vive a menos de cien kilómetros de la costa.[29] Además, el 50 % de la población mundial vive a menos de tres kilómetros de una masa de agua dulce y menos del 10 % de nuestra especie vive a más de diez kilómetros de distancia de alguna.[30]

Ahora que la hidrosfera se está volviendo impredecible en un clima cada vez más cálido, los biólogos, ecólogos, urbanistas, arquitectos y la población en general están volviendo a prestar atención a las repercusiones terapéuticas y sanitarias de los espacios azules, aunque los nuevos estudios abordan el tema más como si fueran una extensión de los verdes, cuando, en realidad, es la hidrosfera la que genera la litosfera, y no al revés.

Una revisión de múltiples estudios sobre el impacto de los espacios azules en la salud y el bienestar humanos, realizada por investigadores del Instituto de Higiene y Salud Pública de la Universidad de Bonn, ha demostrado que estar inmerso en las aguas o flotando sobre ellas tiene efectos beneficiosos para la salud y para la sensibilidad estética. Los efectos fenomenológicos (es decir, la experiencia corpórea) derivados del acercamiento a los espacios azules fueron muy diversos. Al estar en esos lugares, los encuestados en los estudios fueron muy conscientes del aumento de la humedad y de la rica diversidad de la fauna que se congregaba en la periferia, y sobre, en y bajo los espacios azules. Los sujetos vieron cómo, en el entorno azul, sus sentidos se agudizaban. Gracias a los colores, el sonido, la claridad, el movimiento y el contexto de las aguas, los sujetos se vieron inmersos en un ámbito alternativo mucho más denso y vivo en comparación con la cacofonía de golpes y olores metálicos y las emisiones gaseosas asociadas a la expansión urbana mecanicista.

Los participantes en los distintos experimentos manifestaron una mayor sensación de inmersión en los espacios azules y un sentimiento de aguda vitalidad en medio de la rica diversidad de vida que generan las aguas. En concreto, los sonidos, colores y flujos de las aguas provocaron una serie de estimulantes respuestas fisiológicas y suscitaron profundos sentimientos de unidad con los paisajes azules.

Los autores del megaestudio describen múltiples experimentos de apego a estos espacios y enumeran algunas de las experiencias compartidas por los sujetos que participaron: «Los individuos admiran los sonidos del agua y conceden gran importancia a la variedad y a la naturaleza especial de dichos sonidos, que van desde flujos tranquilos y laminares a sonidos enérgicos y rugientes. Para ellos, los sonidos sosegados del agua son reconstituyentes». El color del agua también provoca distintas reacciones emocionales. El agua azul, por ejemplo, se considera pura, mientras que el agua amarilla no suele merecer dicha consideración. El agua azul también se asocia con la frescura, mientras que el agua blanca se asocia con sonidos atronadores y con la fuerza.[31]

Cualquiera que haya caminado alguna vez por la costa oceánica, con las olas precipitándose hacia la orilla y retrocediendo con la misma rapidez hacia las profundidades, sabrá que no puede evitar sentirse hipnotizado por lo que puede haber debajo de ellas y más allá. Y quién no se ha sentido conmovido al contemplar la vasta extensión del océano que desafía los límites, permitiéndose reflexionar sobre la inmensidad de la existencia, sobre cómo surgió este espacio aparentemente infinito y sobre cómo encajamos cada uno de nosotros en este panorama más general aquí, en la Tierra.

Uno de los hallazgos más interesantes sobre la relación de nuestra especie con el agua es que todas las culturas, a lo largo de la historia, han buscado entornos acuáticos con fines restauradores. Un estudio sobre las preferencias de pacientes y estudiantes en cuanto a los cuadros que cuelgan en las paredes reveló que «las escenas acuáticas solían ocupar el primer lugar».[32] Aunque el agua es el medio y el entorno en el que se desarrolla la vida en nuestro planeta, a menudo no somos conscientes del papel fundamental que desempeña dando vida a las otras grandes esferas de la Tierra y a nuestras propias perspectivas como especie. El fallecido novelista estadounidense David Foster Wallace compartió una parábola que llega al núcleo de nuestra íntima pero poco analizada relación con el agua. Dice así:

> Hay dos peces jóvenes nadando y se encuentran con un pez más viejo que nada en dirección contraria que los saluda con la cabeza y les dice: «Buenos días, chicos. ¿Cómo está el agua?». Los dos jóvenes nadan un poco y uno de ellos mira al otro y le dice: «¿Qué demonios es el agua?».[33]

El agua es omnipresente y guía cada momento de nuestra existencia física, así como nuestras relaciones en el mundo, aunque a menudo pase desapercibida por ser el medio en el que habitamos. En un estudio elaborado por Shmuel Burmil, Terry Daniel y John Hetherington publicado en la revista *Landscape and Urban Planning*, los autores comparten algunas reflexiones sobre la omnipresencia del agua. El estudio comienza destacando su naturaleza reflectante. El agua, escriben:

> es capaz de devolver casi por completo las ondas luminosas desde su superficie. [...] Cuando la superficie está en calma, aparecen imágenes extremadamente nítidas de montañas, rocas, árboles, fauna y, a veces, del propio observador [...]. El color del agua también se ve influido por el material erosionado suspendido en ella. El río Colorado (sinónimo de «rojo») debe su nombre al color del lodo que transporta [...]. El sonido es creado por el agua que fluye en cascadas sobre o alrededor de obstáculos, y por los peces y otros animales que se mueven por su superficie [...]. Hay sonidos muy sutiles, como el de las gotas que caen y golpean la superficie del agua, y otros como el de los rápidos o el estruendoso rugido de una cascada [...]. En la naturaleza, el agua llena los valles, forma estanques y serpentea por los arroyos [...]. El agua puede estar tranquila y reflexiva, quieta..., o puede moverse enérgicamente formando planos verticales o angulares [...]. El agua influye de forma espectacular en el paisaje y le da forma; puede crear «entornos monumentales y escultóricos» [como el Gran Cañón de Arizona].[34]

El agua como medio está siempre presente, y si se da por sentado es porque, como señalan los autores del artículo anterior, «el agua no tiene forma propia [sino que] adopta la forma de su recipiente».[35] En resumen, el agua hace posible la vida.

Los geofísicos llevan mucho tiempo preguntándose si podría haber agua en el manto interior y en el núcleo de la Tierra. El manto ocupa el 84 % del volumen del planeta, mientras que el núcleo ocupa el 15 %. El 1 % restante corresponde a la corteza.[36] En lo que respecta al planeta en el que vivimos, hasta hace poco no disponíamos de mucha información sobre lo que ocurre en el subsuelo. En la década de 1990 se especuló con la posibilidad de que el mineral ringwoodita (el principal componente de lo que se conoce como la zona de transición entre el manto superior y el manto inferior del planeta, situado entre cuatrocientos y seiscientos sesenta kilómetros por debajo de la superficie) hubiera estado almacenando cantidades masivas de agua durante cientos de millones o incluso miles de millones de años.[37] Aunque los geofísicos creen que a esas profundidades y bajo temperaturas tan extremas, las aguas se descompusieron en sus elementos constituyentes de hidrógeno y oxígeno y acabaron incrustándose en la estructura cristalina de la roca. Independientemente de la forma que adopte, sigue siendo agua.

Más tarde, en 2014, Graham Pearson, geólogo de la Universidad de Alberta, desenterró en Brasil un diamante diminuto formado en la zona de transición y descubrió atrapada en su interior una mota de ringwoodita que contenía aproximadamente un 1 % de agua, lo que planteó la cuestión de cuánta agua podría estar oculta bajo la Tierra, cautiva en su manto y su núcleo.[38] En aquel momento, Steven Jacobsen, geólogo que imparte clases en la Universidad del Noroeste, y Brandon Schmandt, geólogo de la Universidad de Nuevo México, se asociaron y empezaron a sondear el manto terrestre utilizando una densa red de dos mil sismómetros repartidos por todo Estados Unidos. Descubrieron que existía una enorme cantidad de material fundido en la zona de transición, lo que, según Jacobsen, dejaba bien claro que dicha zona está llena de agua.[39]

Desde entonces, los geólogos han descubierto la presencia de más agua tanto por encima como por debajo de la zona de transición. En 2016, el equipo de Jacobsen obtuvo un diamante diminuto que una erupción volcánica producida hace 90 millones de años transportó desde 965 kilómetros por debajo de la superficie de la Tierra, en el manto inferior. El diamante contenía ferropericlasa, un componente clave del manto inferior y que tiene, en peso, menos de un 1 % de agua.[40]

Dado que el manto inferior constituye la mitad del manto terrestre, Jacobsen y otros geólogos creen que es probable que haya otra masa oceánica distribuida entre capa y capa de rocas. Extrapolando los datos, sugieren que en la totalidad de las zonas de subducción de todo el mundo «tenemos una masa oceánica en los océanos [y] otra en el manto superior [...]. Supongamos que hay dos más en la zona de transición». Jacobsen especula con la posibilidad de que haya aún otra masa oceánica que ocupe parte de la corteza y parte del manto situado bajo ella, «lo que daría un total de cinco masas oceánicas».[41]

Estas revelaciones sobre la existencia de océanos bajo los océanos son mucho más que una curiosidad esotérica. Wendy Panero, geofísica de la Universidad Estatal de Ohio, nos recuerda que el agua envejece las rocas, las hace más fluidas, lo que «posibilita la tectónica de placas». Y la tectónica de placas hace que la vida sea posible al hacer circular el calor, el agua y las sustancias químicas por toda la esfera, manteniendo el clima relativamente estable durante eones de tiempo. Donna Shillington, geofísica de la Universidad de Columbia, resume los nuevos descubrimientos que están cambiando la forma en que los geofísicos perciben el planeta, señalando que «el agua es tan crucial para el funcionamiento del interior de la Tierra como lo es para los procesos que tienen lugar en la superficie terrestre».[42]

## Capítulo 2

# LA DOMESTICACIÓN DE LAS AGUAS

## *Los albores de la civilización hidráulica*

---

Nuestra especie ha pasado de pensar que nuestro planeta era *terra firma* a darse cuenta de que vivimos en el planeta Aqua. Un cambio tan profundo requiere replantearse los fundamentos de nuestra existencia. ¿Está nuestra especie «enraizada» en la tierra o somos una extensión de las aguas? Para ello hay que remontarse a nuestra historia y nuestra memoria colectiva y examinar los mitos, las leyendas y las historias que nos hemos contado y transmitido a lo largo de los milenios y que definen quiénes pensábamos que éramos, cómo imaginábamos la vida y la forma en que sentíamos el planeta en el que vivimos.

Los numerosos relatos existentes sobre los orígenes de la vida y el desarrollo cultural y social de nuestra especie a lo largo del tiempo han ido acompañados de una historia de fondo cuyo enfoque estaba centrado en la tierra, pero cuya orientación, en cambio, se centraba en el agua. Si analizamos la evolución de nuestra conciencia, veremos que esta se topa con un gran dilema, aún sin resolver, cuyo objetivo es definir cuál es nuestro hábitat natural. La cuestión de si estamos hechos de la arcilla terrestre o de las aguas del océano es fundamental si queremos replantearnos la narrativa humana en este momento decisivo de la historia. El creciente énfasis que se hace en cómo sobrevivir en un planeta que se calienta y cuya hidrosfera se está alterando enormemente pone de manifiesto un dilema que tiene que ver con nuestra lealtad: ¿aseguramos la tierra o liberamos las aguas?

De hecho, hay que abordar ambos problemas, pero con la advertencia de que la seguridad de la tierra que pisamos dependerá de que reconozcamos y nos adaptemos a la liberación de la hidrosfera que está llevando la vida a aguas desconocidas. Para ello, habrá que volver a reflexionar sobre lo que significa vivir en un planeta acuático situado en un minúsculo sistema solar que comparte con otros siete planetas de la Vía Láctea. El primer punto de la lista de prioridades será la exploración de la ontología del agua a lo largo de la historia, haciendo hincapié en las diversas dimensiones de nuestra íntima, pero poco analizada, relación con la hidrosfera.

Esa relación empieza por entender cómo nuestra especie llegó a «domesticar» las fluctuaciones asociadas a vivir en un planeta acuático. Todo empezó hace once mil años, al final de la última Edad de Hielo y en los albores de un clima templado. A esa época los geólogos le pusieron el nombre de Holoceno, y fue cuando la mayoría de nuestros antepasados dejaron atrás su vida nómada y empezaron a asentarse para disfrutar de una existencia sedentaria, domesticando plantas y animales salvajes y dando origen a la agricultura y al pastoreo, los rudimentos de lo que podríamos llamar generosamente *vida económica*. En el núcleo de esa clase de vida se encuentra la creación de complejas infraestructuras humanas en las que la hidrosfera desempeña un papel fundamental.

## LA CREACIÓN DE UN ORGANISMO SOCIAL

Todos los grandes cambios en la forma en que nuestra especie interactúa con el mundo natural desde los albores de la civilización han tenido que ver con revoluciones trascendentales de las infraestructuras. En todas ellas, la hidrosfera ha sido la primera afectada. Aunque la mayoría de los historiadores consideran que las infraestructuras son un mero andamiaje que sirve para unir a un gran número de personas en la vida colectiva, su papel es mucho más importante. Las nuevas infraestructuras se caracterizan por aportar cua tro avances que, juntos, son indispensables para mantener una existencia social colectiva: nuevas formas de comunicación, nuevas fuentes de energía y electricidad, nuevos modos de transporte y logística y, lo que es más importante, nuevas formas de gestionar la hidrosfera. Cuando estos cuatro avances técnicos emergen y coinciden en el tiempo, cambian la forma en que un pueblo se comunica, se alimenta y se mueve en su día a día y, además, condicionan sus normas sociales y políticas.

Como describí en un libro anterior, *La era de la resiliencia: reimaginar la existencia, resilvestrar la Tierra*, lo que necesitan las revoluciones desencadenadas por las nuevas infraestructuras para progresar es similar a lo que todo organismo necesita para vivir: una forma de comunicarse, una fuente de energía, movilidad o motricidad para moverse en el entorno y agua suficiente para mantener la vida. Esas infraestructuras revolucionarias son una prótesis tecnológica que permite a un gran número de personas interactuar en un entorno social, económico y político cada vez más complejo, desempeñando papeles diferenciados en lo que se define como «organismos sociales» a gran escala.

Además, con el objetivo de sobrevivir y prosperar, todo organismo necesita una membrana semipermeable (por ejemplo, una piel o un caparazón) para gestionar la relación entre su vida interna y el mundo exterior. Nuestros edificios y otras estructuras actúan como membranas semipermeables, permitiendo a nuestra especie sobrevivir a los elementos, y almacenar los alimentos y la energía que necesitamos para mantener nuestro bienestar físico. También nos proporcionan hábitats seguros en los que producir y consumir los bienes y servicios necesarios para vivir, y lugares de reunión en los que podemos formar familias y participar en la vida social.

Las revoluciones de las infraestructuras también modifican la orientación temporal y espacial de una sociedad, así como la naturaleza de la vida social, la actividad económica y las formas de gobernanza condicionadas por las oportunidades y limitaciones que acompañan a los nuevos modelos de vida colectiva, mucho más diferenciados.

En el siglo XIX, la imprenta a vapor, el telégrafo, la abundancia de carbón, las locomotoras de los ferrocarriles nacionales, los modernos sistemas de fontanería y alcantarillado, y los densos conjuntos de edificios urbanos situados alrededor de las estaciones de ferrocarril crearon una infraestructura interactiva para comunicar, dar energía y mover a la sociedad. Todo eso dio lugar a la Primera Revolución Industrial, que vino acompañada de la construcción de hábitats urbanos, economías capitalistas y mercados nacionales supervisados por los Gobiernos de los Estados nación.

En el siglo XX convergieron el teléfono, la electricidad centralizada, la radio y la televisión, el petróleo barato, el transporte de combustión interna por carreteras continentales, vías navegables interiores, océanos y corredores aéreos. A todo eso hay que añadir la ingeniería que permitió construir embalses artificiales y grandes represas que proporcionaron electricidad y agua adicionales para las crecientes poblaciones urbanas, suburbanas y rurales, y también para el riego que requería la agricultura intensiva. La Segunda Revolución Industrial dio lugar a la globalización y a las instituciones gubernamentales mundiales.

Hoy nos encontramos en las primeras fases de una Tercera Revolución Industrial. El internet de las comunicaciones que conocemos se está fusionando con el internet digitalizado de la electricidad, alimentado por la energía solar y eólica. Empresas locales y nacionales, propietarios de viviendas, asociaciones de vecinos, agricultores y ganaderos, organizaciones de la sociedad civil y organismos públicos están generando electricidad solar y eólica para alimentar sus actividades. El excedente de electricidad verde, a su vez, se vende a una red cada vez más integrada y digitalizada, y pronto a un internet transcontinental de la electricidad que utilice datos, análisis y algoritmos para compartir electricidad renovable como actualmente compartimos noticias, conocimientos y entretenimiento en el internet de las comunicaciones.

Ahora, estas dos redes internas digitalizadas están convergiendo con una red de movilidad y logística formada por vehículos eléctricos y de pila de combustible propulsados por energía solar y eólica del internet de la electricidad. En las próximas décadas, estos medios de transporte serán cada vez más semiautónomos e incluso completamente autónomos, y circularán por carreteras y vías ferroviarias, por el agua y por corredores aéreos, y serán gestionados con *big data*, analítica y algoritmos, al igual que hacemos con el internet de las comunicaciones y el internet de la electricidad.

Estas tres redes están convergiendo ahora con un cuarto internet digitalizado del agua, compuesto por decenas de miles que pronto serán cientos de millones de cisternas inteligentes distribuidas y descentralizadas y otros sistemas de captación de agua, que recogen el agua de lluvia en los barrios y en las comunidades donde la gente vive y trabaja, y la almacenan en acuíferos y microrredes hídricas. A continuación, mediante el uso de *big data*, análisis y algoritmos, el agua se suministra a través de sistemas de tuberías inteligentes que proporcionarán agua dulce para beber, bañarse y limpiar, para usos industriales y para regar los campos agrícolas. Las aguas residuales se reciclan devolviéndolas a los acuíferos donde se purifican, gracias a lo cual se podrán reutilizar.

Cada vez más, estas cuatro redes compartirán un flujo continuo de datos y análisis, creando algoritmos que sincronizarán la comunicación, la generación, el almacenamiento y la distribución de electricidad verde, el movimiento del transporte autónomo de emisiones cero a través de regiones, continentes y zonas horarias globales, y la recogida y purificación del agua de la lluvia para el consumo humano, el uso industrial y el riego de las tierras de cultivo.

Este conjunto de redes también recibirá continuamente datos aportados por los sensores del internet de las cosas (IdC), que controlan la actividad en tiempo real de ecosistemas, lagos, ríos y arroyos, campos agrícolas, almacenes, sistemas diversos, líneas de producción de fábricas y, sobre todo, del parque de edificios residenciales y comerciales, lo que permitirá que la actividad económica y la vida social de los seres humanos sean más eficientes.

Las grandes transformaciones que sufren las infraestructuras han supuesto el auge y la caída de las civilizaciones hidráulicas urbanas a lo largo de la historia. Sin embargo, resulta extraño que, tradicionalmente, se preste más atención a la economía, la gobernanza y los rituales religiosos que acompañan a las distintas etapas de la urbanización, en lugar de centrarse en el impacto que el secuestro de las aguas ha tenido a la hora de hacer posible una vida urbana compleja. Los historiadores y los antropólogos tampoco han prestado mucha atención al modo en que el auge y la caída de las civilizaciones hidráulicas urbanas han deteriorado durante más de seis milenios la ecología de grandes áreas de las masas terrestres. Una consecuencia ha sido el cambio en la forma en que veíamos las aguas de nuestro planeta, que pasaron de ser una «fuente de vida» a ser un mero «recurso», lo que ha provocado colapsos termodinámicos periódicos, el abandono de asentamientos humanos a gran escala, y la dispersión y la migración masiva de las poblaciones.

Los imperios hidráulicos de Mesopotamia, Egipto, el valle del Indo en la India, el río Amarillo en China y, más tarde, el Imperio romano, se caracterizaron por una nueva forma de hacer las cosas. Nuestros antepasados empezaron a introducir tecnologías muy complejas diseñadas para aprovechar y redistribuir las aguas, domesticándolas para adaptarlas a las prioridades temporales, espaciales y sociales exclusivas de nuestra especie. Hasta entonces, nuestra especie, como todas las demás, siempre se había adaptado a los flujos temporales y espaciales de la hidrosfera, producto de la rotación diaria del planeta y su viaje anual alrededor del Sol.

Surgieron otras civilizaciones hidráulicas en Creta, Grecia, el Imperio jemer en el sudeste asiático, la civilización maya en México y América Central, y el Imperio inca, que se extendió por gran parte del oeste de Sudamérica, y cada una de ellas fue de la mano de la aparición de densos entornos urbanos.[1]

Todas estas civilizaciones secuestraron sus aguas y construyeron complejos sistemas hidráulicos para proporcionar un suministro fiable y manipulable de agua tanto para el consumo humano como para regar la tierra y cultivar cereales.[2]

La primera sociedad hidráulica urbana fue la que establecieron los sumerios a lo largo de los ríos Tigris y Éufrates, en Mesopotamia, una región que incluye partes de los actuales Turquía, Irak, Siria e Irán. Fue necesario contratar a miles de trabajadores para construir y mantener las presas, los canales y los diques. También tuvieron que adquirir habilidades artesanales especializadas para construir las distintas edificaciones y organizar la producción, el almacenamiento y la distribución del grano. Arquitectos, ingenieros, mineros, metalúrgicos, contables, etcétera, fueron la primera mano de obra especializada de la historia. Los sumerios construyeron las magníficas ciudades-Estado de Lagash, Nippur, Ur, Uruk y Eridu y erigieron templos monumentales en honor a sus dioses.[3]

Y lo que es más importante, se inventó el sistema cuneiforme, la primera forma de escritura, para gestionar toda la estructura. En todos los lugares donde se crearon civilizaciones hidráulicas complejas a gran escala (el Mediterráneo, la India y China) para cultivar cereales, los seres humanos inventaron de forma independiente alguna forma de escritura para organizar las operaciones de producción, almacenamiento y logística.

El primer texto escrito sumerio data del año 3500 a. e. c.[4] La escritura se utilizó no solo para organizar el comercio y las relaciones comerciales, sino también como herramienta administrativa para gestionar las burocracias gubernamentales y las prácticas religiosas, y como medio artístico para las obras literarias. Los ladrillos de arcilla, el pergamino, el papiro y las tablillas de cera se utilizaban como superficies de escritura. Las plumas de ganso se utilizaban como estiletes, y para grabar se empleaban tintas de diversas fuentes vegetales. La escritura primitiva adoptaba la forma de signos pictográficos grabados en arcilla. Lo siguiente fue la fonetización. Se crearon escuelas especiales llamadas «casas de las tablillas» para enseñar a los escribas. La alfabetización limitada garantizaba que los artesanos cualificados, los comerciantes, los funcionarios del Gobierno y los sacerdotes de palacio pudieran comunicarse entre sí. Más adelante, las casas de las tabillas se convirtieron en escuelas, las cuales pasaron a ser centros de aprendizaje en Sumeria.[5] Aunque se estima que menos del 1 % de la población de las ciudades-Estado sumerias sabía leer y escribir, las repercusiones sociales, económicas y políticas de vivir en las primeras sociedades parcialmente alfabetizadas fueron inmensas y de gran alcance.[6] En las nuevas escuelas también se estudiaban matemáticas, astronomía, magia y filosofía.[7]

La escritura posibilitó la codificación y la proclamación pública de leyes, lo que sistematizó la administración de justicia. Cuando los acadios, de lengua semítica, conquistaron a los sumerios y consolidaron las ciudades amuralladas, antes semindependientes, en un solo imperio, perfeccionaron aún más el sistema judicial. Al reunir a pueblos de diversos orígenes culturales y lingüísticos, era necesario disponer de un código de leyes que se aplicara a todos por igual y garantizara la justicia para todos los súbditos. El Código de Hammurabi, que debe su nombre al gobernante del mismo nombre, fue uno de los primeros de la historia en garantizar algunos derechos limitados a los individuos, sobre todo en lo relativo a la adquisición, tenencia y herencia de la propiedad privada. Los acadios, que más tarde fundaron el Imperio babilónico, adaptaron el sistema de escritura sumerio a su propia lengua.[8] El Imperio babilónico merece un lugar especial en la historia de la conciencia, ya que fue allí donde «por primera vez [...] surge el individuo en una sociedad alfabetizada».[9]

Al codificar las leyes y garantizar un cierto grado de derechos jurídicos individuales, los códigos de justicia influyeron en el desarrollo de la autoconciencia individual. El establecimiento de un marco común de referencia para la administración de justicia hizo posible que las personas dispusieran de una forma objetiva de juzgar la conducta social de los demás en relación con la suya. El Código de Hammurabi englobaba las diversas formas de injusticia y los remedios prescritos para hacer frente a las fechorías en muchas culturas diferentes, y las abstraía en categorías más generalizadas. Esto obligaba al observador a un cierto grado de introspección e interpretación, para tratar de entender si sus propias experiencias con la injusticia cuadraban o discrepaban con las normas imperantes, que eran un compendio de las experiencias de poblaciones y tribus dispares. En cambio, en una sola cultura tribal, los tabúes eran claros e inequívocos, y requerían poca reflexión e interpretación. Uno no tenía que pensar cómo se sentía. Uno solo tenía que ajustar su comportamiento a lo que los antepasados decían que era apropiado para la situación. Las culturas orales exigían respuestas emocionales y conductuales, mientras que las culturas alfabetizadas requerían que las respuestas emocionales y conductuales individuales a todas las situaciones nuevas se adaptasen a las normas abstractas establecidas en la ley.

La existencia de un código legal abstracto socavó la autoridad tribal tradicional al crear un conjunto de leyes que se aplicaban por igual a todos y exigían el cumplimiento individual, separando así parcialmente a cada hombre y mujer de su antigua afiliación tribal colectiva. El Código de Hammurabi reconocía formalmente, por primera vez en la historia, al individuo como un ser independiente.

El salto cuantitativo en la producción de cereales en Sumeria aumentó enormemente la población, dando lugar a lo que reconoceríamos como centros urbanos, es decir, comunidades compuestas por varias decenas de miles de habitantes. Algunos de los centros de producción (los molinos harineros, los hornos y los talleres) empleaban a más de mil personas, las cuales compusieron las primeras plantillas urbanas de trabajadores de la historia.[10]

Para transformar valles fluviales enteros en gigantescas instalaciones de producción, era necesario crear una nueva forma de control político altamente centralizado. Las grandes civilizaciones hidráulicas dieron lugar a las primeras burocracias gubernamentales. Los gobernantes autónomos supervisaban todos los aspectos de la vida administrativa y productiva de la región, incluidos la movilización de miles de agricultores durante las estaciones, la limpieza de los canales, el transporte, el almacenamiento y la distribución del grano, la gestión del comercio con las regiones cercanas, la tributación de la población y el mantenimiento de ejércitos para defender las fronteras. Estas primeras civilizaciones hidráulicas también contaban con miles de trabajadores especializados, desde sacerdotes de palacio y escribas hasta artesanos y sirvientes cualificados. Aunque se estima que menos del 10 % del pueblo llano, una fracción del total de la población, se dedicaba a oficios especializados, estos son los primeros indicios de vida civilizada.[11]

El precio que los seres humanos pagaron por civilizar la especie fue desigual. Por un lado, los individuos estaban sometidos a una disciplina despiadada y a un control rígido. Todos los aspectos de la vida eran orquestados por poderosas burocracias bajo la tutela de gobernantes que disfrutaban de un poder absoluto. Por otra parte, el surgimiento de habilidades artesanales y trabajos especializados, más la invención de formas limitadas de propiedad personal y la creación de intercambios monetarios y salarios, alejó a los individuos del *nosotros* colectivo de la prehistoria, creando los primeros *yoes* parciales y cierto aire de independencia.

Sin embargo, fueron los mercaderes sumerios los que más ganaron con el desarrollo de las civilizaciones hidráulicas, ya que gozaban de mucha más independencia y libertad que cualquiera de los artesanos cualificados. Aunque se esperaba de ellos que cumplieran las órdenes de los gobernantes, también se les permitía comerciar por su cuenta. Los mercaderes de Sumeria se convirtieron en los primeros empresarios privados a gran escala de la historia. Muchos de ellos amasaron grandes fortunas.[12] En Sumeria, el individuo independiente, único y diferenciado de la colectividad, empezó a ser consciente de su propia identidad.

Todas las grandes civilizaciones hidráulicas construyeron elaborados sistemas de caminos y vías fluviales para transportar mano de obra y animales e intercambiar grano y otros bienes en las transacciones e intercambios comerciales. Los caminos reales, que se utilizaban para mantener las comunicaciones entre los reinos, fueron otro de los grandes inventos de las civilizaciones hidráulicas, junto con los carros tirados por asnos y bueyes y los barcos de vela. Los caminos reales de Babilonia, Asiria y Persia inspiraron a los griegos y, más tarde, a los romanos, que los copiaron y expandieron. También los había que cruzaban toda la India. En China también se construyó una enorme red de caminos reales con el nacimiento del Imperio en el año 221 a. e. c.[13] Estos caminos reales hicieron posible la vida urbana.

Tanto los sumerios como todas las demás civilizaciones hidráulicas que aparecieron posteriormente desarrollaron ricas culturas urbanas. Los caminos reales fomentaron la migración y facilitaron la vida urbana. Los centros de las poblaciones se convirtieron en imanes para la mezcla de culturas. Los densos asentamientos invitaban al intercambio intercultural y dieron lugar al nacimiento de una forma de vida cosmopolita. Aunque esas nuevas relaciones crearon conflictos, también posibilitaron que personas hasta entonces consideradas extranjeras ahora fueran tratadas como «familiares». Encontrar aquello que los hacía parecidos fortaleció y expandió la empatía, universalizándola más allá de las relaciones de sangre.

La confluencia de la individualidad parcial y las interacciones cotidianas con otras personas no emparentadas, antes consideradas forasteras, fue un momento decisivo en la historia de la humanidad. La exposición a individuos que no formaban parte de su grupo colectivo de parentesco agudizó, aunque débilmente, el sentido de la individualidad de cada persona. Es cierto que la vida urbana puede conducir al aislamiento y la soledad. Sin embargo, también da lugar a un yo único, capaz de identificarse con otros yoes únicos mediante la extensión empática. Al estar parcialmente separado de la colectividad, el individuo empieza a reconectar con los demás, esta vez como seres distintos, fomentando su propio sentido del yo. El despertar de un sentido universal de empatía hacia otros seres humanos nació, modestamente, con las primeras civilizaciones hidráulicas. Sin embargo, fue suficiente para marcar el comienzo de una nueva fase en el viaje de la humanidad.

## LA INVENCIÓN DE LA ECONOMÍA

La aparición de las infraestructuras hidráulicas fue un momento de transformación en la historia de nuestra especie. El *homo faber*, el fabricante de herramientas, se convirtió en un actor que adquirió mucho protagonismo al domesticar literalmente toda la hidrosfera del planeta, convirtiéndola en un instrumento al servicio de las necesidades y aspiraciones de la familia humana. El doblegamiento de la hidrosfera terrestre para satisfacer la voluntad exclusiva de nuestra especie dio lugar a un enorme aumento de los excedentes alimentarios y a una reducción en la necesidad de mano de obra en los campos, lo que dio libertad a las poblaciones para emigrar a zonas urbanas más densas. Así nació la vida económica. La urbanización, a su vez, dio lugar a lo que llamamos *civilización*. Si creemos que esto es solo una página de la historia, hay que recordar que durante el siglo XX y las dos primeras décadas del siglo XXI se ha producido la mayor expansión de las infraestructuras hidráulicas de los últimos seis mil años, con la construcción de un número récord de centrales hidroeléctricas y embalses artificiales, tuberías y sistemas de bombeo, destinados exclusivamente al uso de la familia humana. En 2007, las Naciones Unidas informaron de que la mayoría de los seres humanos de la Tierra vivían en densas comunidades urbanas.[14] En 2014, gracias a su intrincada infraestructura hidráulica, más de cuatrocientas ciudades de todo el mundo tenían una población de entre un millón y 37 millones de habitantes.[15]

Mientras que las grandes civilizaciones hidráulicas y la vida urbana que las acompañaba aparecieron aproximadamente al mismo tiempo en el Mediterráneo, la India y China, y más tarde en el sudeste asiático y partes de México, América Central y el oeste de Sudamérica, los antropólogos se preguntaban por qué no ocurrió lo mismo en otros lugares. Un estudio referencial, publicado en el *Journal of Political Economy* en 2021 y escrito por investigadores de la Universidad de Warwick, la Universidad de Reichman, la Universidad Hebrea de Jerusalén, la Universidad Pompeu Fabra y la Escuela Superior de Economía de Barcelona, plantea una hipótesis que obliga a replantearse la teoría convencional sobre los orígenes de la vida económica y la creación concomitante de jerarquías, que son las principales características de las civilizaciones hidráulicas urbanas.[16]

Según la sabiduría convencional, lo que ocurrió fue algo parecido a esto. La adopción de la agricultura durante el largo periodo del Neolítico fue un proceso de ensayo y error, durante el cual las sucesivas generaciones aprendieron a aumentar progresivamente la productividad de la tierra. Estos excedentes aumentaron la población humana a la vez que redujeron el número de personas necesarias para trabajar los campos, permitiendo que la mano de obra redundante emigrara a las zonas urbanas, lo que provocó la estratificación social de la vida, la aparición de jerarquías y la formación de Estados. Si esto es así, ¿cómo explicar entonces el hecho de que las regiones agrícolas de los trópicos, con una historia similar de ensayo y error, y un aumento incremental de la productividad agrícola, nunca «progresaran» hacia una vida urbana altamente estructurada, con sus jerarquías y Estados complejos, tal como ocurrió con las civilizaciones hidráulicas? Los investigadores creen que «no fue el aumento de la producción de alimentos lo que condujo a la creación de jerarquías y Estados complejos, sino la transición a la dependencia de los cereales "apropiables", que facilitan la tributación por parte de la élite emergente».[17]

¿Por qué cereales? Porque, a diferencia de las raíces y los tubérculos, que se descomponen rápidamente tras la cosecha y no pueden almacenarse, acumularse y distribuirse a lo largo del tiempo, los cereales pueden guardarse durante largos periodos de tiempo y repartirse a la población como compensación por el trabajo que realizan en régimen de servidumbre, o como medio para la recaudación de impuestos que pueden utilizarse posteriormente para pagar a otros por los servicios prestados. Todo esto hace que los cereales sean enormemente útiles en la formación de jerarquías sociales y económicas y burocracias gubernamentales.

El excedente de grano, posiblemente la primera fuente de riqueza acumulada en forma de capital supervisado por las élites gobernantes y administrado por las burocracias, nació con un inconveniente igualmente notorio: los robos. Evitar que ladrones y merodeadores robaran el grano requirió la creación de autoridades policiales y de los primeros ejércitos para proteger la nueva forma de riqueza almacenada.

Los investigadores estudiaron 151 países entre los años 1000 y 1950, y descubrieron que, de los once cereales principales, solo el maíz estaba disponible en el Nuevo Mundo, mientras que, de las cuatro raíces y tubérculos principales, tres se encontraban en el Nuevo Mundo antes de 1500: la yuca, la patata y el boniato. En cambio, en el Viejo Mundo, solo el boniato estaba presente entre las principales raíces y tubérculos.[18] Sin embargo, al mismo tiempo, todos los cereales menos el maíz estaban disponibles, lo que explica por qué, en el Nuevo Mundo, solo México y Perú crearon regímenes estatales burocráticos. En cuanto a la premisa de que los cereales «desempeñaron un papel crucial en la formación del Estado», los investigadores descubrieron que «en las sociedades agrícolas que dependían de las raíces y los tubérculos, la complejidad jerárquica nunca superó el nivel que los antropólogos definen como jefaturas, mientras que todos los grandes Estados basados en la agricultura que conocemos dependían de los cereales».[19]

Pero ese estudio omite lo siguiente. Los cereales necesitan mucha más agua que las raíces y los tubérculos. Un estudio reciente que compara la huella hídrica de las raíces y los tubérculos con la de los cereales, publicado en la revista *Environment, Development, and Sustainability*, confirma muchos estudios anteriores según los cuales «la huella hídrica de las raíces y los tubérculos es sustancialmente menor que la de los cereales». Lo que esto significa es que, a lo largo de la historia, las regiones del mundo que cultivaban cereales necesitaban mucha más agua para el riego, y por eso las civilizaciones cuya dieta dependía de estas plantas han construido complejas infraestructuras hidráulicas para secuestrar enormes volúmenes de agua para regar sus campos y cultivar sus cosechas.[20]

Donde quedó más patente la existencia de una conexión entre la infraestructura hidráulica, la comercialización de los excedentes de grano y el auge y la caída de los imperios fue en el Imperio romano. Una de las características más notorias de este Imperio fue el diseño e implementación de una vasta infraestructura hidráulica en gran parte de Europa y del Mediterráneo. Sus acueductos aprovechaban el agua para el consumo, la higiene y el ocio y, lo que es más importante, para el riego de las tierras de cultivo que se extendían desde España y Francia al oeste, hasta Egipto, Siria y Jordania al este.[21]

El cultivo de cereales a gran escala a través de una compleja infraestructura hidráulica era fundamental para garantizar la estabilidad del Imperio. La propia viabilidad del Gobierno dependía, en gran medida, de la distribución semanal de pan gratuito a sus cientos de miles de ciudadanos y mano de obra esclava. El grano, en su mayor parte trigo duro, se cultivaba en todo el Imperio y era transportado por vía marítima y terrestre a Roma y otras provincias. Egipto era un importante centro productor de cereales para Roma y sus provincias, al igual que las regiones que hoy en día se corresponden con Libia, Túnez, Argelia y Marruecos.

En un texto sobre la abrumadora importancia de proporcionar grano y pan gratis a los ciudadanos romanos, el poeta satírico Juvenal reflexionaba sobre el hecho de que un Imperio en decadencia, cuya antigua gloria obtenida en los campos de batalla de Europa, Asia y África, saqueando y colonizando partes de tres continentes, se había ido apagando, solo era capaz de mantener su débil dominio ofreciendo «pan y circo» al pueblo. Este sistema acabó por derrumbarse debido al deterioro de las tierras de labranza, lo que debilitó el control sobre sus ciudadanos y lo hizo vulnerable a los invasores merodeadores y, finalmente, a la invasión de los vándalos, el saqueo de Roma en el año 455 e. c., y el colapso del Imperio.

Los imperios hidráulicos representaron un nuevo tipo de agencia humana, ejercida colectivamente en densos entornos urbanos. Antes de su aparición, era común la vida urbana rudimentaria en aldeas y enclaves urbanos incipientes. Muchos antropólogos e historiadores consideran que Jericó fue la primera comuna urbana, una ciudad que, en el mejor de los casos, albergó a unos pocos miles de habitantes y, aun así, era algo efímero, ya que la población fluctuaba con las estaciones. La vida comunal se organizaba en torno a prácticas religiosas politeístas, prácticas ocultistas y a la idolatría relacionada con la fertilidad. Más tarde, los israelitas conquistaron la ciudad, estableciendo el primer enclave de los hebreos, al entrar en la «tierra prometida».

La mayoría de los primeros entornos urbanos primitivos actuaban más o menos como puestos comerciales a los que acudían grupos itinerantes. También eran protectorados (edificios amurallados) que protegían a las poblaciones locales frente al acoso de los merodeadores. Pero carecían de las señas de identidad de lo que consideramos vida urbana. Había muy poca diferenciación de competencias y la gobernanza era escasa.

Estas primeras formas de existencia social casi siempre estaban situadas cerca de lagos, ríos y pozos de agua, suficientes para mantener a pequeñas poblaciones. Sin embargo, estos hábitats permitieron que nuestra especie se alejara de las aldeas y adoptara una forma de vida más urbana gracias a su «gobernanza de los bienes comunales». En la actualidad, siguen existiendo en lugares dispersos, aunque ahora dentro de fronteras nacionales soberanas.

Pero la vida urbana, tal y como la conocemos, se compone de un gran número de individuos no relacionados entre sí, decenas de miles, cientos de miles o incluso millones, que conviven en entornos complejos en los que se desarrolla toda una miríada de habilidades diferenciadas en lo que al principio eran artes, artesanías y oficios, y ahora son empresas, industrias y sectores amparados por leyes codificadas que regulan la actividad económica y el intercambio. Estos son los componentes esenciales de lo que llamamos vida urbana. Y esta configuración (la de un organismo social) solo surgió con el auge de la civilización hidráulica en los milenios anteriores a Cristo, y desde entonces se expande y colapsa a lo largo de la historia y se ha convertido en la principal forma en que nuestra especie organiza su gobernanza y su vida económica y social.

Últimamente, se ha entablado un debate sobre el modelo de gobernanza que ha acompañado al surgimiento de la vida urbana. En su libro titulado *El amanecer de todo*, David Graeber y David Wengrow defienden que la vida urbana primitiva se asemejaba más a una gobernanza de los bienes comunales, con solo un atisbo de jerarquía política y supervisión burocrática. Los autores señalan que, en muchos casos, el espíritu de estos primeros hábitats urbanos era notablemente democrático, lo que dibuja un panorama de vida económica y política que se asemeja más a los rudimentos de lo que los historiadores definen hoy como *sociedad civil*, lo cual tiene mucho sentido. La gobernanza de los bienes comunales en forma de intercambios recíprocos de bienes y servicios, y la administración colectiva de un entorno natural compartido son la base de la vida social, el fundamento de la construcción de la civilización urbana a lo largo de la historia.[22]

Lo que se omite en el análisis de Graeber y Wengrow es que en varias regiones del mundo donde nuestros antepasados echaron raíces para establecer una urbe colectiva, muchas de estas primeras formas de gobernanza tenían que satisfacer las necesidades de una densidad de población tan alta que requería alguna forma de secuestro de la hidrosfera planetaria para proporcionar agua y alimentos suficientes a sus poblaciones. Sin embargo, este detalle se echa de menos en el análisis de los autores, por lo demás acertado, sobre cómo surgió la vida urbana primitiva, con su énfasis en la gobernanza de los bienes comunales y lo que podría considerarse una sociedad civil naciente y un incipiente enfoque democrático de esa gestión, algo que ocurrió una vez que la población sobrepasó los límites de sus fuentes de alimentos disponibles y del suministro de agua. Este es el punto en el que, en algunas regiones del mundo, los bienes comunales urbanos dieron lugar a un organismo social complejo del tipo que hoy conocemos como *civilización urbana*.

En su libro titulado *Despotismo oriental*, publicado en 1957, el erudito germanoestadounidense Karl Wittfogel dio nombre a este cambio excepcional en la forma en que nuestra especie vive en la Tierra.[23] Llamó a esta gran transformación *civilización hidráulica*: la extracción masiva, el secuestro, la apropiación, la comercialización y el consumo de los grandes ríos, lagos, humedales, llanuras aluviales y aguas subterráneas del planeta para el uso de nuestra especie. El análisis de Wittfogel no estuvo exento de deficiencias, algunas debidas a cegueras ideológicas y prejuicios culturales, y otras por culpa de la incorrecta identificación de una serie de rasgos y componentes clave que dieron lugar a la civilización hidráulica urbana. Aun así, dio nombre a este proceso de desarrollo, que nos acompaña desde hace más de seis milenios. La civilización hidráulica urbana es lo que mantiene unida a la raza humana, de la que solo una ínfima parte sigue viviendo en la periferia o fuera de la burbuja.

La explicación de Wittfogel, provocadora a pesar de sus claros defectos, que sitúa las infraestructuras hidráulicas a gran escala en el núcleo de lo que hemos llegado a conocer como civilización urbana (un viaje de seis milenios que ahora nos ha llevado al borde de la extinción) es indiscutible. La gobernanza de los bienes comunales en forma de sociedad civil en evolución sigue siendo un componente y, a veces, un oponente importante de las civilizaciones hidráulicas. Ni más ni menos.

El difunto Robert Leonard Carneiro, antropólogo estadounidense y antiguo conservador del Museo Americano de Historia Natural, intentó poner paz entre las dos facciones cuyos análisis sobre las condiciones subyacentes que dieron lugar a la formación de los Estados eran opuestos. Escribió lo siguiente: «Esto no quiere decir, por supuesto, que la irrigación a gran escala, allí donde se produjo, no contribuyera significativamente a aumentar el poder y el alcance del Estado. Es indudable que lo hizo. En ese aspecto no tengo nada que discutirle a Wittfogel. Sin embargo, la cuestión no es cómo aumentó el Estado su poder, sino cómo surgió en primer lugar».[24]

De acuerdo..., pero esto provoca cierto desconcierto. Obviamente, para el desarrollo de un Estado rudimentario es necesario contar con una base urbana, una sociedad civil emergente y una gobernanza de los bienes comunales. Sin ese Estado sería imposible que surgiera una compleja civilización hidráulica urbana. Pero Graeber y Wengrow, entre otros, no han explicado el hecho de que las grandes civilizaciones urbanas de la Antigüedad, de las que se habla continuamente, se basen en el aprovechamiento de los grandes ríos del mundo de una forma u otra para sobrevivir y florecer.

Esto no significa que la evolución de las civilizaciones hidráulicas urbanas haya seguido un patrón de crecimiento similar. Pensemos, por ejemplo, en el camino que siguió la Europa feudal tras la caída del Imperio romano. Aunque a la mayoría de nosotros nos han enseñado que Europa retrocedió durante lo que los historiadores conocen como Edad Media, nada más lejos de la realidad.

Aunque los grandes acueductos romanos de toda Europa fueron destruidos y, en su mayor parte, abandonados a su suerte en los siglos posteriores, en todo el continente empezó a arraigar una nueva forma de obtener el agua de la hidrosfera a medida que los artesanos locales instalaban molinos de agua en los ríos europeos. En el siglo XI, solo en Inglaterra había cinco mil seiscientos molinos de agua destinados a la molienda del grano en tres mil comunidades.[25] Había molinos de agua por toda Europa y se utilizaban no solo para moler grano, sino también para lavar, curtir, serrar, triturar aceitunas y minerales, accionar fuelles para altos hornos, moler pigmentos para pintura o pasta y pulir armas.

Estos molinos de agua también se podían encontrar en las comunas urbanas a lo largo de sus riberas. Para hacerse una idea de su importancia en el impulso de una revolución protoindustrial, solo en Francia había veinte mil molinos de agua en funcionamiento en el siglo XI, lo que equivalía a un molino por cada doscientas cincuenta personas.[26] Si calificar este fenómeno de «industrial» parece un poco fuera de lugar, hay que tener en cuenta que en los molinos de agua un solo trabajador hacía las labores para las que antes se necesitaban veinte trabajadores, un salto impresionante en la productividad, se mire por donde se mire. La potencia hidráulica combinada de estos miles de molinos de agua equivalía al trabajo realizado por el 25 % de la población adulta de Europa.[27] En la década de 1790, había quinientos mil molinos de agua por toda Europa, que secuestraban el agua que circulaba por todos los ríos principales, proporcionando 2,25 millones de caballos de fuerza.[28] El historiador Lynn White, de la Universidad de Princeton, resumió la importancia histórica del secuestro de las aguas de Europa para fines industriales mucho antes de que aparecieran los combustibles fósiles, señalando que «a finales del siglo XV, Europa ya contaba no solo con fuentes de energía mucho más diversificadas que las conocidas por cualquier cultura anterior, sino también con un arsenal de medios técnicos para captar, guiar y utilizar esas energías, que era inconmensurablemente más variado y hábil que el que había poseído cualquier pueblo del pasado».[29]

Mientras que los molinos de agua medievales estaban descentralizados y tenían que ser supervisados localmente, las lecciones aprendidas en la gestión de los ríos de Europa se pusieron en práctica a finales del siglo XIX y durante todo el siglo XX con la construcción de enormes centrales hidroeléctricas y acuíferos artificiales, que se completaban con más infraestructuras hidráulicas. Gran Bretaña abrió el camino en 1878 con el primer experimento de obtención de energía hidroeléctrica. Poco después, Estados Unidos y otros países de todo el mundo construyeron centrales hidroeléctricas al servicio de una economía industrial global. Y, al mismo tiempo que secuestraban las aguas en Europa, América, Asia y el resto del mundo, los Gobiernos establecieron burocracias centralizadas repletas de códigos, reglamentos y normas, para gestionar lo que acabó convirtiéndose en el pináculo de la civilización hidráulica.

La cuestión es que el auge, la caída y el resurgimiento de las civilizaciones hidráulicas urbanas a lo largo de seis milenios de historia es un elemento definitorio del viaje humano, aunque rara vez se reconozca. Son muy pocos los casos en los que la gobernanza de los bienes comunales de nuestra hidrosfera ha sido descentralizada y democrática.

Lo que resulta especialmente sorprendente en los relatos sobre la aparición de civilizaciones hidráulicas urbanas es que apenas ha cambiado en los últimos seis mil años la forma de emplear, remunerar y gravar a los trabajadores. En la época de la tercera dinastía de Ur, en la antigua Sumeria, ya era normal disponer de un gran número de trabajadores, entre los que había agricultores, obreros urbanos, artesanos cualificados, comerciantes, burócratas, sacerdotes, sirvientes y una larga lista de otras ocupaciones.

Los sumerios fueron, probablemente, la primera civilización urbana que concibió el trabajo como un concepto abstracto, una medida cuantificable de la labor realizada por un individuo según su clasificación y destreza, y cuya compensación se medía en días de trabajo realizados y producción obtenida. Ya en el año 2400 a. e. c., la palabra sumeria *á* significaba «brazo, fuerza, poder y esfuerzo físico», lo que demuestra que el trabajo ya se consideraba algo que podía registrarse y remunerarse. Ese fue el primer registro de lo que más tarde se convertiría en *trabajo* y, ya en la era moderna, en *empleo*.[30]

Piotr Steinkeller, profesor de Asiriología de la Universidad de Harvard, sugiere que «la capacidad de contar el trabajo en "días de trabajo" abstractos (o "días/hombre") supuso un gran avance conceptual en la historia de la contabilidad y la administración, ya que permitió convertir cualquier forma de actividad humana productiva en un conjunto de números, abriendo así posibilidades de gestión completamente nuevas, sobre todo en el ámbito de la planificación económica».[31] Steinkeller señala que la palabra *á* acabó ampliándose para abarcar los significados de *salario*, *alquiler* y *renta*, lo que demuestra que «el trabajo no solo era una función del tiempo, sino que también tenía un valor monetario mensurable, que podía expresarse en términos de plata o grano». Durante mucho tiempo, los economistas han creído que la invención de la contabilidad de doble entrada fue obra de los mercaderes de Venecia a finales del siglo XV, sentando las bases para el surgimiento del capitalismo moderno, cuando en realidad los rudimentos de la contabilidad moderna se remontan a la primera civilización hidráulica, en Sumeria, dos mil años antes de Cristo.[32]

También se cree que las primeras civilizaciones hidráulicas recurrieron principalmente a la mano de obra esclava para construir, gestionar y reparar la infraestructura hidráulica y para trabajar en el campo y en otros lugares. Aunque la esclavitud ya existía en el primer imperio hidráulico de Mesopotamia, el número de esclavos era reducido y generalmente trabajaban como artesanos o se dedicaban a labores domésticas como sirvientes en hogares ricos. La mayoría eran esclavos por deudas, por lo que eran liberados cuando las saldaban.

La principal fuente de empleo en Mesopotamia eran los trabajos forzados o corvea. Se trataba de un trabajo «obligado» por el Estado, generalmente durante varios meses al año, y casi toda la población tenía que cumplirlo. Steinkeller señala que pocos individuos y familias estaban exentos. «Artesanos, pastores, personal agrícola, jardineros, silvicultores, comerciantes y diversos tipos de funcionarios administrativos y religiosos, así como miembros de las élites locales, como los gobernadores provinciales y sus parientes» debían dedicar varios meses al año a la corvea, aunque es probable que los muy ricos y las élites gubernamentales se libraran encontrando sustitutos para realizar el trabajo.[33]

Aunque la población era teóricamente libre, todos debían dedicar su tiempo a mantener el sistema de riego hidráulico, cosechar, y construir y reparar palacios, templos, murallas y otras estructuras públicas. El servicio militar también formaba parte de las obligaciones del servicio público de la corvea. El Estado recompensaba a estos trabajadores con el acceso a tierras agrícolas y a aguas de regadío. Esta era una forma de trabajo comunitario impuesto que todos debían realizar como servicio a su comunidad y al Estado, a cambio de recibir algunos de los beneficios colectivos que conllevaba su participación.

También había otras categorías laborales menores, como los trabajos serviles vinculados a los hogares de los templos y otras instituciones estatales. Había otras dos categorías laborales, la mano de obra asalariada y la temporal, cada una con sus propias limitaciones y recompensas. Lo interesante de la corvea es que se consideraba un esfuerzo comunitario y una responsabilidad colectiva, una especie de trabajo por los «bienes comunales» que unía a la población como si se tratara de un organismo social. Eran los primeros inicios de los que acabarían siendo la esfera cívica y los rudimentos de la sociedad civil. De todo esto se puede deducir que la evolución de la vida urbana y la civilización son una misma cosa. Una no existe sin la otra y juntas requieren alguna forma de infraestructura hidráulica para funcionar.

Lo extraordinario de todo esto es el poco protagonismo que se ha dado a las infraestructuras hidráulicas en el surgimiento de la cultura urbana y la aparición de la civilización. Y no estamos hablando de tiempos remotos. El hecho es que la infraestructura hidráulica es el andamiaje del que depende toda la vida urbana y la plataforma indispensable sobre la que descansa la civilización. Sin embargo, en todas las discusiones de peso y los debates filosóficos y antropológicos sobre cómo surgió la vida urbana, apenas se hace referencia a la infraestructura hidráulica subyacente, la que hace viable la urbanización a gran escala.

Los habitantes de clase media de los países industrializados ricos apenas se preocupan por el origen del agua, su purificación y tratamiento, y su destino una vez utilizada. Sin embargo, la población más desfavorecida de las ciudades suele ser muy consciente de su importancia, sobre todo cuando está contaminada con productos químicos tóxicos o cuando las viejas tuberías están cargadas de plomo. En los países en vías de desarrollo, donde el agua escasea y rara vez es potable o no está disponible, los pobres están continuamente atentos al funcionamiento del sistema hídrico. Los habitantes de las zonas rurales, y en particular los agricultores, conocen bien los entresijos de los flujos hidráulicos y el funcionamiento y los fallos de la infraestructura hidráulica, ya que su sustento depende del riego.

No hace falta decir que varios miles de millones de seres humanos se preocupan todos los días por la disponibilidad y pureza del agua y se dan cuenta de cuándo algo va mal. A veces culpan a Dios o al clima por retener el agua, y otras veces afirman, con algo de verdad, que actúan fuerzas nefastas, cuyo origen suele encontrarse entre las élites urbanas, que juegan con el flujo y la disponibilidad del agua en su propio beneficio. Pero es más que eso. El control del agua es la última manifestación del dominio del «hombre» sobre el planeta Aqua. Es una elección consciente, tomada por primera vez por nuestra especie hace varios miles de años en distintas regiones del mundo. Lo que define la civilización hidráulica es el secuestro y la gestión de las aguas que fluyen a través de poderosos ríos que se extienden por cientos de kilómetros. Luego se mantienen a raya y se administran metódicamente para optimizar los rendimientos agrícolas y almacenar los excedentes de grano. El siguiente paso es decidir cuándo se distribuyen los alimentos, a quién y en qué cantidad. La escala de esta infraestructura diseñada por el hombre no tiene parangón. Este ejercicio de poder sobre la hidrosfera del planeta es la infraestructura fundacional de la que depende toda la vida económica.

La infraestructura hidráulica es, por su propia naturaleza, una construcción centralizada, jerárquica en su diseño, burocrática en su implementación y coercitiva en su ejecución. Aunque los seres humanos diseñan, proyectan, implementan y gestionan las infraestructuras hidráulicas, son estas las que determinan el tipo de sociedad compatible con su funcionamiento. Las infraestructuras hidráulicas cambian la orientación temporal y espacial de la sociedad y condicionan los tipos de gestión compatibles con su diseño y funcionamiento.

Incluso los hábitats, las prácticas de crianza de los hijos, los enfoques del aprendizaje y la relación con la naturaleza de una sociedad están condicionados por los límites impuestos por la adaptación de las aguas a nuestra especie. Debería ser al revés. Eso no significa que exista un condicionamiento rígido, sino que la infraestructura establece los límites que son compatibles con ella. Las opciones pueden ser variadas, pero no deben estar reñidas con la forma en que se construye y utiliza la infraestructura hidráulica.

La cuestión es que las infraestructuras hidráulicas no son el resultado de una manera de ver el mundo, sino que vemos el mundo a partir de las infraestructuras hidráulicas. Puede que sea difícil de aceptar ya que hemos llegado a creer que la agencia humana determina cómo se utilizan las infraestructuras. Intentemos imaginar por un momento la increíble arrogancia que supondría creer que nuestra especie, por muy sobredimensionado que sea nuestro cerebro, podría haber creído alguna vez que podríamos dominar las aguas de la Tierra. Sin embargo, eso es exactamente lo que nos propusimos hacer en regiones dispersas por todo el mundo, hace unos seis milenios. Y el resultado es que, tras seis milenios de domesticación de las aguas, el impacto entrópico sobre el planeta y sus formas de vida es asombroso. Aunque el *Homo sapiens* representa menos del 1 % de la biomasa total de la Tierra, en 2005 utilizábamos el 25 % de la producción primaria neta derivada de la fotosíntesis, y las tendencias actuales predicen que esa cifra llegará al 44 % en 2050, dejando solo el 56 % para el resto de las formas de vida con las que compartimos el planeta («la productividad neta primaria es la diferencia neta entre la fotosíntesis y la respiración, es decir, es la cantidad de dióxido de carbono que absorben las plantas durante la fotosíntesis menos la que liberan durante la respiración»).[34] Este descomunal consumo del «almacén» de la Tierra es consecuencia del secuestro de las aguas y de la gestión de su utilización mediante infraestructuras hidráulicas.

Gran parte de los conflictos humanos que han estallado a lo largo de la historia de las civilizaciones hidráulicas han girado en torno al acceso a las aguas. Debemos recordar, sin embargo, que durante la mayor parte del tiempo que llevamos en el planeta, nuestra especie consideró que las aguas eran un bien comunal compartido por la familia humana y el resto de las especies. Ese enfoque siguió adoptándose en lugares dispersos, incluso con la aparición de la civilización hidráulica.

Aunque el secuestro de la hidrosfera propició un paso de gigante en el almacenamiento de los cereales y la distribución de los excedentes alimentarios, también aumentó espectacularmente la población y la longevidad humanas, liberó mano de obra en los campos y propició la aparición de la vida urbana. Las limitaciones impuestas por la propia naturaleza de la infraestructura hidráulica han sido también un importante catalizador de conflictos y guerras entre miembros de nuestra especie durante milenios de historia.

Aunque nuestros antepasados sabían todo esto desde muy pronto y se enzarzaron continuamente en conflictos y guerras abiertas por el acceso a las aguas secuestradas, rara vez se ha examinado la cuestión de si la propia infraestructura debería ser objeto de preocupación. Quizá sea porque los beneficios de secuestrar las aguas para aumentar la producción de cereales y crear excedentes alimentarios, liberar mano de obra para emigrar a las ciudades, mejorar el nivel de vida y aumentar la esperanza de vida de nuestra familia humana eran demasiado grandes como para cuestionar dicha infraestructura. O, tal vez, porque la infraestructura hidráulica se hizo tan omnipresente en todos los aspectos de la vida que llegó a ser vista como una parte indisociable del paisaje y un reflejo del «orden natural de las cosas». Y ese orden natural pasó a verse en el mundo occidental como un don de un dios todopoderoso, que concedía a nuestra especie el dominio sobre la Tierra y todos los seres vivos.

Recientemente, se ha producido un ligero despertar por culpa del calentamiento del planeta provocado por una era industrial basada en los combustibles fósiles. El ciclo hidrológico se está resilvestrando, liberándose de las ataduras de una civilización hidráulica. La llegada de poderosos ríos atmosféricos, inundaciones dañinas, sequías prolongadas, olas de calor e incendios forestales, así como huracanes y tifones, ha despertado a los eruditos, que empiezan a hacer pública su preocupación sobre todo lo relacionado con la infraestructura hidráulica y cuestionan el entramado de lo que llamamos *civilización*.

En 2022, investigadores de la Universidad de Wageningen y de la Universidad de Ámsterdam, en los Países Bajos, un país que posee una de las historias más importantes de toda Europa en cuanto al secuestro de las aguas y la creación de infraestructuras hidráulicas, escribieron un estudio que se publicó en la revista *Political Geography* titulado «(Re)Making Hydrosocial Territories». Su estudio es un reflejo de un incipiente debate cada vez más generalizado, que pretende analizar cómo el secuestro de las aguas y la evolución de las infraestructuras hidráulicas actúan «para transformar las relaciones entre el espacio, las personas y todo lo material».[35]

Los investigadores estudiaron las infraestructuras hidráulicas presentes en todos los continentes con la premisa de que, en realidad, no son andamiajes neutrales, sino que son el reflejo de una visión del mundo (lo que los investigadores denominan *imaginario*) que desempeña un papel esencial a la hora de condicionar cómo vivimos nuestras vidas, incluida la comprensión de nuestro papel en la economía, la definición de nuestro lugar en la sociedad, la determinación de nuestra relación con la naturaleza e incluso cómo entendemos la gobernanza. Los expertos empiezan por lo obvio: las grandes infraestructuras hidráulicas, como las grandes presas, los sistemas de riego o las centrales hidroeléctricas que nos rodean y son consideradas la pieza central de lo que consideramos *modernidad* y *progreso*. Según ellos:

> En este contexto, la modernidad se asocia a menudo con características clave, como la creencia en el progreso continuo; la creencia en futuros sociales, ecológicos y tecnológicos planificados; la centralidad de la ciencia y la tecnología que sustentan este proceso de planificación, y la necesidad de controlar y domesticar la naturaleza.[36] Especialmente los dos últimos aspectos están intrínsecamente relacionados con la infraestructura hidráulica, ya que, gracias a esta, es posible utilizar la naturaleza como recurso económico para intensificar y ex-

> pandir los sistemas de producción modernos. En la base de estas empresas se encuentra un imaginario moderno de la naturaleza, según el cual, esta es externa a la sociedad, desordenada, salvaje y algo que debe ser controlado y sometido a un uso productivo mediante el avance de la ciencia y la tecnología. La naturaleza vista así es una entidad que espera ser dominada y convertida en productiva para beneficio de la sociedad. Estos imaginarios que contemplan transformaciones territoriales modernizadoras a través de las infraestructuras pretenden alterar drásticamente la espacialidad y la materialidad de los paisajes, los flujos de agua y, lo que es más importante, también las relaciones sociales y políticas que se dan en ellos.[37]

Sin embargo, las infraestructuras hidráulicas no surgieron de la nada. Nuestros antepasados cazadores recolectores no podrían haber concebido semejante idea. La suya era una existencia nómada, dependían de las estaciones y se adaptaban en cada momento a lo que les proporcionaba la naturaleza. El retroceso de la última gran Edad de Hielo, hace once mil años, trajo consigo un clima templado, árido y semiárido en gran parte del mundo, ideal para la vida sedentaria y la experimentación con el cultivo de plantas y la domesticación de animales para obtener alimentos y fibras.

Es probable que los primeros intentos de adaptar la naturaleza a las necesidades de nuestra especie, en lugar de adaptarnos nosotros a la naturaleza, se produjeran plantando semillas, cosechando cultivos y encontrando nuevas variedades resistentes y nutritivas. De ahí a desarrollar una creencia rudimentaria en el dominio de la naturaleza, una idea que crecería con el tiempo y sentaría las bases para pasar de la administración a la subyugación del mundo natural, no hay mucho trecho. Secuestrar y domesticar las aguas para asegurar una cosecha abundante y excedentes habría sido un pequeño salto, pero con consecuencias tan enormes que llegarían a alterar la relación de nuestra especie con el mundo natural. Dicho proceso culminó con la creación de la infraestructura hidráulica industrial que se convirtió en uno de los cimientos de la era del progreso.

La infraestructura hidráulica también establece los límites territoriales de la gobernanza, además de designar quién diseña y gestiona el sistema, cómo se asignan las aguas, y a quién y en qué condiciones. En resumen, la infraestructura determina las relaciones de poder en todos los niveles de la sociedad y en todo el territorio por el que dicha infraestructura hidráulica fluye.

Los autores del estudio sugieren que la infraestructura hidráulica da «respuesta a las cuestiones morales de cómo vivir y cómo actuar. En otras palabras, la tecnología del agua está "moralizada", lleva impresas las normas de clase, género y cultura de su diseñador, y propaga activamente estas normas morales y de comportamiento cuando se aplica la tecnología». Lo que a menudo pasa desapercibido es que, «al redirigir los flujos de agua y cambiar los paisajes, cambia la forma en que las personas se relacionan con su entorno y cómo lo experimentan».[38]

Secuestrar, domesticar y redirigir la esfera hídrica del planeta para crear una cornucopia para la especie humana es el último sueño utópico llevado a la práctica. Y, como otras utopías, sus promesas nunca acabaron haciéndose realidad. Un examen detallado de las expectativas y los resultados obtenidos a lo largo de la historia arroja un triste balance de falsas esperanzas y calamitosas consecuencias. Estudio tras estudio han demostrado que los sistemas de riego han rendido sistemáticamente menos de lo esperado durante su «vida útil» en cuanto al aumento de la productividad agrícola. Las razones son diversas. He aquí una lista de algunas de ellas:

> Los sistemas de abastecimiento de agua para uso doméstico tienen fugas y no suministran la cantidad y calidad previstas. Las centrales hidroeléctricas rara vez producen la electricidad prometida. Estos fallos y averías se deben a la imposibilidad de predecir: a) la naturaleza (inundaciones y sequías, erosión del suelo y sedimentación, etcétera), b) la infraestructura y sus propiedades intrínsecas (desgaste), y c) el sistema social que controla, gestiona y utiliza la infraestructura y los flujos de agua relacionados.[39]

No es que las deficiencias y los fallos de las infraestructuras hidráulicas fueran un secreto. A lo largo de seis milenios de historia, el auge y la caída de las infraestructuras hidráulicas han marcado los ciclos vitales de civilizaciones enteras, cada una de ellas inevitablemente atrapada en el estrangulamiento provocado por el aumento de la entropía del sistema y por los cambios drásticos en el clima. Aun así, la fe en la empresa ha seguido creciendo, probablemente debido a una creencia incuestionable (especialmente en el mundo occidental) en el pacto especial de nuestra especie con el Señor, que otorga a los seres humanos el dominio sobre toda la Tierra. Adaptar la naturaleza a nuestra especie y no al revés es el hecho distintivo de la civilización y la esencia misma de una visión del mundo que hemos llegado a interiorizar durante gran parte del Holoceno. Si hay una excusa que explique nuestra locura, puede que sea que el clima temporal nos hiciera creer que podíamos secuestrar la hidrosfera y reacondicionar el funcionamiento del planeta Aqua para que cumpliera nuestras órdenes sin temor a represalias. Qué equivocados estábamos.

Aunque parezca extraño, las escasas menciones a la civilización hidráulica, normalmente como notas a pie de página en seminarios de antropología e historia y rara vez, o nunca, como tema de debate público, pasan por alto su importancia, como sugiriendo que son reliquias de una historia enterrada hace tiempo, por lo que son tratadas como descubrimientos arqueológicos. No es así. La civilización hidráulica alcanzó su apogeo en los dos últimos siglos de una era industrial basada en los combustibles fósiles. Es lo que ha posibilitado que la nuestra sea la especie dominante en la Tierra y lo que ha desencadenado la sexta extinción de la vida en el planeta.

## NOS ESTAMOS AHOGANDO

La apoteosis de la civilización hidráulica llegó con la modernidad. La era del progreso está ligada al secuestro de la hidrosfera del planeta, aunque apenas se reconozca. El descubrimiento del Nuevo Mundo y la colonización de las poblaciones indígenas de todos los continentes en los siglos XIX y XX se apoyaron en dos pilares: la conquista militar y la «reeducación» y «repolitización» de los pueblos nativos. Esa repolitización se materializó con la construcción y gestión de gigantescas infraestructuras hidráulicas. El control de las aguas significaba el control de poblaciones enteras. Los nuevos señores coloniales tutelaron a una nueva clase de élites nativas, en su mayoría ingenieros educados en el extranjero en las artes y las ciencias relacionadas con la construcción y la gestión hidráulicas. El establecimiento de burocracias del agua y de estatutos, códigos y reglamentos unió a los gobernantes coloniales y a una nueva clase de burócratas colonizados para gestionar conjuntamente las infraestructuras hidráulicas de los «países en vías de desarrollo». Para construir y gestionar estas modernas infraestructuras hidráulicas se contrató mano de obra mediante los servicios comunitarios.

Los excedentes agrícolas, obtenidos gracias a una gestión hidráulica cada vez más sofisticada, se enviaban a los puertos de origen en Europa, América y otros lugares, donde se fabricaban productos y tejidos relativamente asequibles a expensas de mano de obra extranjera barata. Más tarde, y sobre todo después de la Segunda Guerra Mundial, el llamado Tercer Mundo comenzó a luchar por liberarse del dominio colonial, manteniendo intacta la infraestructura construida, solo para mejorarla, secuestrando aún más las aguas para servir a sus poblaciones nacionales, mientras agotaban el capital ecológico que les quedaba.

Durante la segunda mitad del siglo XIX, la totalidad del siglo XX y las primeras décadas del siglo XXI, se construyeron infraestructuras hidráulicas por todo el mundo, ya que las naciones competían por superarse unas a otras construyendo presas cada vez más grandes, aprovechando mayores volúmenes del agua fluvial que quedaba y canalizándola a lo largo de cientos de kilómetros, a menudo a través de tierras áridas y semiáridas, e incluso desiertos.

La magnitud del represamiento de los principales ríos del planeta a lo largo de los últimos cien años (que sigue llevándose a cabo hoy en día) es impresionante. En la actualidad hay 36.222 presas repartidas por las principales cuencas fluviales de Norteamérica, Sudamérica, Europa, África y Asia. Este último continente es el que alberga el mayor número de presas terminadas, con 10.138 infraestructuras, el 28 % del total mundial. En Norteamérica se encuentran el 26 % de las presas, mientras que Sudamérica cuenta con el 21 % de las presas mundiales construidas en el último siglo. Asia y Sudamérica representan el 50 y el 20 %, respectivamente, de la capacidad mundial, mientras que Norteamérica representa el 9 %, y Europa, el 18 %. Las presas se utilizan para suministrar agua dulce para consumo humano, limpieza y baño, generar energía hidroeléctrica para hogares, oficinas e industrias y regar campos agrícolas.[40]

Aunque en Estados Unidos la construcción de presas se ha ralentizado en las últimas décadas, sobre todo porque ya se han construido en todos los ríos, los países en desarrollo de África, Sudamérica y Asia están construyendo cada vez más.[41] Estados Unidos fue el país que más fomentó la construcción de presas en todos los ríos del mundo. Su mayor triunfo fue el desvío del río Colorado para que desembocara en el lago Mead (un lago artificial), y desde allí fluyera por la recién construida presa Hoover, para proporcionar electricidad y agua a 25 millones de personas en los estados de Arizona, Nevada, California y varias zonas de México.[42]

Convertir las tierras semiáridas y áridas, e incluso los desiertos, en huertas, frutales y campos de cereales, por no hablar de la creación de ciudades, suburbios, complejos turísticos y campos de golf, nunca fue una buena idea; aun así, es un recordatorio constante de la arrogancia que acompañaba a la utopía hidráulica. Otros países de todo el mundo siguieron una línea similar.

En la primera década del siglo XX, William Ellsworth Smythe, un gran entusiasta de la civilización hidráulica, elogió la conquista científica de las aguas en un libro titulado *The Conquest of Arid America*. En su opinión, «el riego es la base de la agricultura verdaderamente científica. Cultivar la tierra dependiendo de la lluvia es como comparar una diligencia con un ferrocarril, o una vela con la luz eléctrica».[43]

A lo largo del siglo XX, científicos, ingenieros, empresarios, políticos y directivos de empresas de todo el mundo hicieron un llamamiento para que se domesticaran los ríos de modo que un desierto se pueda convertir «en un jardín». Ese deseo no es más que un reflejo de la creencia arraigada de que el dominio de nuestra especie sobre la naturaleza podría allanar el camino hacia un segundo jardín del Edén, esta vez mediante el sueño utópico de secuestrar las aguas.[44]

Lo que ha cambiado en el transcurso de las últimas décadas es la rebelión de la hidrosfera, atrapada en un clima que se calienta rápidamente, diezmando ecosistemas, destruyendo comunidades urbanas y rurales, cobrándose vidas humanas y no humanas e inutilizando la infraestructura hidráulica en todas partes. El calentamiento del clima ha abierto los ojos de las jóvenes generaciones, que se han dado cuenta de la locura que supone creer que nuestra especie podía secuestrar y aprovechar la totalidad de los recursos hídricos del planeta, para satisfacer las necesidades comerciales y políticas de una humanidad engañada.

El despertar de nuestra larga pesadilla hidroutópica comenzó con el nacimiento de la nueva ciencia de la ecología en Europa en el siglo XIX, seguido por el movimiento conservacionista y la creación en Estados Unidos de parques nacionales y reservas de animales salvajes a principios del siglo XX. El despertar siguió con la aparición del movimiento ecologista en la década de 1960, así como, dos décadas más tarde, los movimientos verdes en Europa y Estados Unidos, respectivamente, y ahora, con la llegada de las generaciones Y *(millennials)* y Z, que se ven a sí mismas como «una especie en peligro de extinción» junto al resto de las especies que viven en este planeta moribundo.

Es la generación más joven la que está empezando a desentrañar las particularidades que condujeron a un evento de extinción, y está llegando a comprender que el secuestro de las aguas y la aparición de la civilización están causalmente interrelacionados. Las generaciones Y y Z empiezan a ver la liberación de la hidrosfera como un acto revolucionario y de redención.

La hidrosfera se está resilvestrando y busca una nueva normalidad en un planeta que se calienta y, en el proceso, desencadena un cambio profundo que nos afecta a todos. Pero, mirando hacia el futuro, vemos que un nuevo planeta se esfuerza por renacer. ¿Cómo definir entonces la futura forma de vivir en una Tierra muy diferente, que está dejando atrás rápidamente lo que llamamos civilización? Cuando pensamos en la palabra *civilización*, vemos que es un concepto fácil de entender, pero difícil de explicar. La civilización es un lugar y un modo de vida. Cuando hablamos de civilización, siempre lo hacemos en relación con «lo otro», que suele ser la naturaleza ajena, al menos en el mundo occidental. La naturaleza se percibe generalmente como agreste, indómita, precaria e incluso salvaje y brutal, y como un fenómeno que hay que pacificar, domar, modificar y consumir. En el mejor de los casos, la naturaleza es vista como un recurso y, en el peor, como un enemigo peligroso y amenazador. La civilización, en cambio, se ve como un refugio seguro. Es donde socializamos y cooperamos para asegurar nuestro bienestar colectivo como especie. La civilización, por tanto, viene a ser la ordenación predecible del tiempo y del espacio, aislada en gran parte de una naturaleza impredecible.

La civilización también consiste en hacer avanzar y perfeccionar la existencia humana, un término resbaladizo que suele adquirir significado en relación con lo que no es, es decir, «la naturaleza, con sus dientes y garras rojas».[45] No siempre ha sido así. Jean-Jacques Rousseau, el filósofo francés del siglo XVIII, era de los que opinaban que, en su estado natural, «los seres humanos son buenos por naturaleza, pero la sociedad los corrompe», un tema del que se hicieron eco otros filósofos, que pasaron a ser conocidos como los románticos.[46] Otros, en cambio, se alinearon con el filósofo Thomas Hobbes, quien creía que, en su estado natural, los seres humanos están biológicamente inclinados a luchar entre sí para asegurarse lo básico de la vida en una guerra de todos contra todos. Añadió que, en la naturaleza, la vida es desagradable, brutal y corta. Sostenía que solo renunciando a una parte de la propia libertad natural y aceptando la mano dura de un poder gobernante fuerte, respaldado por leyes y normas de conducta estrictamente aplicadas, acompañadas de duros castigos, podría obligarse al hombre a cooperar por el bien comunal.

Immanuel Kant sostenía que el hombre es por naturaleza un ser racional, y no debe dejarse llevar por las emociones y los sentimientos ni por el ímpetu de la existencia. Sus ideas pusieron en marcha la edad de la razón y la noción de que la civilización es un ejercicio racionalizador y, en su estado más puro, está desvinculada del entorno, lo que separa aún más al ser humano del mundo natural. En general, sus ideas gozaron de gran aceptación, dando lugar a lo que los filósofos conocen como Ilustración o Siglo de las Luces.

*Progreso* es una palabra francesa que apareció impresa por primera vez en Europa en el siglo XVIII. La inmortalizó el filósofo francés Nicolas de Condorcet. En 1794, en los oscuros días de la Revolución francesa, escribió un breve ensayo que se convirtió en el *leitmotiv* de la modernidad y en la comprensión más actualizada del propósito primordial de la civilización.

Así lo explica: «No se han fijado límites al perfeccionamiento de las facultades humanas [...], la perfectibilidad del hombre es absolutamente indeterminada [...]. El progreso de esta cualidad, por encima del control de cualquier poder que pudiera impedirlo, no tiene más límite que la duración del planeta en el que la naturaleza nos ha colocado».[47] En cierto modo, la idea de *progreso* no es un concepto tan nuevo, sino una versión más moderna de la creencia que durante mucho tiempo ha sobrevivido en el mundo occidental: los descendientes de Adán y Eva deben dominar la naturaleza, secuestrarla y utilizarla para hacer avanzar la sociedad y acercarse cada vez más a una copia del jardín del Edén original, con el fin de regresar así al paraíso.

Todas las civilizaciones tienen pretensiones utópicas y, encabezando la lista, está la derrota del salvajismo que se creía que caracterizaba la existencia humana en su estado natural. El politólogo Anthony Pagden, de la Universidad de California en Los Ángeles, afirma que la civilización «describe un estado social, político, cultural, estético [...], que se cree que es la condición óptima para toda la humanidad». Cada vez más cerca de la utopía.[48]

Si buscamos una opinión ampliamente aceptada de la naturaleza de la civilización y de su némesis, la naturaleza desenfrenada, John Stuart Mill dio en el blanco allá por el siglo XIX en un ensayo que llegó a definir tanto la era colonial como la modernización, aunque sus raíces se remontan a los inicios de los imperios hidráulicos y a la aparición de la civilización en los siglos anteriores a Cristo:

> Una tribu salvaje se compone de un puñado de individuos, errantes o esparcidos por una vasta extensión de terreno. Por tanto, a una población densa, que habita en viviendas fijas, y en gran parte reunida en ciudades y aldeas, la llamamos civilizada. En la vida salvaje no hay comercio, ni fábricas, ni agricultura, o si los hay, son escasos. A un país que vive de la agricultura, el comercio y las fábricas, lo llamamos civilizado. En las comunidades salvajes cada persona trabaja para sí misma; excepto en la guerra, e incluso entonces de forma imperfecta, rara vez vemos operaciones conjuntas llevadas a cabo por la unión de muchos; tampoco encuentran los salvajes mucho placer en la compañía de los demás. Por tanto, siempre que encontramos seres humanos que actúan juntos con fines comunes en grandes grupos y disfrutan de los placeres de las relaciones sociales, los llamamos civilizados.[49]

La idea de calificar de atrasados y salvajes a todos los pueblos ajenos al ámbito de la *civilización* proporcionó a las potencias coloniales la autoridad moral que necesitaban para capturar, someter y explotar a las poblaciones nativas de todo el mundo, justificando el saqueo y la expropiación con la excusa de que estaban llevando la civilización a las masas atrasadas, oprimidas y sucias.

El historiador francés François-Pierre-Guillaume Guizot analizó la forma en que los eruditos han llegado a describir la civilización, al menos desde los albores de la Ilustración, aunque podría argumentarse que los principales supuestos se remontan a la primera civilización hidráulica de la antigua Mesopotamia. Para Guizot, «lo primero que asociamos con la palabra *civilización* es el progreso, el desarrollo; representa, a la vez, la idea de un pueblo que avanza, no para cambiar de lugar, sino para cambiar su condición; un pueblo cuya cultura se está adaptando y mejorándose a sí misma. La concepción de progreso, de desarrollo, me parece la idea fundamental que contiene la palabra *civilización*».[50]

En el debate académico sobre la naturaleza de la civilización se echa en falta una pregunta: ¿cuál fue el impulsor que facilitó su surgimiento en distintas partes del mundo en la misma época de la historia? ¿Qué inclinó la balanza para pasar de la vida aldeana, la agricultura a pequeña escala y el pastoreo, a vivir en densos centros urbanos habitados por decenas de miles de personas? Lo que dio origen a la civilización fue el desarrollo de infraestructuras hidráulicas. La utilización de forma exclusiva de la hidrosfera del planeta por parte de nuestra especie marca un punto de inflexión en la relación de la humanidad con la naturaleza. Se rompieron nuestros lazos con el medioambiente e iniciamos un largo viaje con el que nos íbamos a alejar de la Tierra.

La civilización hidráulica alcanzó nuevas cotas en el siglo XX, cuando científicos, ingenieros y burócratas del agua se aliaron con Gobiernos e industrias de todo el mundo, y compitieron entre ellos en un alarde tecnológico sin parangón en la historia de las obras públicas. La excusa para conseguir el apoyo popular era la misma en todas partes: fomentar una «agricultura científica» y «lograr que el desierto florezca». Aquella era una llamada a las comunidades agrícolas y a una nueva generación de habitantes urbanos y suburbanos que buscaban el calor de un clima semiárido o árido. En Estados Unidos, las generaciones anteriores se habían referido a la clase trabajadora agraria como *rednecks* («cuellos rojos»), una denominación despectiva con la que se pretendía identificar a la mano de obra no cualificada y semicualificada que, al trabajar a la intemperie bajo un sol abrasador con el «sudor de su frente», acababa con el cuello enrojecido (de ahí lo de *redneck*). Este insulto fue transformado en algo positivo por las familias de clase media, que llegaron a idealizar las tierras áridas y semiáridas al asociarlas con una buena vida más pausada, caracterizada por un bronceado perpetuo.

La conquista de la naturaleza se convirtió en el foco de una lucha universal. Con la construcción de la majestuosa presa Hoover, originalmente llamada presa de Boulder, coronada por la tradición popular como una de las siete maravillas industriales del mundo, Estados Unidos inauguró lo que se convertiría en un siglo de continua superación hidráulica. El gran tamaño de la presa hipnotizó al público y situó a Estados Unidos como la principal potencia hidráulica del siglo XX. El presidente Franklin Delano Roosevelt la inauguró con una bravuconería propia del triunfo de la civilización:

> Esta mañana he venido, la he visto y me he sentido embelesado, como todos los que ven por primera vez esta gran hazaña de la humanidad. Hace diez años, el lugar donde estamos reunidos era un desierto despoblado e inhóspito. En el fondo de un sombrío cañón, cuyas paredes se elevaban a más de trescientos metros de altura, corría un río turbulento y peligroso. Las montañas a ambos lados del cañón eran de difícil acceso, sin carreteras ni senderos, y sus rocas no estaban protegidas ni por árboles ni por hierba del abrasador calor del sol. El emplazamiento de Boulder City era un erial cubierto de cactus. La transformación que ha sufrido en estos años es una maravilla del siglo XX.
>
> Estamos aquí para celebrar la finalización de la presa más grande del mundo, que se eleva a doscientos veintiún metros sobre el lecho rocoso del río y altera la geografía de toda una región; estamos aquí para ver la creación del lago artificial más grande del mundo, de 185 kilómetros de largo, con agua suficiente, por ejemplo, para cubrir el estado de Connecticut hasta una profundidad de tres metros; y estamos aquí para ver cómo está a punto de terminar la construcción de una central eléctrica que tendrá los mayores generadores y turbinas instalados hasta ahora en este país, maquinaria que puede suministrar de manera ininterrumpida casi dos millones de caballos de fuerza de energía eléctrica.
>
> Todas estas dimensiones son superlativas. Representan y encarnan la experiencia y los conocimientos de ingeniería acumulados durante siglos [...]. Las poderosas aguas del Colorado corrían sin ser aprovechadas hacia el mar. Hoy las hemos convertido en una gran posesión nacional [...]. Se trata de una victoria de la ingeniería de primer orden, otro gran logro de la inventiva, la habilidad y la determinación estadounidenses.[51]

Aunque a lo largo de la historia ha habido innumerables excepciones a las civilizaciones hidráulicas en forma de pequeñas comunas urbanas establecidas en zonas costeras y valles fluviales, autogobernadas como bienes comunales, han recibido mucha menos atención por parte de antropólogos e historiadores, mucho más interesados en desenterrar la historia de los hábitats urbanos a gran escala caracterizados por sus infraestructuras hidráulicas. En el año 2009 surgió un renovado interés por estas comunidades humanas alternativas cuando la economista Elinor Ostrom se convirtió en la primera mujer en recibir el Premio Nobel de Economía por desvelar esta rica historia de gobernanza, que a menudo sobrevivió y floreció con más éxito y durante periodos sostenidos más largos adaptando las comunidades humanas a la naturaleza, en lugar de adaptar la naturaleza a las comunidades humanas. Mientras la civilización hidráulica se va desvaneciendo, este renovado interés por la gobernanza de los bienes comunales está empezando a llamar la atención de los círculos académicos e incluso de los Gobiernos y la sociedad civil.

El deshielo del Ártico y del Antártico, la aparición de poderosos ríos atmosféricos, los cambios en las corrientes oceánicas, las inundaciones masivas, las sequías y las olas de calor prolongadas, la propagación de los incendios forestales, los poderosos huracanes y tifones son la manifestación de una hidrosfera que se está resilvestrando. Durante la vida de los niños de hoy y hasta bien entrado el siglo XXII, probablemente seremos testigos del colapso de la infraestructura hidráulica en gran parte del mundo y, con él, de lo que hemos llegado a conocer como civilización.

La cuestión es, entonces, si existe alguna forma de vida colectiva que pueda surgir e incluso prosperar junto a una hidrosfera que está en pleno proceso de resilvestración. Ese futuro ya está aquí, aunque en sus fases iniciales. Estamos en la cúspide de una transformación trascendental que nos trasladará de una civilización hidráulica urbana moribunda a una *sociedad efímera* emergente. Saber si vamos a poder llegar hasta ahí es la gran incógnita.

Ahora, en medio de un calentamiento climático provocado por una civilización industrial basada en los combustibles fósiles, la cantidad de agua dulce del planeta disminuye rápidamente en todo el mundo. Los ríos y lagos se están secando, y las presas y embalses artificiales que forman un entramado de infraestructuras hidráulicas por todos los continentes son solo transitorios. Esta realidad resulta aún más aterradora si nos detenemos a pensar que el 70 % de toda el agua dulce que queda en el planeta se destina al regadío. Para hacerte una idea de la gravedad de la situación, piensa en el siguiente dato escalofriante: el 20 % de toda el agua dulce disponible en la Tierra reside en los cinco Grandes Lagos de Norteamérica. En estos días finales de la civilización hidráulica, los principales cultivos de cereales (arroz, trigo, maíz y soja) consumen el 59 % de toda el agua dulce disponible destinada a los cultivos alimentarios internacionales.[52]

Un programa reciente de la cadena de televisión pública estadounidense PBS informaba sobre la catastrófica disminución de la cantidad de agua dulce en el planeta con el duro titular: «Si siguen desapareciendo las aguas subterráneas en todo el mundo, el arroz, el trigo y otros cultivos internacionales pueden seguir el mismo camino».[53]

Mientras que los especialistas posmodernos han analizado ampliamente el lado oscuro de la civilización, sobre todo en relación con la extralimitación imperialista y la colonización, hay otro aspecto menos explorado de la civilización que ha recibido muy poca o ninguna atención. Los eruditos, por supuesto, se apresuran a mencionar que la densa vida urbana reúne a individuos que de otro modo no estarían relacionados entre sí, con diversos talentos y habilidades, que se prestan servicios unos a otros de múltiples maneras, gratificaciones que son una característica básica de la vida social. Los antropólogos nos dicen que las sociedades de cazadores recolectores estaban compuestas por poco más de cien individuos, todos emparentados entre sí, lo que convertía la cooperación en una empresa colectiva. Sin embargo, aprender a convivir con miles de personas con las que no tienes vínculos familiares y de las que sabes muy poco exige nuevos tipos de cooperación. Ser *civilizado* es el sello distintivo de la civilización y consiste en forjar lazos de sociabilidad con personas con las que no existen vínculos sanguíneos. En las civilizaciones urbanas más avanzadas, la cooperación se transforma en lo que se ha dado en llamar *cosmopolitismo*: aprender a ser tolerante con los demás. Pero hay que decir que cualquiera que viva más allá del confín urbano es probable que sea considerado un salvaje y tratado como extranjero. Ser civilizado, sin embargo, no siempre es algo natural y, por eso, debe enseñarse y también imponerse mediante el establecimiento de leyes, códigos de conducta y castigos, no sea que se deshilache el tejido de la sociedad civil.

Sin embargo, como ya he dicho anteriormente, existe un vínculo más profundo y poderoso que une a poblaciones no relacionadas entre sí creando un organismo social al que los antropólogos e historiadores han prestado poca o ninguna atención: se trata de la prolongación del *impulso empático* de nuestro circuito neuronal más allá de nuestras familias y vecindarios inmediatos para abarcar a diversas poblaciones que conviven en civilizaciones urbanas cada vez más densas y complejas.

Hasta la fecha, ha habido tres extensiones significativas de la conciencia empática, cada una de ellas debida a la forma en que nuestra especie se ha gobernado a sí misma. Las sociedades de cazadores recolectores y, más tarde, las comunidades agrícolas neolíticas limitaban su impulso empático a los parientes consanguíneos y a las comunidades tribales. Los grupos humanos no emparentados que se adentraban en su territorio solían ser considerados (aunque no siempre) «otros» ajenos y una amenaza para su supervivencia. Su mundo psíquico se caracterizaba por lo que los antropólogos llaman *conciencia animista*. En su entorno habitaban sus antepasados, en el mundo de los muertos, con los que estaban en comunión, y espíritus de todo tipo que se encontraban en las montañas, los ríos, los arroyos, los bosques y las sabanas, con los que se relacionaban como si fueran seres vivos.

La llegada de las grandes civilizaciones hidráulicas unió por primera vez a personas biológicamente no emparentadas. Este cambio tumultuoso amplió el vínculo empático para incluir a personas con las que no se compartía ningún parentesco que pasaron a ser consideradas como parte de una «familia ficticia ampliada» vinculada a dioses masculinos alojados en el cielo, a los que pedían orientación y a los que llegaron a obedecer como a figuras paternas. Ocasionalmente, adoraban a un único dios masculino que supervisaba a toda su familia humana. Esto marcó el nacimiento de la conciencia religiosa.

Es poco probable que sea una coincidencia que las religiones axiales (judaísmo, hinduismo, budismo, taoísmo y, más tarde, cristianismo e islamismo) aparecieran en la misma época y en los mismos lugares en los que las civilizaciones hidráulicas empezaban a congregar a un gran número de personas, sin parentesco entre sí, en densos entornos urbanos. Por poner un ejemplo, en la Roma del siglo I (epicentro de una vasta civilización hidráulica), decenas de miles de refugiados desplazados de todo el Imperio recorrían las calzadas romanas y se encontraban solos en una capital de más de un millón de habitantes. Trata de imaginar lo aislados que se debieron sentir. Al no estar ya rodeados de parientes consanguíneos y grupos de parentesco más amplios, y separados además de su mundo espiritual, forjaron un nuevo vínculo paterno con el profeta Jesucristo, una figura paterna cuyo amor inquebrantable, cariño y abrazo empático los reconfortaba, por lo que llegaron a verse a sí mismos como hijos de Cristo y a relacionarse con otros conversos como hermanos y hermanas de la familia de Cristo. Cuando los cristianos conversos se encontraban por las calles de Roma, vistiendo ropas identificables, se paraban y se besaban en cada mejilla y se decían «hola, hermano», y «hola, hermana», reconociendo su vínculo común como hijos de Dios. Y, como sus antepasados animistas, se apoyaban mutuamente e incluso daban su vida por los demás. Este fue el segundo gran cambio empático.

La tercera gran ampliación empática, la *conciencia ideológica*, surgió con el desarrollo de una civilización industrial basada en los combustibles fósiles y supervisada por los Estados nación. El Estado nación se convirtió en la nueva figura de apego. Culturas étnicas locales no relacionadas entre sí, cada una con su propia lengua, sus dialectos, tradiciones culturales y formas de gobernanza únicas, se vieron de repente empujadas hacia una nueva y vasta jurisdicción gobernante en forma de Estados nación recién creados, cada uno de los cuales poseía infraestructuras hidráulicas más amplias. Su misión principal era cohesionar las distintas etnias locales y regionales de su ámbito de gobernanza en una única comunidad universal. Para lograrlo, inventaron un patrimonio común en gran medida imaginario, junto con una lengua única y un sistema educativo compartidos, todo ello diseñado para reorientar estas agrupaciones provinciales creando una familia ficticia común bajo la protección sabia y guiada de la «madre patria». Por ejemplo, cuando se creó Italia como Estado nación, el antiguo primer ministro del reino de Cerdeña bromeó diciendo: «Hemos hecho Italia, ahora hemos de hacer italianos».[54]

Esta remodelación de la conciencia humana para formar familias nacionales demostró ser sumamente eficaz. En los dos últimos siglos, surgieron Estados nación en todos los continentes, cada uno poblado por familias ficticias, cuya lealtad a la madre patria se reflejaba en su disposición a acudir en ayuda de los demás e incluso a luchar y morir «por sus compatriotas».

Cada una de estas nuevas olas de conciencia (animista, religiosa e ideológica) sirvió para ampliar el abrazo empático, pero a menudo a expensas de considerar a todas las demás colectividades más allá de sus límites territoriales como «extranjeras». Es necesario que recordemos que una cantidad inmensa de miembros de nuestra especie han luchado, sometido, esclavizado y matado a sus congéneres bajo la bandera de la conciencia tribal, religiosa e ideológica, y siguen haciéndolo hoy en día.

Estas extensiones del impulso empático han sufrido altibajos a lo largo de la historia. Los grupos de parentesco, las órdenes religiosas y los Estados nación surgen y desaparecen junto con las comunidades a ellos vinculadas. Hoy asistimos a los primeros pasos de una cuarta etapa de conciencia empática (lo que una generación más joven denomina *conciencia biofílica*) basada en la identificación empática con todos los seres vivos de la Tierra. Mucha gente joven está dispuesta a dedicar sus vidas a cuidar de un planeta enfermo.

A lo largo de la historia, los cambios en nuestro vínculo empático han ido apareciendo y desapareciendo. Es cierto que ha habido épocas duraderas de expansión empática, seguidas inevitablemente por la carnicería y el colapso de civilizaciones enteras. Hay al menos dos razones principales para esas fluctuaciones. En primer lugar, todas las civilizaciones han tenido una vida: nacimiento, crecimiento, maduración y muerte. Su desaparición suele ser el resultado de una conquista militar, un cambio drástico en el clima o la inevitable factura entrópica. En segundo lugar, y menos obvio, cada nuevo paso empático hacia una intimidad más universal se ve inevitablemente cuestionado por los apegos empáticos anteriores. Hoy en día, a medida que una generación más joven avanza hacia la conciencia biofílica y se identifica con el planeta en su conjunto, es percibida como una amenaza para las formas más antiguas de apego empático, que sienten que su visión del mundo se pierde en la confusión, quedándose aisladas y abandonadas. Por esa razón, luchan por mantener sus lealtades por miedo a perder su identidad.

En la actualidad, se producen más guerras tribales, estallan más guerras religiosas y proliferan las guerras ideológicas. La gente está muriendo en todas partes por culpa de esos conflictos, las comunidades están cambiando drásticamente y los ecosistemas se están desmoronando. La humanidad se encuentra en esta triste situación a pesar de que empezamos a ser conscientes, al menos los jóvenes, de que el calentamiento del planeta provocado por el cambio climático está llevando a toda la población humana y al resto de las especies con las que compartimos nuestro mundo a una inmensa fosa común.

Lo irónico de todo esto es que, a lo largo de la historia, cada fase del apego empático es, a su manera, una búsqueda de la intimidad universal, la aspiración, a menudo no reconocida, de lograr la unidad con la propia existencia. Un escéptico podría argumentar, con cierta justificación, que la propia idea de intimidad universal es en sí misma un oxímoron. ¿Cómo pueden ir de la mano la intimidad y la universalidad? Quien sabe, pero ahí está la conciencia, actuando desde lo más profundo de nuestro ser, siempre al acecho.

Johann Wolfgang von Goethe, el gran filósofo y científico alemán del Romanticismo, fue quien mejor lo expresó. Sobre la naturaleza, escribió lo siguiente: «Estamos envueltos y somos abrazados por ella, incapaces de abandonarla e incapaces de penetrarla más profundamente».[55] Goethe llegó a creer que, aunque cada criatura es única, todas están conectadas en una única unidad. Creía que «cada una de sus creaciones tiene su propio carácter [...], que en conjunto hacen uno».[56]

Goethe escribió sobre el impulso universal del abrazo empático incluso antes de que la humanidad hubiera inventado una palabra para describirlo. Y así lo explicó: «Encontrarme a mí mismo en los demás, sentir la particularidad de cualquier existencia humana y participar de ella con placer es afirmar la universalidad de la vida».[57] Resumió su sentido de la intimidad universal sugiriendo que es el «hermoso sentimiento de que solo la humanidad unida es el verdadero hombre, y que el individuo solo puede estar alegre y feliz cuando tiene el valor de sentirse parte de ella».[58]

# Capítulo 3
# GUERRA DE GÉNEROS
## *La lucha entre la* terra firma *y el planeta Aqua*

Las civilizaciones hidráulicas alejaron a nuestros antepasados de su modo de vida local y cooperativo basado en vivir de la tierra, algo que hicieron durante todo el Neolítico. Aquella época, con su agricultura a pequeña escala y su pastoreo, era más o menos igualitaria. Las mujeres se ocupaban de los campos y los cultivos, y los hombres cazaban presas y supervisaban los rebaños. Aunque habría que decir que las mujeres desempeñaban el papel dominante en la economía de subsistencia, ya que las dietas se basaban más en las plantas que en los animales. Además, las mujeres fueron en gran medida responsables del origen de la vida económica gracias a su invención de conservantes para almacenar la carne, la cerámica para guardar el grano y el curtido de pieles para obtener prendas de vestir y protección para los refugios de todo el año.[1] La esperanza de vida de nuestros antepasados del Neolítico oscilaba entre los veinticinco y los veintiocho años.[2]

## ESCOGIENDO BANDO: LA GUERRA ENTRE DIOSAS Y DIOSES

Todas las culturas neolíticas rendían homenaje a las diosas, a menudo en forma de serpientes hembras, cuyas aguas gestacionales fertilizaban los campos y proporcionaban los nutrientes necesarios para mantener la vida. La economía agrícola neolítica a pequeña escala se basaba en el cuidado y la crianza constantes, y estaba organizada socialmente alrededor de los bienes comunales para garantizar así que la comunidad y sus herederos no agotaran las fuerzas generativas que los abastecían.

Mientras que en épocas anteriores las aguas solían asociarse con los atributos femeninos de versatilidad, fertilidad y generatividad, y eran gobernadas por deidades femeninas en forma de serpientes vinculadas a ríos, lagos y arroyos, los nuevos reinos hidráulicos altamente centralizados y burocráticos que gobernaban poblaciones se identificaban más con los atributos masculinos del poder, la subyugación, la protección y el castigo, e incluso el control de la temporalidad y la espacialidad (los primeros calendarios y leyes que regulan la posesión de la naturaleza surgieron en este momento de la historia de *Homo sapiens*). Una vez domadas las aguas, el culto a las antiguas diosas del agua dio paso a la fe en dioses que supervisaban la creación terrenal desde arriba. El auge de la civilización hidráulica inclinó la balanza hacia deidades predominantemente masculinas, y así ha sido hasta la era moderna. La batalla permanente entre la civilización y la naturaleza adoptó la forma de una lucha a vida o muerte entre el poder masculino y el femenino, vigente milenios después.[3]

Las primeras historias registradas de las civilizaciones hidráulicas cuentan relatos de poderosos dioses masculinos que matan a diosas encarnadas en serpientes del agua. En Babilonia, Marduk mató a Tiamat, la serpiente.[4] En la mitología griega, Zeus derrotó a Tifón, la serpiente hija de la diosa Gea, asegurando así el reinado de los dioses olímpicos.[5]

Mientras que para nuestros antepasados neolíticos las aguas simbolizaban el útero de la vida del que nacía toda la existencia, la llegada de la civilización hidráulica y la vida urbana inclinaron la balanza hacia una simbología masculina y convirtieron las aguas en una presencia amenazadora que había que domar y domesticar. Hay que recordar que, en su mayor parte, los héroes masculinos de la mitología y de la antigüedad (Beowulf, Perseo, Jasón y los argonautas) eran cazadores que buscaban la derrota de las profundidades y de los personajes femeninos. El estudio de William Young y Louis DeCosta sobre imágenes acuáticas en sueños y fantasías, publicado en la revista *Dynamic Psychotherapy*, ofrece un relato escalofriante de los héroes masculinos de la mitología que se lanzan a las profundidades para acechar y matar a las diosas del agua. Escriben lo siguiente:

> Cuando recurren a la inmersión heroica en el abismo acuático para enfrentarse a monstruos marinos, como en la historia de Jonás y la ballena, o en la de Beowulf, ¿no están evocando también la aventura heroica en el abismo «acuático» del inconsciente? O, del mismo modo, ¿no es el dominio heroico de las aguas prohibidas con su encanto afeminado una referencia al miedo inconsciente del hombre a ahogarse engullido por una mujer? [...] Lo femenino y el agua aparecen virtualmente fusionados en las representaciones [...] de sirenas seductoras y destructoras, en el océano como madre dadora de vida, en la dama artúrica del lago.[6]

Existen un sinfín de historias con un relato similar sobre el origen de una cultura animista anterior en la que las deidades femeninas del agua, normalmente en forma de serpiente, eran asesinadas por poderosos dioses masculinos que supervisaban la civilización hidráulica.

Veronica Strang, catedrática de Antropología de la Universidad de Durham, señala que ya en el año 6000 a. e. c. existían en toda Europa cultos al agua que solían tener como protagonistas a diosas. Aunque el auge de la civilización hidráulica y el control masculino de las aguas en el Mediterráneo y Europa inclinaron la balanza hacia dioses varones encargados de vigilar las profundidades, no lo consiguieron sin que antes se disputara una larga lucha.

Era habitual que el culto a diosas femeninas de las aguas se llevara a cabo en pozos sagrados. Los manantiales, y en particular los pozos, se consideraban «la salida del útero de la diosa de la tierra», a la que veían como incubadora de vida.[7] Las peregrinaciones anuales a estos lugares sagrados eran una parte integral de la vida social y un elemento central de la forma en que nuestros antiguos hermanos veían la existencia. Millones de nuestros antepasados buscaban alivio en visitas en las que rendían homenaje y participaban en rituales íntimos en los que pedían a la diosa de las aguas que compartiera su generosidad concediendo a sus adoradores fertilidad, regeneración, curación y buena salud. Ya en la era cristiana seguía habiendo miles de pozos sagrados por toda Europa, y se realizaban peregrinaciones rutinarias a estos lugares para experimentar sus «propiedades curativas», lo que suponía una vergüenza para la Iglesia. En el siglo VI, el papa Gregorio se hartó y decretó que, en lugar de destruir los pozos sagrados, se convirtieran en santuarios cristianos custodiados por simbología fálica masculina. Solo en Gran Bretaña e Irlanda, «miles de pozos sagrados [...] fueron objeto de transformación, sacralizándolos».[8]

La lucha entre una Iglesia, dominada por los hombres, que presidía la creación de Dios desde arriba, y estos cultos y rituales religiosos anteriores que rendían homenaje a las diosas de las profundidades continuó, con decretos eclesiásticos que prohibían una y otra vez el culto en los lugares de los pozos sagrados, hasta el siglo XII e incluso después. La antigua y arraigada práctica de rendir culto en los pozos es un indicio de la lucha que ha marcado la trayectoria humana desde los albores de la civilización hidráulica hace seis mil años, enfrentando la *terra firma* con las aguas y el dominio masculino de una naturaleza pasiva con la generatividad femenina.

Strang cuenta la historia de los rituales paganos de los sajones que honraban «el poder espiritual del agua [...]. Utilizaban agua de manantiales sagrados en hechizos y prácticas rituales, y creían que sacar agua al amanecer y en silencio de un arroyo que fluyera hacia el este "restablecería" el crecimiento, curaría las erupciones y fortalecería al ganado». Con el tiempo, la Iglesia les concedió cierto grado de reconocimiento, al menos dando nombres de mujeres santas a los pozos sagrados. Pero la mayoría de los cristianos seguían creyendo que los pozos «eran curativos», que podían «sanar los males y favorecer la fertilidad bien entrado el siglo XVII» y durante los albores de la Ilustración, una época caracterizada por una nueva visión racionalizada del mundo basada en la ciencia baconiana y las matemáticas universales, además de por la higiene y la salud pública modernas.[9]

Aún hoy, la huella dejada por el género femenino es perceptible en muchos lugares. El río Dee, en Gran Bretaña, debe su nombre a Deva, que en inglés antiguo significa «diosa». El río Sena, en Francia, debe su nombre a la diosa del agua Secuana, una deidad celta que habitaba sus aguas. El triunfo de los dioses masculinos sobre las diosas femeninas se entrelazó con el control y la apropiación de las aguas en los inicios de las grandes civilizaciones hidráulicas, tanto en Occidente como en Oriente: los hombres controlaban las normas culturales, las reglas del compromiso social, los parámetros económicos, el despliegue tecnológico y la gobernanza, mientras que las mujeres se encargaban de la crianza de los hijos y del cuidado de la vida doméstica.

Resulta interesante la poca atención que se ha prestado a la forma en que la relación de nuestra especie con el agua ha respaldado las relaciones de género que establecen estereotipos femeninos y masculinos, presentando a la mujer como pasiva, receptiva, emocional, cuidadora y sacrificada, y al hombre como activo, agresivo, poderoso, racional y distante. Estos estereotipos determinaron en gran medida el papel que hombres y mujeres llegarían a desempeñar en la evolución de la sociedad. Desde los primeros siglos de la civilización hidráulica, es la cohorte masculina la que ha conceptualizado, construido y gestionado las enormes infraestructuras hidráulicas, desde la primera manifestación de domesticación de las aguas en la antigua Mesopotamia hasta la privatización y la mercantilización casi totales de las aguas en la era hidráulica industrial de los siglos XIX y XX.

Si el miedo masculino a las profundidades ha sido un tema recurrente que ha complicado la relación de nuestra especie con las aguas, se topó con una historia de amor igualmente fuerte..., pero con condiciones. En el apogeo del Imperio romano, por ejemplo, las aguas fueron un elemento definitorio de su ascenso al poder y de su majestuosidad. Aunque todos conocemos el dicho que reza «todos los caminos conducen a Roma», sería más exacto decir que «todos los acueductos fluían hacia Roma». El Imperio romano superó a todas las civilizaciones anteriores en su aprovechamiento de las aguas. Desde un punto de vista muy práctico, dar cobijo a más de un millón de habitantes (libres, trabajadores y también esclavos) requería llevar un enorme volumen de agua a Roma desde el interior, así como transportar agua a todas las regiones gobernadas por el Imperio, que se extendía desde Grecia hasta Europa occidental, los Balcanes, Oriente Medio y el norte de África. Aunque la historia inicial elogia el elaborado laberinto de sistemas viarios que conectaban el Imperio, fueron los grandes acueductos que recanalizaban los ríos de tres continentes a través de un inmenso dominio los que resultaron igualmente importantes para unir a sus millones de ciudadanos.

La ingeniería hidráulica era el orgullo del Imperio: una enorme hazaña del ingenio humano y una muestra de la destreza técnica diseñada para domar literalmente las aguas a través de un vasto paisaje. Pero el apego de Roma a las aguas es aún más complejo. Sus proezas de ingeniería eran un arma de doble filo. Mientras que la captura y esclavización de las aguas la llevó a cabo con la misma precisión militar que empleó en la captura de tierras y pueblos, su deseo de estar en sintonía con las aguas fue una fuerza contraria igualmente convincente. Y aquí es donde entra la contradicción. Si la omnipresencia de las fuentes romanas a lo largo y ancho del Imperio representaba la libido de una civilización dominada por los hombres, deleitarse en las decenas de miles de elaborados baños y piscinas probablemente reflejaba un deseo inconsciente de ser engullido de nuevo por los lazos acuáticos de recuerdos inmemoriales en el vientre materno.

Las majestuosas termas y piscinas eran omnipresentes en todo el Imperio, adosadas a cuarteles militares, visibles en plazas públicas y dentro de las villas privadas. Las cifras lo demuestran. En 2008, la ciudad de Londres solo contaba con 196 piscinas públicas para una población de 7,7 millones de habitantes, mientras que Roma, en su apogeo, llegó a tener 800 piscinas públicas abiertas a todos sus ciudadanos, con una población de alrededor de un millón de habitantes.[10]

El historiador británico Edward Gibbon explica que el «romano de más baja clase social podía comprar con una pequeña moneda de cobre el disfrute diario de un lugar, de una pompa y de un lujo que despertarían la envidia de los reyes de Asia».[11] Mientras tanto, los emperadores, la aristocracia y los ricos comerciantes de la época poseían majestuosas piscinas y baños en sus villas, aunque no sin daños colaterales. La construcción de la piscina y los baños del emperador Diocleciano se prolongó durante siete años y fue llevada a cabo por cristianos que trabajaron sin recibir remuneración alguna y que fueron condenados a muerte sumariamente tras su finalización.[12] En todo el Imperio, la natación era un pasatiempo universal, e incluso una obsesión, hasta el punto de que cuando se corrió la voz de que el emperador Calígula no sabía nadar, este se convirtió en objeto de burla pública.[13]

La élite gobernante de Roma estaba convencida de que su mayor logro había sido secuestrar y controlar las aguas para el consumo humano, el riego y el mero placer. Cuando Sexto Julio Frontino, principal arquitecto e ingeniero del Imperio, evaluó los 441 años transcurridos desde la fundación de la ciudad hasta la finalización de los nueve acueductos que llevaban el agua desde las lejanas colinas Albinas hasta Roma, bromeó diciendo: «Con semejante implementación de estructuras indispensables que transportan tanta agua, compárense, si se quiere, las ociosas pirámides o las inútiles, aunque famosas, obras de los griegos».[14]

El Imperio era politeísta y adoraba tanto a dioses como a diosas. Sin embargo, Júpiter, el dios del cielo, era considerado el supremo «supervisor de todos los aspectos de la vida, incluida la protección del Estado romano». Como es lógico, las diosas desempeñaban un papel más servil. La esposa de Júpiter, la diosa Hera, «vigilaba a las mujeres y todos los aspectos de sus vidas».[15]

Esta historia del amante controlador que busca tanto el dominio como la intimidad con las aguas planetarias, aunque en última instancia no sin dificultades, ha sido una dialéctica definitoria en la historia de la relación de nuestra especie con la hidrosfera de la Tierra desde el nacimiento de la civilización. La historiadora Brenda Longfellow, de la Escuela de Arte e Historia del Arte de la Universidad de Iowa, explica que en el siglo I a. e. c., la poderosa élite política, los líderes militares y los ricos comerciantes de Roma empezaron a exhibir su opulencia construyendo magníficas villas rodeadas de paisajes artificiales que imitaban la naturaleza, cada una más exuberante que la otra. Era una especie de juego o deporte magistral, cuyo objetivo era superarse unos a otros en la reconstrucción de la naturaleza, modelándola a su imagen masculina, justo lo que cabría esperar de un hombre-Dios. Longfellow señala que los ricos y poderosos de Roma «disfrutaban modelando la topografía del paisaje, creando ríos, cascadas y laderas donde antes no había», con especial atención a los elementos relacionados con el agua «que iban desde evocadores canales hasta cascadas artificiales alimentadas por acueductos que dirigían el agua hacia cuevas naturales o artificiales».[16]

Las piezas centrales de estas recreaciones de la naturaleza eran elaborados parques acuáticos, cada uno más espléndido que el otro, con estanques y recovecos y, en la cúspide, fuentes espectaculares. La deducción no tan sutil era que la élite de Roma estaba compuesta por dioses masculinos, cada uno maestro de las aguas y de la creación. Desde un punto de vista feminista, se podría decir que una consecuencia del dominio de los dioses masculinos sobre las aguas fue el destierro de las antaño poderosas diosas femeninas. No tenían lugar en este nuevo paraíso acuático creado por los hombres. Por supuesto, la sustitución de las diosas femeninas por los dioses masculinos con sus fuentes fálicas y su recreación de la naturaleza fue probablemente fruto del subconsciente, pero no por ello tuvo menos influencia en la forma en que las generaciones posteriores percibirían la naturaleza.

Confiando en su nuevo estatus, los romanos más ricos empezaron a compartir sus logros con el público en general. Longfellow explica la rivalidad que existía entre Julio César y Pompeyo, los gobernantes más poderosos de Roma, quienes empezaron a competir entre sí construyendo magníficos jardines públicos que albergaban parques acuáticos, tan grandiosos como sus propios jardines privados. Longfellow señaló que «Pompeyo ofrecía al romano medio espectáculos de los que había oído hablar, pero que tal vez nunca había experimentado en persona. Ahora, gracias a él, tenía acceso a las comodidades y a la vida de ocio asociada a la cultura de las villas». Para no quedarse atrás, César construyó su propio complejo público (el foro de César), en el que había una fuente monumental, la fuente de las Apíades, cuya pieza central era una «exhibición escultórica de las ninfas apias», los míticos espíritus femeninos de la naturaleza que se creía que habitaban ríos, lagos y arroyos, pero que ahora eran exhibidas como guardianas de una fuente de la vida dominada por los hombres.

Ambos gobernantes eran conscientes de los beneficios de compartir sus paradisíacos jardines públicos con la población romana como estrategia para «comprar votos» y «fomentar la buena voluntad». Pero fue el emperador Augusto quien comprendió perfectamente lo que se podía obtener al ofrecer elaboradas exhibiciones acuáticas por todo lo alto. Longfellow resume el significado político y sociológico de estos gestos públicos:

> Augusto reconoció el atractivo público de los espacios verdes y los espectáculos artísticos acuáticos asociados y, como parte de sus esfuerzos por crear una nueva estabilidad política en Roma, decidió que estos espacios verdes y sus espectáculos estuvieran abiertos al público en general. Además, fue bajo el mando de Augusto cuando la fuente monumental, cívica y decorativa pasó de ser una de las muchas y variadas instalaciones a convertirse en un edificio impresionante e independiente capaz de telegrafiar la ideología del emperador.[17]

El declive del Imperio romano, que comenzó con la división de los imperios de Oriente y Occidente en el año 286 e. c., seguido de una oleada de invasiones godas y, como ya he mencionado en páginas anteriores, el saqueo por parte de los vándalos en el año 455 e. c., marcó el principio del fin de la civilización hidráulica más importante del mundo occidental de aquella época.

Aunque el Imperio romano se derrumbó en el año 476 e. c., su draconiana visión del mundo dominado por los hombres ha perdurado en el mito y en la práctica, exacerbándose en determinadas y breves ocasiones con consecuencias a menudo horrendas. Vivimos una crisis climática global que amenaza con la extinción de la vida en la Tierra, y somos testigos de una guerra de géneros propiciada por la dominación y la agresión masculinas que se manifiesta en todo el espectro social, desde una geopolítica militarizada en las alturas hasta el movimiento #MeToo en las bases, lo que pone de manifiesto la existencia de desigualdades de género profundamente arraigadas en la economía e incluso en los asuntos familiares. No es de extrañar, pues, que en un momento así el mundo romano haya irrumpido de nuevo en la escena pública mundial, generando más controversia.

Todo se desencadenó cuando una *influencer* sueca, Saskia Cort, pidió a sus seguidores de Instagram «que preguntaran a sus parejas y amigos varones con qué frecuencia pensaban en el Imperio romano».[18] Las mujeres se sorprendieron cuando hombres de todas partes respondieron que pensaban en los días gloriosos de Roma «tres o cuatro veces al mes», «cada dos días» o «al menos una vez al día». Las respuestas se hicieron virales en TikTok, poniendo de manifiesto la existencia de una nueva fase en las guerras de género, con hombres glorificando las proezas militares, los logros de la ingeniería y la perspicacia burocrática de un Imperio dominado por los hombres, por no mencionar su generosidad a la hora de proporcionar «pan y circo». La resurrección del mundo romano salpicó las primeras páginas de periódicos como el *New York Times*, el *Washington Post* y otros grandes medios de comunicación, un ejemplo más del poder de permanencia del patriarcado, que ha viajado de la mano de la civilización hidráulica durante seis milenios de historia.

El ascenso de la Iglesia católica y del Sacro Imperio Romano Germánico en los siglos posteriores a la caída de Roma dio paso a una gobernanza descentralizada, con un modesto control por parte de la jerarquía eclesiástica. Los grandes acueductos romanos, al igual que las calzadas romanas que cruzaban Europa y se extendían por África y Asia, quedaron desatendidos y, en su mayor parte, abandonados. La fetichización de las aguas quedó relegada a un segundo plano, a medida que la Iglesia se replegaba hacia el interior y hacia la tierra, centrando su atención en la *terra firma*. Las aguas se consideraban el vacío, como en la antigua cosmología hebraica, y debían evitarse en lugar de idolatrarse. Las ninfas acuáticas fueron borradas del catecismo, pues todas las miradas se centraron en la vida eterna que aguardaba a los fieles en el otro mundo.

Poco ha cambiado. Con la pequeña excepción de los cultos cristianos gnósticos que florecieron durante un breve periodo entre la crucifixión de Cristo y el auge del Sacro Imperio Romano Germánico, cuando mejoró el estatus de los personajes femeninos junto con una idea muy diferente sobre el significado de la resurrección y la idea del cristianismo, el género femenino siguió estando marginado y oprimido.

La Iglesia católica romana, entonces y ahora, dos mil años después, solo acepta a los varones (como sacerdotes, cardenales y papas) como intermediarios entre Dios y los fieles, y recuerda a ambos sexos que Dios creó primero a Adán y utilizó una de sus costillas para dar forma a Eva. Y, en cuanto a la degradación de la mujer, el género fue privado de sus derechos desde el principio, con el relato bíblico de Eva desobedeciendo la orden del Señor de no comer la manzana del árbol de la ciencia del bien y del mal. Por su indiscreción, el Señor expulsó a Adán y Eva del paraíso y condenó a todos sus herederos a una vida de trabajo y penurias.

A menudo se pasa por alto que la decadencia, el deterioro y el colapso de la gran infraestructura hidráulica que era la piedra angular de la cultura, la gobernanza y la vida económica romanas también condujeron al abandono parcial del imaginario del agua como rasgo definitorio de las relaciones de género en los siglos posteriores. Las metáforas acuáticas eran ahora menos atractivas que las metáforas sobre la *terra firma* para describir las relaciones de género. Aunque se seguía menospreciando al género femenino y se pensaba que las mujeres eran una propiedad pasiva, las aguas dejaron de ser identificadas con categorías de género.

Todo cambió de nuevo en el siglo XVI, con el inicio de las grandes exploraciones oceánicas, que volvieron a redefinir las relaciones de género. La carrera por explorar, someter y colonizar «nuevos mundos» y continentes enteros aupó a la figura masculina como amo de los mares y situó a la figura femenina como seductora de las aguas, al acecho en las profundidades, esperando para engullir a los invasores.

Las relaciones de género se anquilosaron aún más durante el Romanticismo, que se extendió desde la década de 1790 hasta la de 1850, convirtiéndose en el terreno de juego político en el que se iba a producir una repetición de la lucha histórica en torno a los roles de género y las aguas. Un elenco masculino de poetas y autores (en su mayoría ingleses y escoceses) comenzaron a debatirse entre el deseo de eliminar a los personajes femeninos y el apego primario al útero. Aquella fue la reaparición de la dinámica amor/desamor que, aunque durante mucho tiempo no se haya manifestado, ha sido un tema recurrente en la dinámica de género masculino/femenino durante toda la historia de la civilización hidráulica a lo largo de seis mil años.

Lord Byron fue una de las figuras más destacadas del Romanticismo; hoy podría describirse como un romántico machista. Y su «romance» fue con las aguas. Coetáneo y amigo personal de Percy Shelley, Byron mostraba desprecio hacia los que él consideraba poetas románticos feminizados de su época, incluido el propio Shelley. El primer amor de Byron fueron las aguas. Muy conocido en su época, era venerado en toda Europa por su destreza en la natación. A menudo reprendía a Shelley por sus habilidades natatorias; de hecho, Shelley acabó ahogándose cuando un barco en el que viajaba zozobró en el golfo de La Spezia.

Cojo y desfigurado en la infancia, para Byron nadar en las aguas se convirtió en su refugio y su libertad. Cómo él mismo dijo: «Me deleito en el mar y salgo de él con los ánimos renovados, algo que no siento en ningún otro lugar», y «si creyera en la transmigración de las almas, pensaría que fui un "sireno" en algún estado anterior de mi existencia».[19] El desprecio de Byron por el género femenino era palpable. Cuando estaba de viaje en Ítaca y sus anfitriones le preguntaron si le gustaría visitar las antigüedades locales, dejó traslucir su desdén por la mística femenina, murmurando: «¿Parezco uno de esos emasculados carcamales?», a lo que añadió, «vamos a darnos un baño».[20]

En los poemas y sátiras de Byron no hay ninguna alusión a lo que hay bajo la superficie del mar, y nunca se refirió al mundo de las profundidades. Más bien, su único interés era conquistar las aguas. Otros poetas y gigantes literarios del Romanticismo, como Samuel Taylor Coleridge y Robert Browning, pensaban de forma similar. Charles Sprawson, autor de *El nadador como héroe*, señaló en su estudio sobre los nadadores ávidos de toda la historia, pero particularmente los del Romanticismo, que eran como Narciso, obsesionados con su propia importancia, privilegiados, preocupados por el poder, arrogantes e incapaces de mostrar empatía.

Aunque los románticos se oponían al desapego racional de los pensadores de la Ilustración, con su aversión a la naturaleza y a lo físico de la existencia, casi todos pensaban que había que deleitarse con la naturaleza, pero siempre con la advertencia de que había que considerarla como un regalo del que disfrutar. En cuanto al género femenino, dado que durante mucho tiempo se consideró a la mujer y a la naturaleza como «lo otro», la mayoría de las figuras masculinas dominantes del Romanticismo (tanto en la poesía como en las artes) siguieron situando a los personajes femeninos en un rango inferior, cuyo principal propósito era procrear, ocuparse de las tareas domésticas y ser fiel a la mística masculina.

Para los románticos, libertad significaba autonomía, y la mujer se representaba como «una extraña devoradora». Anne K. Mellor, profesora de estudios sobre la mujer en la Universidad de California en Los Ángeles, analiza esta dinámica desde la perspectiva de los poetas y artistas masculinos del Romanticismo. Centrándose en William Blake, uno de los primeros escritores románticos, señala:

> Las ideas de Blake acerca del género son parecidas a las de los demás poetas románticos: la imaginación masculina puede absorber productivamente el cuerpo femenino, pero si ocurre lo contrario, como cuando Vala [una profetisa imbuida de energía mística] o la Voluntad Femenina cubren con su velo el cuerpo de Albión [nombre poético de Inglaterra], la imagen se equipara negativamente con la muerte y la autoaniquilación.[21]

Blake no era el único. El poeta Milton, faro del Romanticismo, tenía muy clara la cuestión de la relación entre el hombre y la mujer. Escribió lo siguiente: «¿Quién puede ignorar que la mujer fue creada para el hombre, y no el hombre para la mujer?».[22] Lo que Milton no dijo es que su cita recuerda a otra anterior de Francis Bacon, padre de la ciencia moderna, quien señaló que «el mundo está hecho para el hombre, no el hombre para el mundo».[23]

Al menos Milton y otros románticos estaban dispuestos a suavizar su postura sobre el papel de la mujer. En su prosa, Milton deja claro que la mujer no debe ser considerada como un bien mueble, sino como «una ayuda espiritual» cuya misión primordial en la vida es potenciar la autonomía y el control del hombre. Milton escribió: «El hombre no debe tenerla como sirvienta, sino que debe considerarla parte de ese imperio que Dios le anuncia, aunque no en igualdad de condiciones, pero sí en gran medida como su propia imagen y gloria».[24]

Debo señalar que el enfoque machista de los vastos océanos adoptado durante el Romanticismo fue contrarrestado por un apego más elegante. Los poetas lakistas eran más provincianos e incluso daban cabida a las diosas femeninas, las ninfas de ríos, arroyos, lagos y pozos. Sin embargo, filósofos, poetas, artistas y ensayistas más globales de la época jugaban en un terreno más amplio (los grandes océanos) y estaban comprometidos con un alcance mucho mayor en el que la nación insular era el centro de mando de lo que se convertiría en la era del imperialismo. Ese terreno se consideraba «coto de una élite masculina».[25]

Así pues, quiero hacer constar que poetas, escritores y artistas románticos de la época se deleitaban con el manejo y la domesticación masculina de lo que Wordsworth, en su poema titulado «El niño ciego de las Tierras Altas», llamó «las maravillas de las profundidades».[26] La conquista de las profundidades se convirtió en el tema dominante del Imperio británico en su afán por colonizar el mundo. Y los románticos trajeron consigo un delicado arsenal de poesía, literatura y artes para acompañar a sus duras armas de guerra, todo ello en forma de una aventura romántica cuyo objetivo era secuestrar las profundidades y llevar la civilización al mundo. En la novela del siglo XX de James Joyce *Ulises*, un tal señor Deasy comentaba: «El sol nunca se pone en el Imperio británico». En cambio, los románticos alemanes, cuyas costas nunca tocaron el océano Atlántico, fueron menos capaces de imaginar un dominio oceánico que pudieran presidir. Aunque Alemania también soñaba con colonizar el mundo, la nación solo fue capaz de extender su alcance global a un puñado de colonias en África y el océano Pacífico.

Lord Byron captó el espíritu de la época y la esencia del Romanticismo británico y sus ambiciones imperialistas en su obra *El corsario*:

> Del negro abismo de la mar profunda
> sobre las pardas ondas turbulentas,
> son nuestros pensamientos como él, grandes;
> es nuestro corazón libre, cual ellas.
> Do blanda brisa halagadora expire,
> do gruesas olas espumando inquietas
> su furor quiebren en inmóvil roca,
> ved nuestro hogar y nuestro imperio. En esa
> no medida extensión, de playa a playa,
> todo se humilla a nuestra roja enseña.
> Lo mismo que en la lucha en el reposo
> agitada y feliz nuestra existencia,
> hoy en el riesgo, en el festín mañana,
> brinda a nuestra ansiedad delicias nuevas.
> ¿Quién describir pudiera nuestros goces?

¡Oh!, no eres tú, que la molicie enerva,
siervo de los deleites, que temblaras
de las montañas de olas en la incierta,
móvil cumbre; ni tú, noble orgulloso,
del hastío sumido en la indolencia,
a quien ya el sueño bienhechor no halaga,
a quien ya los placeres no deleitan.

Aunque un puñado de románticos (en su mayoría mujeres) intentaron resucitar las aguas profundas y la imagen de lo femenino como fuerza vital primigenia, en la segunda mitad del siglo XIX pasaron a un segundo plano por culpa de una histeria que se extendió por Gran Bretaña, Francia y el resto de Europa, tras descubrirse que las aguas contaminadas eran dañinas para la salud pública y podían transmitir enfermedades mortales como la fiebre tifoidea y el cólera.

Béatrice Laurent, profesora de Estudios Victorianos en la Universidad Burdeos Montaigne (Francia), señala que la lucha entre las aguas feminizadas y la *terra firma* masculina se convirtió de repente en una lucha a vida o muerte. Remontándose a la creencia de que la menstruación y el derramamiento mensual de sangre (la llamada «maldición de Eva») convertían a la mujer en portadora impura de enfermedades, la tradición popular no tardó en relacionar a la mujer con las aguas contaminadas. Laurent señala: «Como las mujeres y el agua se consideraban igualmente susceptibles de contaminación, y debido a la supuesta permeabilidad del cuerpo y del carácter femeninos, era difícil determinar cuál de los dos causaba la adulteración del otro». En resumen, la mujer era un reflejo de la «naturaleza salvaje».[27]

Los «descubrimientos» de la ciencia y la medicina modernas no se limitaron al chivo expiatorio de la menstruación. La antigua «teoría hipocrática de los humores» resucitó bajo una nueva apariencia debido a que algunas voces de la comunidad médica «sugirieron que los fluidos corporales mal regulados provocaban la más femenina de las enfermedades, la histeria». El nuevo campo de la hidroterapia surgió de la creencia de que los fluidos podían regularse con agua. Un célebre médico de la época sugirió que «las duchas vaginales son una parte muy necesaria del tratamiento».[28]

En este caso, y aunque carezcan de fundamento alguno, «las ideas tienen consecuencias». Elaine Showalter, crítica literaria y profesora emérita de la Universidad de Princeton, señala que esta creencia «médica» que relacionaba a las mujeres con las aguas impuras se metamorfoseó y se convirtió en un fundamento crítico de la teoría y la práctica psiquiátricas. Afirma que «a finales del siglo XIX, la histeria, la clásica enfermedad femenina, se convirtió en el punto central de la segunda revolución psiquiátrica».[29]

Aunque el diagnóstico popular que relacionaba el cuerpo femenino con las aguas contaminadas y portadoras de enfermedades mortales era absurdo —y a pesar de ello estaba ampliamente aceptado—, el descubrimiento de que las aguas eran portadoras de enfermedades mortales impulsó el movimiento moderno de la depuración y el saneamiento de aguas, primero en Gran Bretaña y poco después en Francia, Alemania, Estados Unidos y el resto del mundo. En la segunda mitad del siglo XIX, la descontaminación de las aguas se convirtió en la pieza central de una gran revolución de las infraestructuras, con la introducción de sistemas de depuración y la posterior conducción de agua limpia directamente a los hogares y las empresas, acompañada de la construcción de sistemas de alcantarillado.

El Reino Unido abrió el camino con la aprobación de la Ley de Aguas Metropolitanas de 1852, que establecía normas estrictas para regular la calidad del agua. Otras naciones lo siguieron, suministrando agua limpia para el consumo. Aun así, 171 años después, en 2023, 2.000 millones de seres humanos no tienen acceso a agua potable gestionada de forma segura, 4.200 millones de personas (la mitad de la población mundial) carecen de aseos en sus hogares y 3.000 millones de personas no disponen siquiera de servicios básicos para lavarse las manos ni tienen acceso al jabón.[30] El resultado es que cientos de millones de seres humanos sufren enfermedades transmitidas por el agua cada año.

La captación, pacificación, purificación y distribución de agua dulce y el reciclado de aguas residuales a finales del siglo XIX y principios del XX en Gran Bretaña, y después en el resto del mundo, marcaron el punto álgido del secuestro y la domesticación de nuestra fuerza vital más valiosa. El secuestro del agua dulce, a su vez, se convirtió en un componente esencial de la Revolución Industrial y el nexo entre agua, energía y alimentos pasó a ser el caballo de batalla del sistema capitalista, tanto en los países basados en una economía de mercado como en los socialistas.

Pero ahora las aguas ya han tenido suficiente. La hidrosfera planetaria se tambalea y ya no es posible ninguna intervención humana para aprisionarla de nuevo. La cuestión, en todas sus diferentes dimensiones, es si volveremos a aprender a estar en sintonía con las aguas como administradores y a adaptarnos a dondequiera que nos lleven, en lugar de al revés. Mucho dependerá de cómo reformulemos las relaciones de género en el Antropoceno.

## MUJERES: LAS PORTADORAS DEL AGUA

A lo largo de la historia y en todas las culturas, las mujeres han sido las portadoras del agua. Incluso hoy en día, millones de mujeres pasan varias horas a la semana caminando kilómetros y kilómetros para recoger agua y llevarla a casa. En algunas regiones de África y Asia, las mujeres caminan una media de casi seis kilómetros al día en busca de agua. La pesada carga, generalmente portada en equilibrio sobre sus cabezas, suele provocar lesiones graves. Un estudio reciente del Fondo de las Naciones Unidas para la Infancia (Unicef, por sus siglas en inglés) y de la Organización Mundial de la Salud (OMS) señala que 2.100 millones de personas, en su mayoría mujeres, siguen siendo las encargadas de transportar el agua.[31] Aunque se habla poco de ello, estas largas caminatas diarias para recoger agua han sido un factor decisivo a la hora de impedir que las jóvenes de los países en desarrollo asistan a la escuela y reciban una educación, sellando su destino al mantenerlas en el hogar durante el resto de sus vidas.

Cuando mi madre nació, en 1911, ninguna mujer tenía derecho a voto en ningún país soberano del mundo. Noruega fue la primera nación independiente en conceder el voto a las mujeres en 1913. El Gobierno de Estados Unidos lo hizo en 1920.[32] Las demás naciones del mundo siguieron su ejemplo durante el resto del siglo XX.* Aunque las mujeres han conquistado tardíamente el derecho al voto, pasó mucho tiempo hasta que pudieron participar en la toma de decisiones, sobre todo en los Gobiernos y en las salas de juntas ejecutivas de la economía empresarial, y más aún en la sociedad civil. Y en ninguna parte es más pronunciada la división entre el dominio masculino y la sumisión femenina que en el ámbito de la política mundial del agua, especialmente en los países pobres, pero también en algunas de las naciones más ricas del mundo.

Dado que el ciclo hidrológico genera vida en el planeta y garantiza la prosperidad del medio, la casi exclusión del género femenino de la toma de decisiones que afectan a las aguas dice mucho del dominio masculino sobre la infraestructura hidráulica, una posición de dominio que hasta las últimas décadas ha pasado desapercibida y ha sido barrida bajo la proverbial alfombra por los Gobiernos de todo el mundo y por las instituciones de Gobierno mundial y la economía capitalista en general.

* En España, el derecho al voto de las mujeres se recoge por primera vez en la Constitución de 1931 (con la Segunda República). Las mujeres votaron por vez primera en las elecciones generales de 1933. *[N del t.]*

Lo que es indiscutible es que el ciclo hidrológico del planeta y toda la infraestructura hidráulica están controlados casi exclusivamente por hombres, como lo han estado desde el surgimiento de las primeras civilizaciones hidráulicas varios miles de años antes de Cristo.

Margreet Zwarteveen, ingeniera de regadío, científica social y catedrática de Gobernanza del Agua, es una de las pocas mujeres con experiencia de primera mano en las altas esferas del sector hidráulico que pueden ofrecer una visión desde dentro de este sector dominado por los hombres. Señala que los profesionales del sector hidráulico, que controlan todas las aguas utilizadas por nuestra especie, se dividen a grandes rasgos en dos niveles. En uno están los profesionales del agua y el grupo internacional de expertos que supervisan los sistemas de riego, y que suelen trabajar en órganos de gobierno mundiales como la ONU, el Banco Mundial, el Fondo Monetario Internacional (FMI), la Organización para la Cooperación y el Desarrollo Económicos (OCDE) y los grupos de opinión, las organizaciones de investigación, los organismos de consultoría y las universidades relacionadas. Y en un nivel paralelo y contiguo, están los millones de individuos que planifican, implementan y gestionan todos los componentes de la infraestructura hidráulica mundial:

> Ambos grupos están dominados por hombres, en el sentido de que hay muchos más hombres que mujeres que trabajan como investigadores, expertos, ingenieros, planificadores o gestores de regadíos. De hecho, la participación profesional en el riego, ya sea como ingeniero, gestor, planificador o investigador, está (o al menos solía estar) muy identificada como una actividad masculina.[33]

Aunque no se diga abiertamente, pocos discutirían la afirmación según la cual, de todos los componentes que unen a nuestra humanidad colectiva tanto en el ámbito local como en el global, la infraestructura hidráulica es la viga subyacente sobre la que descansa toda la civilización tecnológica. La verdad, a menudo ignorada, es que este sistema, que ha acompañado a nuestra especie desde el surgimiento de los primeros imperios hidráulicos, es un sistema de control y dominación. ¿Y qué hay de los conocimientos técnicos que precisa la civilización hidráulica?

Cada vez hay más feministas que sostienen que esta destreza en ingeniería «es fundamental para perpetuar el ideal cultural dominante de la masculinidad; su ausencia es un rasgo clave de la feminidad estereotipada».[34] El secuestro, el dominio y el control de las aguas serían imposibles sin burocracias militares acompañantes que pacificaran a las poblaciones, transformaran el ámbito geográfico y protegieran la infraestructura de la toma y destrucción por fuerzas hostiles. Cabe destacar que todos los regímenes coloniales de la era industrial de los siglos XIX y XX (el británico, el francés, el español, el portugués, el holandés, el alemán, el japonés y el estadounidense), que se apoderaron de territorios en todos los continentes, llegaron con dos tipos de ejércitos: el militar y el de los ingenieros hidráulicos. Cada uno de ellos trajo consigo las burocracias asociadas y las tradiciones de mando y control de una cultura organizada alrededor del hombre que ha sido una presencia inamovible desde que surgió la primera civilización hidráulica en la antigua Mesopotamia.

Aunque su presencia y penetración en todos los continentes no fue bien recibida por las poblaciones indígenas que, con razón, los veían como invasores, en sus patrias originales se creía que era la mejor forma de llevar la civilización ilustrada a los pueblos atrasados del mundo. Los ingenieros coloniales holandeses, maestros de las infraestructuras hidráulicas, fueron idealizados en su país como los grandes héroes anónimos de la propia civilización:

> Los ingenieros participaron en una lucha heroica por conquistar las desafiantes corrientes de agua tropicales. Lo hicieron lejos de casa, en un clima mortífero y en circunstancias que, por lo demás, también eran extremadamente duras. Y por encima de todo, estos pioneros de la construcción fueron verdaderos héroes a los ojos de las generaciones posteriores.[35]

Todas las grandes potencias protagonistas de la colonización hidráulica cuentan historias similares de ingenieros hidráulicos heroicos que llevaron la civilización a los confines de la Tierra, todo ello en nombre de la modernización y del avance de la era del progreso. Estos elogios a los ingenieros hidráulicos y la mística masculina que acompañaba a la profesión atrajeron a una generación de jóvenes en el siglo XX, deseosos de formar parte de la infantería de un futuro hidráulico, llevando la iluminación a las masas. El adoctrinamiento llevado a cabo en esta profesión sirvió para fomentar lo masculino, al tiempo que asociaba «lo extraño» con las mujeres y con todo lo femenino, lo pasivo y lo dependiente, lo emocional y lo idealista, condenando a generaciones de mujeres a un estatus inferior, señaladas como incultas, reducidas al papel de cuidadoras de la prole y portadoras del agua.

El trágico coste para la psique humana de este genocidio psicológico, el más prolongado de la historia (el exterminio masivo de la presencia femenina en el ámbito público), ha sido despojar a nuestra especie de las cualidades que podrían haber aportado las mujeres, dejando a nuestra humanidad colectiva presa de un enfoque frío, calculador, racionalizador e indiferente a la hora de interactuar con la hidrosfera del planeta.

En ningún otro lugar se respeta tanto a los personajes masculinos y la dependencia femenina, aunque de forma encubierta y sutil, como en las salas de juntas y los despachos ejecutivos de las principales instituciones de gobierno del mundo: el Banco Mundial, la OCDE, el FMI, etcétera. Ahora, sin embargo, está empezando a cuestionarse la hegemonía masculina sobre las aguas. Desde hace unas cuatro décadas, una nueva generación de mujeres activistas, sobre todo en los países en desarrollo, ha empezado a alzar la voz y a exigir un papel igualitario en la determinación de la relación de nuestra especie con las aguas, sobre todo ahora que nos encontramos inmersos en un ciclo hidrológico global que se está resilvestrando, con consecuencias que afectarán a la viabilidad misma de la vida en el planeta, y no en un futuro lejano, sino en las próximas décadas.

El primer arrebato en la lucha de las mujeres por reclamar un asiento en la mesa y una voz en la administración de las aguas, un medio que ha sido masculino durante milenios, no podría ser más claro. Mujeres activistas de todo el mundo «sostienen que los debates sobre la gestión del agua ponen de relieve la importancia de crear instituciones que vayan más allá de la "eficiencia" para adoptar y engendrar una ética del cuidado».[36] Aunque las mujeres activistas del agua reconocen que las instituciones mundiales —como el Banco Mundial, la ONU, el FMI y la OCDE— están empezando a plantearse el tema e incluso incluyen en sus informes oficiales y declaraciones políticas la necesidad de implicar a las mujeres en el proceso de toma de decisiones sobre las políticas del agua, en la práctica siguen promoviendo su privatización (con las llamadas asociaciones público-privadas). De esa forma, entregan el control cotidiano de la administración del agua a una élite de corporaciones mundiales, a menudo en forma de arrendamientos subvencionados a largo plazo, que les dan carta blanca para supervisar la distribución del líquido elemento. Estas supuestas asociaciones público-privadas permiten que los hombres sigan dominando el campo, asegurando que el análisis coste-beneficio, las cuentas trimestrales de pérdidas y ganancias, y el retorno de los ingresos a los accionistas marquen la línea que nunca debe comprometerse, al tiempo que sugieren que el enfoque masculino es el más adecuado para garantizar el reparto equitativo de las aguas.

Las activistas feministas del agua contraargumentan que, con respecto a este tema, «las prácticas de cuidado dan prioridad a las relaciones entre todas las entidades humanas y no humanas con las que uno se relaciona».[37] Las opiniones de género en torno a la futura relación de nuestra especie con las aguas no podrían ser más opuestas. La perspectiva masculina ve el agua como un «recurso», mientras que la femenina la considera una «fuerza vital». El enfoque masculino consiste en corporativizar y comercializar las aguas, mientras que el enfoque femenino consiste en considerar las aguas como un bien comunal global compartido. Estas dos ideas tan diferentes sobre cómo interactuar con el ciclo hidrológico de la Tierra definen la gran lucha que nos espera. El resultado determinará probablemente el futuro mismo de la vida en el planeta.

¿Alguien cree realmente que la ingeniería humana puede retener las aguas, que podemos seguir secuestrándolas, domesticándolas, modificándolas y manipulándolas, siguiendo las órdenes de los Gobiernos y los caprichos del mercado mundial? ¿Qué probabilidades hay de que la civilización hidráulica, dominada por los hombres, que es como la hemos conocido a lo largo de seis milenios de historia, siga siendo viable con un ciclo hidrológico desenfrenado que está cambiando la topografía, la geología y la fisiología de los ecosistemas y remodelando la evolución de las otras tres esferas del planeta (la litosfera, la atmósfera y la biosfera)?

Aprender a vivir en una hidrosfera que evoluciona a gran velocidad exigirá una sensibilidad vigilante y empática ante la liberación de las aguas, escuchando atentamente lo que estas nos dicen. Para poder escucharlas hay que recurrir a otras cualidades de la biología innata de nuestra especie. Nuestra capacidad de cooperar con nuestros congéneres y de compartir un patrimonio hídrico mundial ofrecerá nuevas oportunidades para la vida en el futuro. Estas son las cualidades que tradicionalmente asociamos a las mujeres, rehenes de la civilización hidráulica. Pero sabemos que el impulso empático existe en el «cableado» de los circuitos neuronales de todos los hombres y mujeres de nuestra especie. Si la era del progreso representó el punto álgido de un concepto distorsionado de la identidad masculina ligada al control del ciclo hidrológico del planeta, la emergente era de la resiliencia posiciona a las mujeres y su compromiso empático como un contrapeso y una característica biológica compartida por los bebés de ambos sexos. Garantizar que se alimente el impulso empático en cada niño o niña requerirá una narrativa social más tolerante que permita que este impulso humano tan básico madure y florezca en forma de conciencia biofílica a medida que nos adaptamos a una hidrosfera que está rehaciendo el mundo natural.

Mucho dependerá de nuestra voluntad de rendirnos a la idea de incognoscibilidad cuando se trata de las complejas formas en que evoluciona nuestra hidrosfera, cambiando y renovando constantemente la dinámica de la vida en la Tierra. Eso no significa dejar de aprender cómo funciona la hidrosfera y tomar nota de las formas en que se ha desarrollado en los últimos 2.000 millones de años. Al contrario, lo que sí significa es que la hidrosfera es una esfera autoorganizada y en evolución que sustenta la vida continuamente en todo el planeta de maneras que son a la vez sutiles y expansivas e imposibles de predecir con certeza de antemano o de ser controladas y sometidas.

En el mejor de los casos, podemos aprender del pasado y anticipar hacia dónde nos dirigimos, pero lo que es más importante es desarrollar una fenomenología de la adaptabilidad que nos permita «mantenernos a flote» dondequiera que nos lleve la hidrosfera. Ser «de las aguas» significa estabilizar nuestro rumbo y asegurar nuestro lugar en un organismo vivo complejo del que no somos más que uno de los actores. Nuestra resiliencia y nuestro bienestar dependen de «seguir la corriente» con un sentido crítico y una sofisticación tecnológica que nos permitan mantener nuestro nicho en un planeta acuático vibrante.

Capítulo 4

# LA TRANSFORMACIÓN PARADIGMÁTICA DEL CAPITALISMO EN HIDROÍSMO

Replantearnos la relación de nuestra especie con la hidrosfera ya no es únicamente un ejercicio académico, sino una cuestión de vida o muerte. Este debate es ahora más pertinente que nunca, ya que la usurpación, la manipulación, la mercantilización y la apropiación de las aguas que hemos llevado a cabo durante los últimos seis mil años ha comprometido aún más la vida en los últimos dos siglos por su profunda e íntima relación con la civilización industrial basada en los combustibles fósiles, lo que se conoce como nexo entre agua, energía y alimentos. Este nexo no solo es el mecanismo indispensable que impulsa la sociedad industrial, sino también el motor mismo del sistema capitalista.

## EL NEXO ENTRE AGUA, ENERGÍA Y ALIMENTOS

Veamos el caso de Estados Unidos como ejemplo típico del funcionamiento del nexo entre agua, energía y alimentos. El 90 % de la electricidad del país se genera en centrales termoeléctricas que requieren la extracción de grandes cantidades de agua. El proceso funciona así:

> Las centrales térmicas generan alrededor del 80 % de la electricidad producida en el mundo mediante la conversión del calor en energía en forma de electricidad. La mayoría de ellas calientan agua para transformarla en vapor, que hace girar las turbinas que producen electricidad. Después de pasar por la turbina, el vapor se enfría y se condensa para iniciar de nuevo el ciclo, cerrando el llamado ciclo de vapor. El agua se calienta con diferentes fuentes de energía (carbón, petróleo, gas natural, uranio, energía solar, biomasa, energía geotérmica), dependiendo del subtipo de central térmica que sea, pero el principio es el mismo. Todas las centrales necesitan enfriar el vapor y, para ello, la mayoría utiliza agua,

lo que requiere estar cerca de una fuente (río, lago u océano). Aunque las centrales necesitan agua para varios procesos (ciclo de vapor, manipulación de cenizas y sistemas de desulfuración de gases de combustión, entre otros), la mayor parte de las necesidades de agua (generalmente, alrededor del 90 % del total) son para refrigeración.[1]

En Estados Unidos, la energía termoeléctrica representa un porcentaje significativo de la extracción total de agua, el 72 % de la cual procede de fuentes de agua dulce.[2] En todo el mundo, el 29 % de las centrales nucleares utilizan agua dulce de su territorio para refrigerar los reactores nucleares y, en Francia, donde la energía nuclear produce casi el 68 % de la electricidad, las centrales utilizan cantidades aún mayores de agua dulce, extraída del medioambiente.[3] Y las aguas (especialmente en lugares como el sur de Francia, pero también en otros) suelen estar tan calientes en los meses estivales debido al cambio climático que no pueden utilizarse para enfriar las centrales, que se ven obligadas a apagarse y, a menudo, a interrumpir por completo su funcionamiento. En los últimos años, en Francia han muerto ancianos por falta de aire acondicionado debido a que las centrales nucleares se apagan o dejan de funcionar con el calor extremo del verano. Además, las aguas refrigeradas que se utilizan en los reactores nucleares se calientan en el proceso y, cuando se devuelven al medioambiente, pueden calentar aún más los ecosistemas y mermar la producción agrícola.[4]

Tanto el agua como la energía son fundamentales para producir alimentos. También en este caso surge otro problema: los bucles de retroalimentación positiva desbocados que repercuten negativamente en los tres elementos del nexo, afectando a la disponibilidad y resistencia del agua, la energía y los alimentos. Alrededor del 70 % de las extracciones mundiales de agua se destinan a la agricultura, y una gran parte de ellas se malgastan debido a la mala gestión, al mal funcionamiento y a la obsolescencia de las infraestructuras.[5]

Las energías fósiles no solo se utilizan para calentar agua y crear el vapor que hace girar las turbinas que producen electricidad, sino también para cultivar alimentos y proporcionar energía para la maquinaria agrícola. La Revolución Verde de la agricultura, que se extendió por todo el mundo a partir de finales de la década de 1950, recurrió al uso generalizado de fertilizantes y pesticidas petroquímicos para cultivar variedades híbridas de alto rendimiento. Por increíble que parezca, el 40 % de toda la energía utilizada en el sistema alimentario mundial se destina a la producción de fertilizantes y pesticidas artificiales de origen petroquímico, que acaban filtrándose en el suelo y las aguas subterráneas, creando una mezcla tóxica.[6]

En el litoral, todos los barrios y comunidades tendrán que aumentar la captación de agua cuando llueva. En los lugares de trabajo y en los barrios residenciales habrá que almacenarla y compartirla cuando sea necesario. En cuanto a la energía, en la agenda de la transición la prioridad debería de ser dejar de generar electricidad mediante combustibles fósiles y energía nuclear. También habría que priorizar rápidamente las energías solar, eólica, geotérmica, mareomotriz y undimotriz, y el almacenamiento de hidrógeno verde que las acompaña. En el frente alimentario, habrá que abandonar la agricultura petroquímica y biotecnológica, y potenciar la agricultura regenerativa de base ecológica.

El nexo entre agua, energía y alimentos no solo está llevando al límite a nuestra especie, sino también a todas las demás. Romperlo es la máxima prioridad, dada la extrema escasez de agua dulce que se produce en varias épocas del año a raíz del calentamiento del planeta, con sus sequías, olas de calor e incendios forestales acompañantes, cada uno de los cuales aumenta su intensidad y capacidad de propagación. El nexo, que se ha convertido en una asfixia social, está implosionando junto con la geopolítica de la era industrial, con implicaciones de gran alcance para la reorganización de la sociedad.

La energía solar y la eólica son ahora las energías más baratas del mundo, con unos costes fijos que caen en picado y unos costes marginales cercanos a cero. Las nuevas energías se están implantando rápidamente en todos los continentes. Según un estudio realizado por investigadores de la Universidad Politécnica de Lappeenranta (Finlandia) en 2019 y publicado en la revista *Nature Energy*, la tecnología fotovoltaica solo consume entre el 2 y el 15 % del agua utilizada por las centrales nucleares y de carbón, y los aerogeneradores solo consumen entre el 0,1 y el 14 % del agua utilizada por ese mismo tipo de centrales.[7] El estudio recopiló datos de 13.863 centrales termoeléctricas que representan más del 95 % de las centrales termoeléctricas de todo el mundo. La conclusión de su estudio fue que la rápida transición de los combustibles fósiles y la energía nuclear a la energía solar y eólica reduciría, en el mejor de los casos, el consumo de agua que se produce con «la generación convencional de energía en un 95 %».[8] La desvinculación de las aguas de los combustibles fósiles y de la generación de energía nuclear es un punto de inflexión en la liberación del ciclo hidrológico del planeta.

La deconstrucción del nexo entre agua, combustibles fósiles y energía nuclear debida a la penetración cada vez más rápida en el mercado de la energía solar y eólica cambia las reglas del juego. La era industrial basada en los combustibles fósiles avanzó al mismo tiempo que se producía un auge mundial de los conflictos geopolíticos. Las naciones luchaban por controlar los recursos hídricos, los combustibles fósiles y el uranio para la generación de energía. En 2015, los cuatro países con mayor consumo de agua dulce y de agua en general fueron China, Estados Unidos, la India y Rusia. Estas cuatro naciones líderes están apuntaladas por enormes instituciones militares ligadas a un orden geopolítico y económico basado en los combustibles fósiles. La ruptura del complejo agua-combustible fósil/nuclear y el cambio a una sociedad impulsada por la energía solar y eólica hará que el mundo pase de una era marcada por los enfrentamientos geopolíticos a una era de la biosfera en la que el sol brillará y el viento soplará en todas partes, permitiendo a los humanos generar electricidad solar y eólica allá donde viven y trabajan. También podrán compartir estas energías a través de regiones, continentes, océanos y husos horarios en un internet de la energía a escala global.

La captura de la hidrosfera y la litosfera para alimentar una civilización industrial basada en los combustibles fósiles y el nexo entre agua, energía y alimentos no habrían sido posibles de no ser por un cambio fundamental en la forma en que la humanidad concebía su relación con la Tierra. Fue el filósofo inglés John Locke quien introdujo la justificación filosófica de la privatización de la litosfera, retomada posteriormente por otros que ampliaron el argumento a la apropiación de la hidrosfera. Su tesis sobre la naturaleza y el papel de la propiedad privada proporcionó la base intelectual para el desarrollo del capitalismo.

Durante la era feudal y la Alta Edad Media, la propiedad se definía de forma muy distinta a como la concebimos hoy. La Iglesia dejó claro que, si bien la Tierra es creación de Dios, el Señor repartió las distintas partes de su dominio entre su rebaño siguiendo una jerarquía descendente de responsabilidades y obligaciones, que empezaba con los emisarios de Dios en la Iglesia y, de ahí, pasaba a reyes, nobles, caballeros y siervos. En la Europa feudal, eran las relaciones de usufructo y no las de propiedad las que determinaban cómo se compartía la creación de Dios. Nadie poseía propiedades tal y como concebimos este concepto hoy en día, sino que se limitaban a administrar la parte de la creación del Señor confiada a cada segmento del rebaño. La idea misma de comprar y vender tierras era más una anomalía que una norma.

En el siglo XII, el régimen feudal basado en relaciones de usufructo se fue debilitando con la introducción de los cercamientos (*enclosures*), que permitieron a los señores privatizar sus tierras y venderlas en lo que acabó convirtiéndose en un incipiente mercado inmobiliario. De esa forma se empezaron a sentar las bases del concepto moderno de *propiedad privada* en una economía de mercado. Fue el filósofo inglés John Locke quien pasó al primer plano con una justificación filosófica para la reorganización de la sociedad en torno a la propiedad privada en su obra, publicada en 1690, titulada *Dos tratados sobre el gobierno civil*, argumentando que la propiedad privada debía ser considerada un derecho natural inalienable. Locke justificó su premisa refiriéndose al hecho de que el Señor legó su creación a Adán y a todos los descendientes de este, los cuales tendrían el dominio sobre la vida en la Tierra. Locke escribió lo siguiente:

> Cuando [Dios] dio la tierra colectivamente a toda la humanidad, también ordenó al hombre que trabajara, y la penuria de su condición así se lo exigía. Dios y su razón ordenaron [a toda la humanidad] dominar la tierra, es decir, que la mejorara en beneficio de la vida, y que invirtiera en ella algo que fuera suyo, su trabajo. Aquel que, en obediencia a este mandato de Dios, sometía, labraba y sembraba cualquier parte de la tierra le añadía algo que era de su propiedad, a lo que no tenía derecho ningún otro ni podía serle arrebatado sin perjuicio.[9]

Aunque resulta bastante inquietante, Locke llevó el argumento en torno a la posesión de la propiedad un paso más allá, argumentando que la propia naturaleza yace en el desperdicio hasta que es aprovechada y pasa a ser una propiedad valiosa gracias al trabajo del hombre:

> Quien se apropia de una determinada porción de tierra y la hace suya con su trabajo no disminuye, sino que aumenta, el patrimonio común de la humanidad. Pues las provisiones que sirven para el sustento de la vida humana, producidas por un acre de tierra cercada y cultivada, son [...] diez veces más que las que produce un acre de tierra de igual fertilidad que yace baldía sin que nadie la aproveche [...]. Es, pues, el trabajo el que da la mayor parte de su valor a la tierra, sin el cual esta apenas valdría nada.[10]

Locke socavó la idea misma de la tierra como un bien comunal y la obligación compartida de cada generación sucesiva de administrarla. La sustituyó por la noción utilitarista que asegura que cada individuo tiene un derecho inalienable a transformar la tierra, la cual pasa de ser una fuerza vital a un recurso para obtener un beneficio personal en el mercado.

Para Locke, el planeta es un conjunto de recursos pasivos que esperan ser transformados en propiedad privada y en riqueza que se puede comprar y vender. Esta idea sería recogida por Adam Smith y las legiones de economistas que lo siguieron, convirtiendo el interés propio en el tema subyacente de la era del progreso. Smith declaró:

> Todo individuo se esfuerza continuamente por encontrar el uso más ventajoso para el capital del que pueda disponer. Es su propio beneficio, y no el de la sociedad, lo que tiene en mente. Pero el hecho de buscar lo que más le conviene lo lleva naturalmente, o más bien necesariamente, a preferir aquel uso que resulta ser el más ventajoso para la sociedad [...]. No pretende más que su propio provecho, y en este caso, como en muchos otros, es llevado por una mano invisible a perseguir un fin que no formaba parte de su intención [...]. Al buscar su propio interés, con frecuencia promueve el interés de la sociedad más eficazmente que cuando, de hecho, tiene la intención de promoverlo.

La obsesión de Locke por transformar, privatizar y mercantilizar la tierra como medio para generar riqueza lo cegó a él y cegó a sus contemporáneos ante el hecho de que la verdadera riqueza que anima la fuerza vital de la tierra es el agua. Sin agua, la fotosíntesis sería imposible. Esto es lo que Locke pasó por alto:

> Durante la fotosíntesis, las plantas toman dióxido de carbono ($CO_2$) y agua ($H_2O$) del aire y del suelo. Dentro de la célula vegetal, el agua se oxida, es decir, pierde electrones, mientras que el dióxido de carbono se reduce, es decir, gana electrones. Esto transforma el agua en oxígeno y el dióxido de carbono en glucosa. A continuación, la planta devuelve el oxígeno al aire y almacena energía en las moléculas de glucosa.[11]

Pero la fotosíntesis no es posible sin el capital básico de la naturaleza, el suelo. Sin suelo, no hay vegetación y no hay fotosíntesis. El suelo es un microambiente muy complejo. Su material parental es la roca. Durante un largo periodo de tiempo, la roca se somete a la meteorización física y a la erosión natural de las aguas y se desintegra en partículas cada vez más pequeñas, que acaban convirtiéndose en arena y sedimentos. Los líquenes se mezclan con la arena y los sedimentos, descomponiéndolos en partículas aún más pequeñas. Los hongos y las bacterias, los insectos excavadores y los animales también participan en este proceso. Los minerales de la roca degradada son los ingredientes básicos del suelo. Las plantas, a su vez, crecen en él. Los animales se comen las plantas y aportan sus heces al suelo. Las lombrices y las bacterias descomponen la hojarasca de las plantas y los excrementos de los animales, contribuyendo así a la base edáfica. La muestra media de suelo está compuesta por un 45 % de minerales, un 25 % de agua, un 25 % de aire y un 5 % de materia orgánica. Solo en Estados Unidos hay más de setenta mil tipos de suelo.[12] Los minerales que se encuentran en el suelo degradado ascienden por la cadena alimentaria, desde las plantas hasta los animales, y llegan a nuestros cuerpos.

En la lista de los minerales procedentes de las rocas que se encuentran en los cuerpos humanos encontramos calcio, fósforo, sodio, potasio, azufre, cloruro y magnesio.[13] Y el suelo, que es la base de la litosfera, es posible gracias a la fuerza de las aguas. Pero las aguas también desempeñan un papel crucial en la formación de la atmósfera, la otra gran esfera de la Tierra. El fitoplancton oceánico produce el 50 % del oxígeno terrestre.[14] Los científicos creen que durante los primeros 2.000 millones de años de vida del planeta, la atmósfera no tenía oxígeno. «Pero en algún momento, la Tierra sufrió lo que los científicos conocen como el Gran Evento de Oxidación [...], cuando los microbios oceánicos evolucionaron para producir oxígeno mediante fotosíntesis».[15] El oxígeno se elevó hasta la atmósfera, permitiendo la evolución de la vida en la tierra y en el agua.

Y ahora, después de ser capturadas, mercantilizadas y consumidas, las cuatro grandes esferas del planeta (la hidrosfera, la litosfera, la atmósfera y la biosfera) que regulan la vida se están rebelando más allá de nuestros débiles intentos de mantenerlas a raya o incluso de comprenderlas. Y de todas ellas, la hidrosfera es la que está definiendo las nuevas reglas que determinarán la futura evolución o involución de la vida en la Tierra.

Mientras nuestra especie empieza a comprender plenamente el papel que desempeñan las aguas de la hidrosfera en la evolución de las demás capas externas del planeta, la noción ingenua de Locke y Smith sobre el capital como «cosas hechas por el hombre» que crean valor (que generalmente incluyen maquinaria, propiedad intelectual y activos financieros que facilitan la producción, el intercambio y el consumo de bienes y servicios y la acumulación de riqueza) es completamente errónea. En cambio, la hidrosfera es la fuerza que da vida a nuestra Tierra, una que se autoorganiza y evoluciona constantemente, y que, además, es el medio sobre el que prosperan todos los seres vivos.

Si el sistema capitalista está intentando comprender el papel primordial que desempeña el agua en la economía mundial, lo veremos en la forma en la que los mercados mundiales abordan la utilización de las aguas en la producción agrícola, el comercio y los intercambios. Este tema ha salido a la luz en las últimas décadas, con la introducción de un nuevo concepto denominado *agua virtual*. La expresión fue acuñada en 1993 por Tony Allan, entonces profesor de Geografía en el King's College de Londres. Su relato sobre por qué inventó el concepto y el posterior descubrimiento del lado oscuro de lo que el nuevo cálculo exponía sobre el modo en que se utiliza el agua es revelador. Sus datos muestran cómo el sistema capitalista, junto con los Gobiernos, ha conspirado con las multinacionales agroalimentarias para agotar las reservas de agua dulce que quedan en el planeta, mientras fingen que implantan prácticas sostenibles en relación con el agua.

Allan dijo que había inventado la expresión (antes se había referido a ella como *agua encarnada*) con la intención de explicar «por qué existen nuestras insostenibles economías políticas del agua y de los alimentos».[16] El *agua virtual* es una forma de calcular la cantidad total de agua que se utiliza en la producción de alimentos, textiles y energía. El concepto procede de lo que se conoce como *huella hídrica*, que es el cálculo del agua necesaria para producir bienes y servicios consumidos por los habitantes de un país determinado. La huella hídrica se divide a su vez en el volumen de agua local utilizada para producir los bienes y servicios frente al agua importada utilizada en otros países para producir los bienes y servicios que llegan al país en cuestión mediante la exportación.[17]

Para producir una bolsa de patatas fritas hacen falta 185 litros de agua virtual. Si lo que queremos es una taza de café, necesitaremos 140 litros de agua virtual para cultivar, envasar y enviar los granos. Para medio kilogramo de mantequilla necesitamos 13.635 litros de agua virtual.[18] Para comprender plenamente el alcance y la medida en que el agua define nuestros hábitos alimentarios, consideremos el hecho de que una sola almendra requiere 12,11 litros de agua para su producción. La principal región productora de almendras se encuentra en el Valle Central de California y de allí salen el 80 % de todas las almendras producidas en el planeta. Si lo sumamos todo, el 10 % de toda el agua consumida anualmente por la agricultura en California se destina a saciar la sed de los almendros del Valle Central, es decir, más agua de la que consume toda la población de Los Ángeles y San Francisco en un año.[19]

La huella hídrica de cada país se actualiza continuamente. En la India, por ejemplo, vive el 17 % de la población mundial, y su huella hídrica es el 13 % del total mundial. Estados Unidos, en cambio, tiene la mayor huella hídrica per cápita.[20] El cálculo de la cantidad de agua virtual se usa a menudo para comparar el volumen de agua consumida en la producción de un producto frente a otro. Por ejemplo, se consumen mil trescientas toneladas de agua para producir una tonelada de trigo, mientras que se necesitan dieciséis mil toneladas de agua para producir una tonelada de carne de vacuno.[21] La comparación entre el trigo y la carne de vacuno resulta especialmente interesante si tenemos en cuenta que más del 50 % de la materia seca destinada a la alimentación de las vacas es en forma de trigo.[22]

Cuando se evalúa el cálculo del agua virtual necesaria para satisfacer los hábitos alimentarios diarios, alguien que come mucha carne de vacuno consume más de cinco metros cúbicos de agua virtual al día, frente a un vegetariano, que solo consume 2,5 metros cúbicos.[23] Aunque la mayoría de nosotros suponemos que la inmensa cantidad de agua dulce consumida cada año se destina al consumo humano (beber, bañarse, cocinar, limpiar, etcétera), en realidad, la producción agrícola representa la friolera del 92 % del consumo total de agua, mientras que la industria utiliza el 4,4 % del agua dulce, y el consumo doméstico de agua queda en último lugar, siendo el responsable de solo el 3,6 % de toda el agua dulce consumida cada año.[24]

Dado que la agricultura es, con diferencia, la actividad que consume más agua, es mejor empezar por ahí. Cuando hablamos de agua virtual, nos referimos al agua verde (la lluvia), que se almacena en el suelo y no puede bombearse, sino que es absorbida por plantas y árboles, y al agua azul de ríos, arroyos, lagos y embalses, que puede bombearse por tuberías y enviarse a los usuarios. Allan hace la siguiente distinción: mientras el agua absorbida por las plantas y consumida por los animales de granja puede ser verde o azul, el agua potable es siempre azul. El agua verde constituye «el 80 % del agua virtual utilizada para la producción del 20 % de los alimentos que se comercializan internacionalmente».[25]

Para descifrar cómo afecta el cálculo del agua virtual a la agricultura y al agua dulce que queda disponible en la Tierra, es útil identificar a los actores participantes, es decir, quiénes son los manipuladores y proveedores, y quiénes los receptores. El comercio mundial de alimentos es terriblemente desigual. Diez países exportadores (Estados Unidos, China, la India, Brasil, Australia, Argentina, Canadá, Indonesia, Francia y Alemania) son los principales exportadores de agua virtual a través del comercio agrícola, mientras que otros países son importadores.[26] Estos últimos son naciones cuya capacidad de producción de alimentos es insuficiente para alimentar a su población, generalmente porque su topografía es árida o semiárida, y sus aguas verdes disminuyen con el calentamiento del planeta. Además, sus reservas de agua dulce, históricamente escasas, están disminuyendo a gran velocidad, ya que buscan desesperadamente suficiente agua disponible para beber y bañarse y para crear el vapor que haga funcionar las turbinas y genere electricidad para sus fábricas.

El desequilibrio entre las naciones que tienen y las que no tienen disponibilidad de agua dulce es aún mayor por el hecho de que las multinacionales del sector agrícola (ADM, Cargill, Louis Dreyfus Company, Bunge), todas ellas conglomerados estadounidenses y franceses, controlan la mayor parte de la agricultura y el comercio mundial. Solo diez empresas del sector (Eversource Energy, Acwa Power Company, American Water Works Company, XYLEM, Hong Kong & China Gas Company, Suez S. A., Essential Utilities, United Utilities, Severn Trent y Companhia de Saneamento Básico do Estado de São Paulo) controlan gran parte del comercio mundial de agua.[27]

El cálculo del agua virtual se vuelve especialmente delicado y controvertido cuando se trata del comercio mundial de productos agrícolas. Los países importadores, que se enfrentan a un suministro cada vez menor de agua dulce, son reacios a cultivar alimentos si eso significa quedarse sin agua para la higiene y el consumo humanos, y prefieren comprar alimentos a un puñado de grandes naciones exportadoras. En el sentido estricto de la palabra, importan *agua virtual* para alimentar a su población. De lo que estamos hablando aquí es del agua real utilizada en el país exportador que se destinó a los alimentos que se envían a los países importadores. En la práctica, los alimentos importados son más baratos que el coste de producirlos en el país y ahorran un agua preciosa para servicios humanos vitales.

Aquí es donde hay que hacer juegos malabares. La razón por la que el puñado de naciones exportadoras pueden vender alimentos más baratos a los ciento sesenta países que carecen de agua es que las explotaciones agrícolas y las multinacionales agroalimentarias están fuertemente subvencionadas por sus Gobiernos, lo que les permite prosperar en el mercado mundial, al tiempo que disminuyen las reservas de agua dulce que les quedan a sus propios países. Fijémonos, por ejemplo, en Estados Unidos. Aunque es dudoso que la mayoría de los votantes estadounidenses sepan lo que ocurre en este campo, el hecho es que su Gobierno subvenciona a todo el sector agrícola con una cantidad de dinero que escandalizaría a los consumidores. Solo en 2020, las ayudas públicas a las explotaciones agrícolas supusieron la increíble cifra del 39 % de los ingresos agrícolas netos, es decir, 46.500 millones de dólares.[28]

Esta extraordinaria subvención (o regalo) permite a los agricultores bombear cantidades cada vez mayores de agua proveniente de acuíferos y embalses de Estados Unidos, dejándolos prácticamente secos y amenazando la seguridad hídrica del país, mientras que las multinacionales agroalimentarias y los agricultores a su servicio venden alimentos baratos a países hambrientos de agua de todo el mundo. Lo que esto significa es que «las economías exportadoras de alimentos no cobran ni por el agua utilizada en la producción ni por los costes de dañar sus ecosistemas acuáticos y su biodiversidad natural. Sin embargo, el mayor atractivo de importar alimentos básicos como el trigo ha sido que los precios de los productos alimentarios de los que disfrutan los importadores de cereales no reflejan, ni de lejos, los costes totales de la producción agrícola».[29] Los precios estaban subvencionados por las naciones exportadoras.

Y ahora, por ejemplo, en Estados Unidos la entropía ha empezado a pasar factura y amenaza con la posible desaparición de las aguas subterráneas en toda la masa continental, poniendo en peligro la viabilidad misma del país más rico del mundo. El 28 de agosto de 2023, un equipo de investigación del *New York Times* publicó un descomunal estudio sobre el estado actual de los recursos hídricos subterráneos del continente. Los investigadores analizaron el estado de 84.544 pozos desde 1920 y descubrieron que el contenido de la mitad de ellos «ha disminuido significativamente en los últimos cuarenta años, ya que se ha bombeado más agua de la que la naturaleza puede reponer».[30] Solo en la última década, cuatro de cada diez pozos «han alcanzado mínimos históricos». En el artículo del *New York Times*, los autores explican:

> Muchos de los acuíferos que aportan el 90 % del agua de los sistemas hídricos del país, y que han transformado vastas extensiones de Estados Unidos en algunas de las tierras de cultivo más productivas del mundo, se están agotando a toda velocidad. Este declive amenaza con causar daños irreversibles a la economía y la sociedad estadounidenses en su conjunto.[31]

El agua subterránea que se bombea es utilizada por las explotaciones agrícolas de todo el país para regar los cultivos a un coste muy bajo, lo que se convierte en una especie de subvención y, lo que es más importante, en una forma de conceder una donación masiva a las grandes empresas agrícolas. Estas venden luego los alimentos a países que poseen mucha menos agua, al tiempo que agotan las reservas de agua subterránea que quedan en Estados Unidos.

El equipo de investigación del *New York Times* advierte:

> Este recurso vital de Estados Unidos se está agotando en gran parte del país y, en muchos casos, no volverá a recuperarse. Enormes explotaciones industriales y algunas ciudades que se están expandiendo drenan acuíferos que podrían tardar siglos o milenios en reponerse, si es que llegan a recuperarse.[32]

Estas subvenciones gubernamentales, parcialmente ocultas, de las principales naciones exportadoras mantienen contentos a los agricultores y a las multinacionales agroalimentarias cuyos ingresos no dejan de crecer. Un nuevo estudio del Fondo Mundial para la Naturaleza estima que el valor total cuantificable del uso del agua asciende a 58 billones de dólares, que, en el año 2021, equivalían al 60 % del PIB.[33] Y, como ya he mencionado anteriormente, el 70 % de la extracción mundial de agua dulce se destina a la agricultura. Los consumidores estadounidenses, por su parte, siguen comprando tantos alimentos como siempre, al menos hasta la reciente espiral inflacionista causada en parte por la guerra de Ucrania y las subidas del precio del petróleo. Lo que se pierde con todo esto es que Estados Unidos y las demás naciones exportadoras ya se están enfrentando a unas reservas de agua cada vez más escasas, lo que, sin duda, provocará un enfrentamiento cuando el país tenga que pagar las consecuencias del engaño.

Aunque nadie negaría el valor que tiene medir la huella hídrica y el agua virtual de cada actividad económica, es vergonzoso que apenas se hable de la necesidad de transformar la dieta alimentaria, tanto en los países exportadores como en los importadores. Se trata de dejar de consumir alimentos con un elevado cálculo de agua virtual (especialmente la carne de vacuno, pero también otras fuentes de alimentos cárnicos) y adoptar una dieta alimentaria basada en plantas. Hay decenas de verduras tolerantes a la sequía con un alto valor añadido de proteínas y vitaminas que crecen con poca necesidad de agua, como los espárragos, el ruibarbo, las judías verdes, las acelgas, la calabaza, la rúcula y la okra.[34] Entre las frutas tolerantes a la sequía están las manzanas, las granadas, las moras, las uvas, los higos, la zarzamora, los albaricoques y las ciruelas.[35]

Leyendo entre líneas, vemos que resulta bastante obvio que los principales países exportadores de agua virtual (incluso Brasil, cuya producción de energía hidroeléctrica se detiene periódicamente debido a la escasez de agua por la sequía inducida por el clima en el Amazonas) están agotando rápidamente sus aguas y tendrán que dar un giro de ciento ochenta grados y abandonar la carne de vacuno y otras carnes, además de la producción de cereales para alimentar el ganado. En la actualidad, el 55 % de las calorías que aportan los cultivos del mundo alimentan directamente a los humanos, mientras que el 36 % se destina a la ganadería y el 9 % a los biocombustibles.[36] Quizá la verdadera virtud de utilizar un cálculo del agua virtual para medir las aguas utilizadas en el suministro de diversos alimentos sea que fomentará un cambio en los hábitos dietéticos, logrando que nuestra especie abandone su régimen alimentario basado en la carne y adopte una dieta basada principalmente en verduras y frutas de mayor valor nutricional, al tiempo que se garantiza una mejor salud y se preservan las aguas, sobre todo si esa información se incluye en el etiquetado de todos los productos alimentarios.[37]

## DEJAR ATRÁS EL CAPITALISMO

A medida que avanzamos hacia la siguiente etapa de la evolución de la Tierra, y gracias a todo lo que hemos aprendido sobre la fuerza vital del planeta Aqua, estamos sustituyendo el capitalismo por el hidroísmo. El capitalismo aboga por el crecimiento, mientras que el hidroísmo fomenta la prosperidad. El objetivo del capitalismo es la productividad, mientras que el hidroísmo estimula la regeneratividad. Para el capitalismo, la naturaleza es un «recurso pasivo». El hidroísmo, por el contrario, ve la naturaleza como una «fuente de vida». El capitalismo genera externalidades negativas, mientras que el hidroísmo fomenta la circularidad. El capitalismo mide el éxito económico por el PIB, mientras que, para medir el grado de felicidad, el hidroísmo se fija en los indicadores de calidad de vida (ICV). El capitalismo da prioridad a la globalización, mientras que el hidroísmo busca la glocalización. El capitalismo se centra en la geopolítica mientras que el hidroísmo se centra en la gestión de la biosfera. El capitalismo está íntimamente ligado a la soberanía de los Estados nación, mientras que el hidroísmo está más centrado en la gobernanza biorregional. El capitalismo prospera en los mercados, mientras que el hidroísmo lo hace en las redes. El capitalismo participa en juegos de suma cero. El hidroísmo, en cambio, potencia el efecto de red. El capitalismo se alimenta de combustibles fósiles y energía nuclear, mientras que el hidroísmo se basa en la energía solar y eólica, de coste marginal casi cero, para alimentar la economía.

Puede que la pregunta más importante que surge de todo esto sea la siguiente: ¿qué nos ha llevado a concebir y organizar la actividad económica de formas tan diametralmente opuestas? Es porque el capitalismo se inspira en la física newtoniana, mientras que el hidroísmo se basa en las leyes de la termodinámica, y eso condiciona nuestra concepción de la economía. La teoría y la práctica económicas neoclásicas y neoliberales se basan en la naturaleza atemporal de las leyes de Newton y desestiman en gran medida la naturaleza temporal de toda actividad económica cuyas externalidades se extienden hacia el futuro, dejando su huella, por pequeña que sea, en los patrones, procesos y flujos de las esferas dinámicas de la Tierra: la hidrosfera, la litosfera, la atmósfera y la biosfera. Sin embargo, una nueva generación de economistas ecológicos basa todos sus supuestos y resultados económicos en seguir el camino trazado por la primera y la segunda ley de la termodinámica, y el rastro de entropía que acompaña a cada intercambio que se realiza con la naturaleza y que afecta a todos los acontecimientos futuros aún por venir en el planeta Aqua.

El capitalismo adopta un enfoque racional, desapegado y utilitarista de la investigación científica, mientras que el hidroísmo estudia todos los fenómenos naturales centrándose en la biofilia, utilizando la modelación integrada de sistemas socioecológicos adaptativos complejos (CASES, por sus siglas en inglés) para comprender las relaciones y las sinergias que se establecen entre la hidrosfera, la litosfera, la atmósfera y la biosfera, y la evolución de la vida en todo el mundo natural.

Los CASES sitúan a la sociedad en un ámbito científico totalmente nuevo que se opone al enfoque baconiano tradicional de la exploración científica, con su profunda relación con el capitalismo y la era del progreso. Francis Bacon, considerado el padre fundador de la ciencia moderna, cuya visión de la investigación científica se convirtió en el sello distintivo de la Ilustración, introdujo el razonamiento inductivo para husmear en los secretos de la naturaleza, con el propósito exclusivo de aumentar la opulencia de nuestra propia especie. La ciencia baconiana apuesta por la objetividad, el distanciamiento, la predicción y la previsión a la hora de analizar la naturaleza como condición *sine qua non* de la agencia humana, una liturgia utilitarista que se convertiría en la referencia para «gestionar» el mundo natural en la era moderna y en una gran ayuda para la teoría y la práctica capitalistas.

Por el contrario, para los CASES, la naturaleza está compuesta por «sistemas dinámicos abiertos que autoorganizan continuamente su configuración estructural mediante el intercambio de información y energía».[38] Si existe un enfoque que caracteriza a la nueva ciencia, es aquel que considera que los sistemas adaptativos complejos aprenden a responder a cada nuevo proceso, patrón y flujo en un planeta animado y en constante evolución, lo que se conoce como *emergencia.*

La investigación científica basada en el modelado integrado de sistemas socioecológicos adaptativos complejos no logra satisfacer el tipo de previsibilidad que la ciencia ha buscado hasta ahora, y hay buenas razones para ello. Los intentos de establecer límites en las esferas animadas y en la evolución del planeta no tienen en cuenta que todos los sistemas autoorganizativos son patrones entre otros patrones, que se extienden en el tiempo y el espacio y a través de las distintas esferas operativas de la Tierra, influyéndose mutuamente de formas sutiles y profundas que rara vez se pueden prever. La lección más importante que se aprende al aplicar dicho modelado es que se debe abandonar, al menos parcialmente, la obsesión por la «predicción» y la «previsión», y dar prioridad a la «anticipación» y la «adaptación».

Curiosamente, el actual cambio transformador de la investigación científica empezó con John Dewey, Charles Sanders Peirce, William James y George Herbert Mead, los pioneros del pragmatismo en la ciencia a finales del siglo XIX y principios del XX. Les disgustaba enormemente el marco inductivo y deductivo del compromiso científico, que priorizaba la previsión y el utilitarismo a expensas de la abundancia de la naturaleza. Los científicos pragmáticos introdujeron lo que denominaron *investigación científica abductiva*, cuya prioridad es tener siempre en cuenta la naturaleza, es decir, escuchar y anticiparse a las llamadas de esta y adaptarse continuamente a la evolución de la hidrosfera y la litosfera, la atmósfera y la biosfera que la acompañan. Su ciencia se basa en integrarse con una «Tierra animada» y no apoderarse de ella; paliar y adelantarse a la evolución del mundo natural.

La modelación integrada de sistemas socioecológicos adaptativos complejos es asimétrica con respecto al enfoque capitalista de la naturaleza. Con el enfoque que propone, ya no se gestiona la naturaleza, se «administra», y la hidrosfera pasa a ser el actor principal cuyas complejas interacciones con la litosfera, la atmósfera y la biosfera determinan el bienestar evolutivo de nuestro planeta acuático y, en última instancia, de nuestra vida económica. Este es el punto de inflexión que acelera el cambio generalizado que lleva a nuestra especie del capitalismo al hidroísmo.

Esta modelación ha evolucionado a partir de las primeras encarnaciones de la teoría de la complejidad, que surgió en la segunda mitad del siglo XX en varias disciplinas académicas. Entre sus puntas de lanza figuran el premio Nobel de Química Ilya Prigogine, cuyos estudios sobre las estructuras disipativas en el marco de la termodinámica del no equilibrio contribuyeron a la creación de la teoría de la complejidad, y Edward Norton Lorenz, conocido por su estudio de los sistemas meteorológicos y las vías causales no lineales, que se hizo popular gracias al concepto de *efecto mariposa*.

Aunque la teoría de la complejidad en la ciencia es nueva, generaciones anteriores de nuestra especie, muy atrás en la historia y mucho antes de la Ilustración, el Siglo de las Luces y el capitalismo moderno, adoptaron enfoques más simplificados de dicha teoría en la gestión de los bienes comunales en ecosistemas compartidos.

Como ya he mencionado en páginas anteriores, Elinor Ostrom reintrodujo la historia de los bienes comunales, olvidada desde hacía mucho tiempo y, entre otras cosas, reavivó el interés por las prácticas tradicionales que tenían en cuenta la complejidad, utilizadas durante eones de historia en la gestión de los ecosistemas. Su trabajo y el de otros sobre los sistemas policéntricos dieron lugar a la ciencia emergente de la modelación integrada de sistemas socioecológicos adaptativos complejos que está transformando todas nuestras nociones tradicionales sobre la investigación y la práctica científicas.

El enfoque de la actividad económica basada en los bienes comunales no tiene nada que ver con el enfoque capitalista. Este último no tiene en cuenta las voluminosas externalidades negativas que siguen a las ganancias de mercado a corto plazo de la actividad económica, dejando a las generaciones futuras una Tierra empobrecida durante milenios. Cuando se trata de pagar la factura entrópica provocada por las emisiones del calentamiento global, las cifras son sobrecogedoras. En una prepublicación de septiembre de 2023 de la Oficina Nacional de Investigación Económica, un grupo de distinguidos científicos y economistas calculan que «para 2100, el coste de los daños asociados solo con las emisiones pasadas de Estados Unidos podría dispararse por encima de los 100 billones de dólares, y las emisiones futuras solo aumentarían el total».[39]

Esta lucha emergente entre capitalismo e hidroísmo está adquiriendo mucho protagonismo. Pero, en lugar de enfrentarse a la nueva realidad y adaptarse a un ciclo hidrológico en rápida transformación que está derribando todos los marcadores estándar con los que hemos llegado a organizar nuestra vida económica, el sistema capitalista está adoptando un enfoque de retaguardia para intentar salvar las inversiones de capital que le quedan. La estrategia, que ya está ganando adeptos, consiste en eliminar del mercado las externalidades negativas acumulativas provocadas por el cambio climático.

Pensemos en un nuevo término que está cobrando fuerza, el *bluelining*, que recuerda al antiguo *redlining* de barrios por parte de bancos, compañías de seguros y jurisdicciones locales que demarcaban barrios mayoritariamente pobres poblados por personas de color para denegar servicios de préstamo e inversión y, especialmente, hipotecas. El *bluelining* ha surgido repentinamente en todo Estados Unidos, a medida que los bancos y las compañías de seguros demarcan regiones de alto riesgo de desastres climáticos para denegar el seguro a los propietarios de viviendas y a las empresas locales de estas comunidades. Es, una vez más, un *déjà vu*, ya que el *bluelining* se aplica principalmente en barrios de bajos ingresos poblados por negros, hispanos y otras poblaciones marginadas.[40]

Sin embargo, millones de estadounidenses están perdiendo sus propiedades y sus vidas mientras que el nexo entre agua y energía provoca el desmantelamiento de ecosistemas y la extinción de la vida silvestre, y los códigos, los reglamentos y las normas asociadas se interponen en el camino que conduciría a la liberación de las aguas y a la resilvestración de los ecosistemas para que vuelvan a ser salvajes y para que puedan evolucionar favoreciendo la proliferación de la vida. Tengamos en cuenta el hecho de que, generalmente, el Programa Nacional de Seguros contra Inundaciones (NFIP, por sus siglas en inglés) del Gobierno de Estados Unidos solo permite que los edificios inundados en llanuras aluviales y cerca de las aguas costeras sean reparados y reconstruidos en el mismo lugar, lo que significa que las edificaciones se inundan y reparan repetidamente con los dólares de los contribuyentes estadounidenses bajo la cobertura del NFIP. Entre 1989 y 2018, los seguros pagaron más de 22.000 millones de dólares a 229.000 «propiedades con pérdidas repetidas por inundación».[41]

El seguro contra inundaciones que se concede para reconstruir continuamente en las mismas regiones propensas a sufrir desastres de alto riesgo no tiene ningún sentido cuando los estudios realizados predicen que es muy probable que el entorno en el que viven más de 162 millones de estadounidenses, la mitad de la población, sufrirá un gran deterioro a medida que los desastres relacionados con el clima afecten cada vez más a sus comunidades. También creen que 93 millones de estadounidenses se verán afectados por «graves» problemas relacionados con el clima.[42] El *bluelining* es la forma en que una sociedad en la que el capital manda mide el riesgo y genera la llamada «riqueza», mientras que un enfoque de bienes comunales sigue el camino de las aguas en su viaje de resilvestración, adaptándose continuamente a su reorientación planetaria mientras encuentra nuevas formas de prosperar.

Por mucho que se hable de abordar el problema del cambio climático, los Gobiernos, el mercado y la sociedad civil aún no han llegado a comprender lo que significa que las aguas se estén liberando en diversas regiones. Por citar un par de ejemplos de cómo se está transformando el ciclo del agua en un planeta que se calienta, fijémonos en lo que ocurrió en la ciudad de Jackson, capital del estado de Misisipi, a finales del verano de 2022. Tanto sobre la ciudad como sobre sus suburbios cayeron lluvias torrenciales que provocaron inundaciones masivas que paralizaron y destrozaron la anticuada planta depuradora y la infraestructura hidráulica de la ciudad, dejando a sus ciento cincuenta mil residentes sin acceso al agua corriente.[43] Los funcionarios municipales dijeron que pasarían meses o incluso años antes de que todo el sistema volviese a funcionar. Semanas antes, veinticinco mil personas del este de Kentucky se vieron afectadas por inundaciones mortales que diezmaron comunidades y destrozaron las anticuadas tuberías de agua sin que se vislumbrara una solución.[44] Al mismo tiempo, las empresas de suministro de agua de Texas no estaban lo suficientemente preparadas cuando pueblos y ciudades de todo el estado se vieron afectados por olas de calor y sequías sin precedentes, a lo que hay que añadir el endurecimiento del suelo que destrozó las tuberías principales. Después de eso, una tormenta invernal congeló las tuberías de agua y provocó la rotura de miles de ellas.[45]

Un concejal de Jackson resumió el problema al que se enfrenta su comunidad y muchas otras de todo el mundo, lamentando que «los sistemas que tenemos para controlar las inundaciones están extremadamente anticuados».[46] Esta queja se escucha en miles de comunidades. Mikhail V. Chester, catedrático de Ingeniería Civil Medioambiental y Sostenible de la Universidad Estatal de Arizona, señaló algo bastante preocupante: nuestra especie aún tiene que aceptar que «el clima está cambiando demasiado rápido en comparación con la velocidad a la que podemos mejorar nuestras infraestructuras».[47]

Pero no son solo las infraestructuras hídricas las que se están derrumbando en todo el mundo. Todos los demás componentes de la vetusta infraestructura construida durante el siglo XX en las ciudades, los suburbios, los pueblos y las aldeas rurales de todo el mundo están viéndose afectados por un ciclo hidrológico alterado por el cambio climático, cuyas aguas se están liberando (destrozando toda la infraestructura de la era moderna). Y no solo es la escala del destrozo causado, sino que el hecho de que se vea afectada la zona donde trabajamos y vivimos hace que la situación actual sea tan aterradora.

Tomemos como ejemplo la última semana de agosto de 2022, cuando empezaban las clases en las escuelas públicas de Filadelfia, la sexta ciudad más grande de Estados Unidos. Decenas de miles de estudiantes fueron enviados a casa poco después de llegar a la escuela debido a la falta de aire acondicionado durante la ola de calor que afectaba a esa zona durante esos días.[48] Más del 60 % de los edificios escolares del sistema educativo de Filadelfia carecen de climatización suficiente y muchos otros edificios solo están parcialmente climatizados.[49] El problema es que la edad media de los edificios es de setenta y cinco años, y el sistema eléctrico de la mayoría de ellos no puede soportar ese tipo de instalación.[50] Los funcionarios municipales señalan que el problema se ve magnificado por los miles de millones de dólares que hacen falta en otras áreas. Incluso si se garantiza que se van a renovar las anticuadas infraestructuras de la ciudad, es posible que la tarea no se finalice antes del año 2027.[51] Pero, una vez más, ponerse al día con un clima cambiante (en este caso, preparar las escuelas para temperaturas de treinta y dos grados) puede no ser suficiente, ya que el cambio climático provocará que se alcancen temperaturas de treinta y cinco grados o incluso cuarenta en los próximos años y décadas. La incapacidad para adaptarse a una temperatura en constante aumento podría obligar al sistema escolar de Filadelfia y de otros lugares a cerrar durante más días, o incluso semanas, a principios del semestre de otoño y al terminar el año escolar, a principios de junio o incluso a finales de mayo, cuando las temperaturas vuelvan a subir, reduciendo aún más el año académico y perjudicando la educación de los estudiantes.

Sin embargo, pocos funcionarios públicos de Estados Unidos y de otros lugares, por no decir ninguno, insinúan siquiera que los habitantes de ciudades enteras, suburbios y comunidades rurales atrapadas en gélidas temperaturas invernales y ventiscas que baten récords, inundaciones inauditas en primavera, largas sequías y atroces olas de calor e incendios forestales en verano, y poderosos huracanes de categoría tres, cuatro y cinco en otoño, podrían tener que replantearse cómo y dónde vivir en las próximas décadas. Pero de lo que nadie quiere hablar es de que cientos de millones e incluso miles de millones de personas tendrán que emigrar en las próximas décadas a regiones más templadas, aunque sea de forma temporal, mientras la menguante población mundial busca los refugios seguros que queden.

Esto es a lo que la humanidad se está enfrentando y debe ser consciente de ello. Las aguas se están liberando y nuestra especie tendrá que aprender a adaptarse a ellas y dejar de lado la ingenua ficción de que podemos seguir adaptándolas a nuestro antojo. Esta llamada de atención nos exigirá modificar nuestro planteamiento, tanto en el tiempo como en el espacio, y a una escala que solo ha ocurrido una vez en la historia de nuestra especie, cuando pasamos de la última Edad de Hielo del Pleistoceno al clima templado de los últimos once mil años.

SEGUNDA PARTE

# EL CANARIO EN LA MINA. EL DÍA 0 Y CÓMO LA ECORREGIÓN MEDITERRÁNEA SE CONVIRTIÓ EN UN INDICADOR DEL SEGUNDO ADVENIMIENTO DE LA VIDA

# Capítulo 5
# LA AGONÍA Y EL RENACIMIENTO DEL MEDITERRÁNEO

El camino que ha seguido nuestra especie a lo largo de los últimos seis milenios de historia está ligado al ascenso y la caída de las civilizaciones hidráulicas. Podemos decir que se puede representar con una curva de campana clásica. Como ya he mencionado, la civilización nació hace unos seis mil años en las estribaciones de la antigua Anatolia (la actual Turquía), en la cabecera de los poderosos ríos Éufrates y Tigris. Estos fueron los primeros grandes ríos del mundo en ser encadenados, secuestrados, modificados y explotados para inundar y regar tierras fértiles y producir una cornucopia de excedentes de cereales (principalmente trigo y cebada) en una región que incluye las actuales Turquía, Siria, Irak e Irán. Todo lo que hoy identificamos como el origen de la civilización comenzó en el litoral de estos ríos y son precisamente estos ríos los que los niños de hoy verán secarse, es decir, es algo que sucederá durante las próximas décadas. Es aquí donde surgió la primera civilización hidráulica urbana a gran escala, sentando las bases para la evolución de muchas otras en diferentes lugares. Gracias a ella, nuestra especie acabó convirtiéndose en la especie dominante del planeta, cuyas formas de vida están ahora en camino de sufrir una extinción masiva.

Esta primera civilización urbana recibió el nombre de Mesopotamia, palabra griega que significa «tierra entre ríos».[1] Fue aquí donde las aldeas se convirtieron por primera vez en ciudades cuyas poblaciones podían llegar a los cincuenta mil habitantes.[2] En este lugar del mundo surgieron varias de las primeras grandes civilizaciones, incluidos los imperios sumerio, acadio, babilónico y asirio, y aquí llegaron a vivir más de 20 millones de personas durante un determinado intervalo de tiempo.[3]

Estas civilizaciones hidráulicas, y otras similares que surgieron en Egipto, el valle del Indo en la India, el valle del río Amarillo en China, Creta, Grecia, el Imperio romano, la civilización jemer en el sudeste asiático, la civilización maya en lo que hoy es el sur de México, Guatemala y el norte de

Belice, así como el Imperio inca en el oeste de Sudamérica, se desarrollaron siguiendo curvas de campana similares. Algunas se derrumbaron por cambios en el clima, otras por invasiones de tribus merodeadoras y otras por una creciente factura entrópica. Aunque los antropólogos y los historiadores han dedicado mucho tiempo a los dos primeros agentes causales, se ha dedicado mucho menos a la deuda entrópica que inevitablemente acompañó a la construcción y al funcionamiento de la infraestructura hidráulica.

Los imperios hidráulicos del Mediterráneo, la India y China provocaron un gran salto adelante en la conciencia humana y dieron lugar a la aparición del cosmopolitismo. Pero, al final, no pudieron escapar a la verdad de la segunda ley de la termodinámica. Un gran número de investigaciones sobre el auge y la caída de las civilizaciones hidráulicas han demostrado que, aunque hay muchas explicaciones que justifican su desaparición final, la primera de la lista es la factura entrópica provocada por los cambios en la salinidad y la sedimentación del suelo.

En Mesopotamia, los suelos aluviales eran arrastrados tierra adentro por las aguas fluviales y de riego. Estas últimas contenían calcio, magnesio y sodio. Al evaporarse el agua, el calcio y el magnesio dan lugar a carbonatos (mediante un proceso de precipitación), dejando el sodio incrustado en la tierra. Si los iones de sodio no descienden a las capas freáticas, son absorbidos por las partículas de arcilla coloidal y el suelo se vuelve impermeable al agua. Las concentraciones elevadas de sal paralizan el proceso de germinación e impiden la absorción de agua y nutrientes por parte de las plantas.[4]

El sur de Irak, por ejemplo, sufrió un grave problema de salinidad entre los años 2400 a. e. c. y 1700 a. e. c., mientras que sus territorios centrales experimentaron una crisis similar entre los años 1300 a. e. c. y 900 a. e. c. El aumento de la salinidad del suelo obligó a sustituir el cultivo del trigo por el de la cebada, más tolerante a la sal. En el año 3500 a. e. c., se producía más o menos la misma cantidad de trigo que de cebada. Sin embargo, en menos de mil años, el cultivo de trigo, menos tolerante a la sal, representaba menos de una sexta parte de la producción agrícola. Hacia el año 2100 a. e. c., el trigo solo representaba el 2 % de los cultivos en las mismas regiones y, hacia el año 1700 a. e. c., en la llanura aluvial meridional ya prácticamente había desaparecido.[5]

La salinización del suelo también provocó un descenso de la producción. En la ciudad de Ngirsu, por ejemplo, en el año 2400 a. e. c. la producción agrícola media era de 2.537 litros por hectárea, pero descendió a 1.460 litros por hectárea en 2100 a. e. c. En la ciudad vecina de Larsa, el rendimiento había descendido a solo 897 litros por hectárea en 1700 a. e. c.[6] El impacto en las ciudades, cuya población dependía de los excedentes agrícolas para mantener un modo de vida urbano, fue devastador. Las ciudades-Estado de Sumeria se vieron envueltas en un caos político y económico que provocó el deterioro e incluso la ruina de gran parte de sus complejas infraestructuras, al tiempo que su población caía en picado.[7] La misma infraestructura hidráulica que proporcionó un enorme aumento del flujo de agua que permitió a la población sumeria erigir la primera gran civilización urbana, establecer un cosmopolitismo primitivo y avanzar en la noción de *individualidad*, tuvo un impacto entrópico igualmente fatídico en los ecosistemas de la región, anulando muchas de las ganancias y empobreciendo tanto a este primer experimento de civilización urbana hidráulica como a su entorno. Hace más de medio siglo, la revista *Science* publicó un estudio llevado a cabo por Thorkild Jacobsen y Robert M. Adams, del Instituto Oriental de la Universidad de Chicago, sobre este tema. Su conclusión fue:

> Es más que probable que no haya ningún acontecimiento histórico de esta magnitud para el que sea suficiente una sola explicación, pero que la creciente salinidad del suelo desempeñó un papel importante en la desintegración de la civilización sumeria parece estar fuera de toda duda.[8]

El aumento de la salinidad del suelo provocó pérdidas masivas de cosechas y una crisis de entropía similar en el valle del Indo hace cuatro mil años.[9] Igualmente, los arqueólogos han encontrado pruebas de que la salinidad del suelo causó pérdidas catastróficas de cosechas y el abandono del territorio en la antigua civilización hidráulica maya de América Central.[10] La salinización del suelo y el aumento entrópico han sido «factores determinantes en el debilitamiento y colapso de civilizaciones hidráulicas complejas a lo largo de la historia, reafirmando la relación ineludible entre el aumento del rendimiento energético y una deuda entrópica creciente».[11]

Las civilizaciones hidráulicas complejas van acompañadas de dos fenómenos aparentemente dispares: por un lado, una expansión del compromiso empático en entornos urbanos cada vez más sofisticados, y por otro, un aumento de la factura entrópica. Así pues, tanto la empatía como la entropía evolucionan simultáneamente, junto a las civilizaciones hidráulicas complejas, lo que plantea una paradoja inexplorada por antropólogos, historiadores y filósofos.

Me topé por primera vez con dicha paradoja durante un periodo de siete años, entre 2003 y 2010, cuando centré mi atención en el papel que ha desempeñado la empatía en el desarrollo histórico de nuestra especie. Había escrito sobre la empatía en varios libros anteriores a lo largo de treinta años, pero nunca en profundidad. Fue entonces cuando decidí explorar la evolución de la empatía con más detalle (su antropología y su historia), y su efecto sobre otros aspectos destacados de la sociedad, como nuestra vida familiar y social, la economía, los modos de gobierno y las distintas formas en que vemos el mundo. En algún momento del estudio, me di cuenta de la existencia de esa paradoja, y admito que me sorprendió. Esto es lo que descubrí y escribí en *La civilización empática*:

> En el núcleo mismo de la historia humana se encuentra la relación paradójica entre la empatía y la entropía. A lo largo de la historia, la convergencia entre nuevos regímenes de energía y nuevas revoluciones en las comunicaciones ha ido creando unas sociedades cada vez más complejas. Estas civilizaciones más avanzadas en el campo tecnológico han unido a pueblos antes dispersos, han hecho crecer la sensibilidad empática y han expandido la conciencia humana. Pero estos entornos cada vez más complejos exigen un consumo mayor de energía que supone un agotamiento creciente de los recursos.
>
> Lo irónico es que este aumento de la conciencia empática ha sido posible gracias a un consumo cada vez mayor de energía y de otros recursos de la Tierra que tiene graves efectos en la salud del planeta.
>
> Hoy nos enfrentamos a la posibilidad esperanzadora y, al mismo tiempo, inquietante de acercarnos a una empatía global en un mundo interconectado, pero a costa de un gran consumo de energía, que supone una factura entrópica creciente y que amenaza nuestra misma existencia con unos cambios climáticos catastróficos. Es probable que resolver la paradoja de la empatía y la entropía sea la prueba decisiva de la capacidad de nuestra especie para sobrevivir y prosperar en la Tierra. Pero para ello hará falta un replanteamiento radical de nuestros modelos filosóficos, económicos y sociales.[12]

La clave para desacoplar la paradoja empatía/entropía es hacer un «gran reinicio». Después de seis milenios adaptando la naturaleza a las necesidades exclusivas de nuestra especie, tendremos que invertir el rumbo y adaptar nuestra especie a los procesos y patrones de la Tierra necesarios para la vida y encontrar nuestro camino de vuelta al redil de la naturaleza. En eso consiste la conciencia biofílica. Lo que falta no es el camino, sino la voluntad. Esperemos que una generación más joven, impregnada de biofilia, allane el camino. Hoy en día, la infraestructura hidráulica se está derrumbando, no solo a causa de la factura termodinámica, aunque la acumulación de sodio en el suelo que lo hace impermeable al agua es un problema perpetuo que viaja siempre en el mismo tren que la infraestructura hidráulica. También el peligroso calentamiento del planeta está esquilmando ríos, lagos y arroyos, dejando lechos de agua secos por doquier. Según un informe de 2021 del Grupo Intergubernamental de Expertos sobre el Cambio Climático (IPCC, por sus siglas en inglés) de la ONU, la última vez que la Tierra estuvo más caliente que ahora fue hace ciento veinticinco mil años.[13]

El informe de la Organización Meteorológica Mundial (OMM), conocido como *2022 State of Climate Services*, es toda una advertencia sobre cuánto se ha calentado el planeta.[14] La OMM se centró en el impacto que el calentamiento global está teniendo en las infraestructuras hidráulicas de muchos lugares, tan fundamentales para la generación de energía. Descubrieron que la sequía y las olas de calor asociadas al cambio climático «ya están tensionando los métodos actuales de generación de energía». El siguiente es un resumen de las conclusiones de la OMM:

> En 2020, el 87 % de la electricidad mundial generada a partir de sistemas térmicos, nucleares e hidroeléctricos dependía directamente de la disponibilidad de agua. Al mismo tiempo, el 33 % de las centrales térmicas que dependen de la disponibilidad de agua dulce para su refrigeración ya sufren un estrés hídrico elevado. Lo mismo ocurre con el 15 % de las centrales nucleares existentes, porcentaje que se espera que aumente hasta el 25 % en los próximos veinte años. El 11 % de la capacidad hidroeléctrica también sufre un elevado estrés hídrico. Y aproximadamente el 26 % de las centrales hidroeléctricas existentes y el 23 % de las proyectadas se encuentran dentro de cuencas fluviales que actualmente tienen un riesgo de medio a muy alto de sufrir escasez de agua.[15]

El 13 de septiembre de 2023, una inundación bíblica se abatió sobre Libia, colapsando dos presas de la región de Derna en un instante, anegando comunidades enteras y matando a miles de personas. La tragedia libia es una advertencia que probablemente se repetirá con mayor intensidad en las próximas décadas. Solo en la India y China, donde viven 2.800 millones de seres humanos, hay 28.000 grandes presas de más de setenta y cinco años de antigüedad, en mal estado y vulnerables al colapso, por lo que son una clara amenaza para la vida de literalmente millones de personas. Si pensamos que las presas de Estados Unidos están mejor construidas y mantenidas y que sobrevivirán mucho más tiempo, estaremos cometiendo un gran error. La edad media de las presas de Estados Unidos es de sesenta y cinco años o más, y se calcula que «2.200 estructuras corren un alto riesgo de derrumbarse».[16] Durante los próximos 75 años, la hidrosfera, en pleno proceso de resilvestración, va a destrozar toda la infraestructura hidráulica mundial, poniendo ciudades y regiones enteras en riesgo de ser arrasadas.

Al comentar el informe, el director de la OMM advirtió de que «el tiempo no está de nuestro lado y nuestro clima está cambiando ante nuestros ojos», y añadió que necesitamos «una transformación completa del sistema energético mundial», dado el agotamiento de lagos y ríos en todo el mundo.[17]

Cada nación tendrá que financiar una gran transformación del nexo entre agua, energía y alimentos, pasando de los combustibles fósiles y la energía nuclear a la solar, la eólica y otras energías renovables. También tendrán que abandonar los cultivos comerciales intensivos destinados a la exportación que necesitan agua (maíz, trigo, arroz, cebada, avena, centeno, etcétera) para pasarse a cultivos ahorradores de agua (raíces y tubérculos como la patata, el ñame, la mandioca y la remolacha) para el consumo nacional y la exportación. Además, todos los países tendrán que pasar de depender de un volumen cada vez menor de agua de lagos y grandes ríos a depender más de numerosos métodos muy repartidos de captación de agua *in situ*, allí donde viven y trabajan, incluida la captación esponjosa y la retención del agua de lluvia en cisternas distribuidas y en microrredes de agua, junto con la resurrección de ríos, arroyos, acuíferos y humedales enterrados desde hace mucho tiempo.

La transición de una infraestructura impulsada por el progreso a otra orientada a la resiliencia ya está en marcha y empieza a ampliarse a más países, lo que brinda a las naciones mediterráneas la oportunidad de situarse entre los líderes de la próxima era de la resiliencia. La ecorregión mediterránea será probablemente la prueba inicial que nos dirá si nuestra especie y nuestros congéneres serán capaces de recuperarse, sobrevivir y prosperar en un planeta que se está resilvestrando.[18] El éxito de la transición de una civilización hidráulica moribunda a una sociedad resiliente impulsada por la ecología radica en la reconfiguración del nexo entre agua, energía y alimentos. Las características que deberá tener esa reconfiguración ya se están definiendo en el Mediterráneo y en otros lugares.

## DÍA 0: CUANDO LOS PAÍSES SE SECAN

Lo que nos dice el informe de la OMM es que gran parte de la infraestructura hidráulica se está convirtiendo a toda velocidad en un «activo inmovilizado», ya que las fuentes de agua que la alimentan y dan energía a gran parte de nuestra sociedad, riegan nuestros campos agrícolas y proporcionan agua potable a nuestra especie se están secando. Y, curiosamente, de todas las ecorregiones del mundo atrapadas en el caos que es producto del calentamiento del planeta y de la desecación de las aguas, la que más lo sufre es la del Mediterráneo, cuna de la civilización hidráulica. Tras seis milenios de historia, ahora es nuestro «canario en la mina» y la zona que corre un mayor riesgo de quedar parcialmente inhabitable ya en la segunda mitad del siglo XXI, a medida que se sequen los ríos y los lagos. Ese será el principio del fin de la larga historia de la civilización hidráulica en la región. Otras sociedades hidráulicas se enfrentan a un destino similar. Los científicos del clima se centran ahora en el Mediterráneo, y por buenas razones. Lo que está ocurriendo allí predice lo que va a ocurrir en otras regiones del mundo, empujando a toda la humanidad a una gran crisis.

Para empezar, históricamente, la región mediterránea se ha caracterizado por padecer veranos secos y calurosos con largos periodos de sequía, mientras que sus inviernos son húmedos, de suaves a frescos, con fuertes vientos e intensas precipitaciones. Pero ahora, los científicos del clima advierten de que los millones de personas de los países que comparten la ecorregión mediterránea corren un riesgo mayor que cualquier otra población del planeta debido al aumento de la temperatura provocado por las emisiones del calentamiento global.[19] Las estadísticas son aterradoras. El Mediterráneo se está calentando un 20 % más rápido que el mundo en su conjunto.[20] El ecosistema de la región tendrá un 40 % menos de precipitaciones en la estación lluviosa de invierno y, para 2050, un 20 % menos de precipitaciones durante la estación estival de abril a septiembre, con condiciones de sequía durante seis meses al año.[21] Se cree que, en 2050, la cantidad de agua de las cuencas hidrográficas se habrá reducido en un 25 %.[22] Un aluvión de nuevos estudios e informes advierten de que la región mediterránea muestra «la mayor disminución de precipitaciones prevista de cualquier masa terrestre de la Tierra».[23]

Informes recientes han hecho saltar las alarmas, especialmente en Turquía, Siria, Irán e Irak, que comparten las aguas de los ríos Tigris y Éufrates. Los estudios demuestran que la cantidad de agua ha disminuido un 40 % en las últimas cuatro décadas.[24] El IPCC prevé una disminución del 29 % del caudal del río Tigris y del 73 % del río Éufrates en los próximos años.[25] Cada año que pasa, incluso estas previsiones parecen quedarse cortas.

Nuevos estudios sugieren que es probable que las temperaturas en Turquía superen los cuarenta grados centígrados durante largos periodos de tiempo en los meses de verano de aquí a 2050.[26] Y, en la actualidad, el 60 % de su superficie es propensa a la desertificación.[27] Aunque el cambio climático es un factor crítico, también hay que reconocer que Turquía ha perdido la mitad de todos sus humedales debido al desarrollo alcanzado en los últimos cien años.[28] Lo que ocurre en Turquía no solo afecta a Turquía. Siria, Irak, Irán e incluso Kuwait también comparten la cuenca del Tigris y el Éufrates. Irak obtiene de los ríos Éufrates y Tigris el 98 % de sus aguas superficiales, mientras que la temperatura anual del país aumenta «casi el doble que la de la Tierra».[29]

Aunque en el último siglo nuestro planeta se ha calentado 1,3 grados centígrados, en Irak la cifra es de 2,5 grados centígrados, lo que sitúa al país muy por encima del punto crítico. Un informe de diciembre de 2021 emitido por el ministro iraquí de Recursos Hidráulicos ha advertido que el río Éufrates podría secarse en el tramo que discurre por el país en 2040, privando a la población de una importante fuente de agua. Los titulares de los medios de comunicación iraquíes señalaban que «Irak será una tierra sin ríos en 2040».[30]

Aunque el cambio climático es el elefante en la habitación, hay otras fuerzas geopolíticas en juego, en particular la frenética construcción de nuevas presas masivas en la vecina Turquía, que reducen aún más el caudal de los ríos Éufrates y Tigris en su recorrido hacia Irak, Siria e Irán. Turquía ha emprendido una hercúlea implementación de infraestructuras hidráulicas para retener el caudal restante de los ríos Éufrates y Tigris dentro de sus fronteras políticas. Se han construido apresuradamente al menos diecinueve nuevas presas a lo largo de los ríos Éufrates y Tigris, y otras tres están en proyecto.[31]

Mientras tanto, un informe del Ministerio del Recursos Hidráulicos iraquí publicado en 2020 concluía que en dos años el suministro de agua de Irak no podría satisfacer la demanda y que en 2035 el déficit hídrico provocaría una reducción del 20 % de los alimentos.[32] La ONU clasifica a Irak como «el quinto país más vulnerable del mundo» a los problemas derivados del cambio climático y los grupos de ayuda de la región advierten de que «a corto plazo, millones de iraquíes y sirios dejarán de tener acceso al agua, a alimentos y a la electricidad, lo que forzará una crisis de proporciones épicas».[33]

Lo que está quedando cada vez más claro es que la región mediterránea, antaño cuna de la civilización hidráulica, se está derrumbando a medida que los ríos Éufrates y Tigris se secan. En 2022, arqueólogos alemanes y kurdos anunciaron que habían descubierto una antigua ciudad sumergida en Irak después de que se extrajeran grandes cantidades de agua de un embalse alimentado por el río Tigris «para evitar que se secaran los cultivos» durante una prolongada sequía que sufrió la región. Aunque los arqueólogos conocían la existencia de la ciudad sumergida, nunca habían tenido la oportunidad de estudiarla a fondo. Entre los nuevos hallazgos figuran «una enorme fortificación con murallas y torres, un monumental edificio de varios pisos y un complejo industrial». La antigua ciudad data de entre los años 1550 y 1350 a. e. c., y se cree que forma parte de un «extenso complejo urbano» del reino de Mitani, en la antigua Mesopotamia.[34]

Podríamos pensar que Turquía, una de las naciones del Mediterráneo, se encuentra en la envidiable posición de controlar las cabeceras de los caudalosos ríos Éufrates y Tigris y, por tanto, corre menos riesgo de quedarse sin agua..., pero no es así. Para hacernos una idea de lo desalentador que es el tema del calor en Turquía, Baris Karapinar, profesor de Política de Cambio Climático en la Escuela de Economía de Londres y principal autor del quinto informe de evaluación del IPCC de la ONU, afirma que las temperaturas en Turquía podrían aumentar «siete grados centígrados con respecto a los niveles de 1950 en 2100», superando con creces el Acuerdo de París sobre el Clima de la ONU, cuyo objetivo es mantener el calentamiento por debajo de 1,5 grados centígrados. Karapinar afirma que un aumento de la temperatura de esta magnitud «convertiría gran parte de la región mediterránea en un "infierno", haciendo que algunas zonas fueran inhabitables».[35]

El agotamiento de las aguas en Turquía no es solo cuestión de mala suerte. Las políticas agrícolas turcas de los años ochenta incentivaron los cultivos comerciales. Aunque estos cultivos tienen mayores rendimientos y, gracias a ellos, el país se convirtió en el séptimo mayor productor agrícola del mundo y uno de los principales exportadores, requieren mucha más agua. Por desgracia, el cultivo de maíz, remolacha azucarera y algodón, aunque lucrativo en los mercados mundiales, consume de media tres o cuatro veces más agua de la que obtiene Turquía. El resultado es que, aunque Turquía presume de tener un gran sector agrícola, este «usa el 75 % del total del agua dulce del país», una cifra que los expertos advierten que no es sostenible. Doğanay Tolunay, investigador sobre el uso de la tierra en la Universidad de Estambul, señala que estos cultivos supersedientos han hecho aumentar el uso del agua en un tercio en una década, un claro ejemplo de lo que es una política económica fracasada.[36]

Ante la disminución del agua de riego, muchos agricultores perforan pozos ilegales para explotar una reserva cada vez menor de aguas subterráneas, lo que se traduce en menos agua disponible para reabastecer lagos, ríos y tierras húmedas, todo lo cual provoca que haya menos agua superficial para el riego y el consumo humano.

El problema de la disminución de agua se agrava debido a que las antiguas técnicas de irrigación de Turquía, que se basan en crear canales abiertos y canales elevados para llevar el agua a los campos de cultivo, están experimentando «pérdidas de entre en 35 y el 60 % por evaporación, filtraciones y fugas».[37] Y luego está la cuestión de la generación de energía hidroeléctrica. La Escuela de Medioambiente de la Universidad de Yale resume el enigma de la siguiente forma:

> El uso generalizado de la energía hidroeléctrica en Turquía está agotando las reservas de agua. El noveno productor mundial de energía hidroeléctrica ha embalsado casi todos los ríos del país, incluidos los emblemáticos Tigris y Éufrates. Aunque la energía hidroeléctrica es una fuente de energía renovable, seca los acuíferos y crea escasez de agua en las zonas del río situadas tras la presa. Los embalses pueden perder miles de litros por segundo debido a la evaporación.[38]

No es que Turquía fuera ciega a las consecuencias de represar hasta la última gota de los ríos Éufrates y Tigris dentro de sus fronteras. En Turquía, como en cualquier otro lugar del mundo geopolítico, siempre es una cuestión de bienes medioambientales. Las cabeceras de los ríos Éufrates y Tigris se encuentran dentro de las fronteras políticas de Turquía y el país se ha ocupado cada vez más de controlar estos bienes preciosos, aunque en retroceso, para asegurar su economía y estabilizar su gobernanza.

Al igual que Turquía, Irán se ha embarcado en una implementación masiva de 541 presas grandes y pequeñas, la mayoría situadas en los afluentes del Éufrates y del Tigris, mientras que otras 340 presas están en proyecto.[39] La esperanza, cada vez menor, es que las aguas que queden dentro de Irán mantengan y retrasen, al menos durante un tiempo, el inevitable agotamiento del agua de ambos ríos.

Cientos de miles de personas se han visto obligadas a desplazarse en las últimas décadas, tanto en Turquía como en Irán, debido a la construcción masiva de presas e infraestructuras hidráulicas que han acabado con su forma de vida. Solo en Turquía, muchos emigraron de sus regiones rurales a las tres principales ciudades del país, especialmente a Estambul, donde algunos encontraron nuevas oportunidades y otros solo encontraron trabajos de baja categoría o acabaron viviendo de subsidios, generación tras generación.

En la actualidad, Turquía acoge a la mayor población de refugiados del mundo: unos cuatro millones de personas, en su mayoría procedentes de Siria, pero también de otros países vecinos, que han huido de sus países de origen debido a rebeliones internas, pero también debido a la disminución del suministro de agua, ya que el calentamiento del clima ha secado sus campos.[40] El desplazamiento masivo de la población de las zonas rurales de Turquía, así como la afluencia de refugiados de Siria y otros países vecinos debido al clima y a la guerra, han transformado las principales ciudades en auténticos gigantes. Estambul, cuya población era de apenas 967.000 habitantes en 1950, llega a 16 millones en 2023 y es una de las mayores ciudades del mundo en términos de población dentro de sus límites urbanos.[41]

Todos los planes hidráulicos de Turquía han servido de poco para paliar su propio déficit hídrico. En 2021, los niveles de los embalses de Estambul bajaron al 20 %, dejando a sus millones de habitantes con menos de cuarenta y cinco días de suministro de agua. Al mismo tiempo, otras regiones sufrieron el mismo estrés hídrico debido a sequías que se prolongaron durante dos años. Hay que tener en cuenta que la mitad del suministro de agua de Estambul procede de las ciudades circundantes, cuyas propias reservas de agua se agotan durante las sequías, lo que crea una especie de reacción en cadena que pone en peligro a todas las poblaciones urbanas.[42] La implacable sequía provocó mucha angustia y, al no haber forma de solucionar el problema, el Gobierno «pidió al director de [...] asuntos religiosos que organizara ceremonias de "oración por la lluvia" en todas las ciudades del país».[43]

La cuestión no es solo cuánta agua hay disponible en una atmósfera que no deja de calentarse, sino también cuál es la calidad de esa agua. Un informe elaborado por el Centro de Política de Estambul analiza las repercusiones de un ciclo hidrológico que se está resilvestrando y que trae consigo inundaciones, sequías, olas de calor y tormentas ígneas. Por ejemplo, las fuertes lluvias torrenciales afectan negativamente a la calidad de las fuentes de agua dulce:

> [Al] movilizar patógenos presentes en el medioambiente, transportándolos a ríos, lagos, embalses, aguas costeras y pozos [...], se modifica el caudal y el contenido de los ríos; aumenta la carga de las plantas de alcantarillado y tratamiento de aguas residuales, haciendo que las aguas residuales se mezclen con el agua potable; y crea problemas de saneamiento del agua [...]. Las olas de calor afectan a la calidad y la cantidad del agua a través de las dinámicas que siguen las temperaturas y el nivel de oxígeno. También se alteran las poblaciones de fitoplancton presentes en masas de agua cambiantes, provocando estallidos de cianobacterias.[44]

Estambul, al igual que otras megaciudades, alberga la esperanza de que, de algún modo y en algún momento, las temperaturas del planeta se reviertan y vuelva el clima anterior al calentamiento global, lo que por supuesto no ocurrirá. La ciudad haría bien en fijarse en Ciudad del Cabo (Sudáfrica), con sus cuatro millones de habitantes, que, en 2018, llegó, sin apenas darse cuenta, al borde del abismo al ignorar tres años consecutivos de sequía que habían agotado sus reservas. La situación llegó a ser tan grave que las autoridades municipales empezaron a anunciar públicamente lo que llamaron el «Día 0», la fecha en la que no habría más agua dulce fluyendo por las tuberías y todos los grifos se cerrarían, dejando a sus millones de ciudadanos tirados y desamparados.

Aunque las autoridades no convocaron una sesión de oración en toda la ciudad como hizo Turquía con la esperanza de una intervención divina, se presentaron una serie de extrañas propuestas; encabezando la lista estaba la idea de remolcar icebergs desde la Antártida hasta Ciudad del Cabo para abastecer de agua a la población. La propuesta se planteó por primera vez durante una sequía anterior, entre 2015 y 2018, y se repitió en las vísperas del Día 0. Sin embargo, la propuesta se desechó cuando un científico estadounidense hizo números y llegó a la conclusión de que, durante el viaje de dos mil quinientos kilómetros desde el océano Antártico hasta Ciudad del Cabo, el iceberg de trescientos metros se derretiría, dejando solo el 1 % de su volumen inicial, una cantidad de agua suficiente para satisfacer durante cuatro minutos a los sedientos habitantes de Ciudad del Cabo.[45]

## RENOVABLES AL RESCATE: UNA SEGUNDA VIDA PARA LA ECORREGIÓN MEDITERRÁNEA

La energía se encuentra en el centro del nexo entre agua, energía y alimentos, y es aquí donde Turquía se encuentra demasiado atascada en su dependencia de los combustibles fósiles para hacer avanzar la economía. Las importaciones de combustibles fósiles representan aproximadamente el 70 % del consumo energético del país.[46] Otros países de Oriente Medio (Arabia Saudí, Irán, Irak, Kuwait, Emiratos Árabes Unidos, Egipto, Qatar, Omán y Yemen) —en los que los ingresos del petróleo son un pilar de sus economías y de sus mercados de exportación— se enfrentan a una trampa similar. Aunque se habla de reducir la dependencia de los combustibles fósiles, todavía no se han fijado objetivos concretos.

El reciente descubrimiento en Turquía del gigantesco yacimiento de gas de Sakarya, en el mar Negro, y la elaboración de otros proyectos para ampliar la exploración y la producción de gas y petróleo parecen indicar que los combustibles fósiles, en lugar de desaparecer, siguen siendo la energía primaria del país.[47] A pesar de todas las promesas vacías con las que aseguran que reducirán su dependencia del carbón, la producción solo «ha disminuido ligeramente en los últimos diez años».[48] Si Turquía y otros países mediterráneos siguen contando con los combustibles fósiles como fuente principal de energía, tanto para la producción nacional como para las importaciones y exportaciones, dependerán aún más a corto plazo del petróleo, el carbón y el gas natural, a expensas de un mayor calentamiento climático y del deterioro de sus economías.

Lo que hace que la situación sea especialmente preocupante desde una perspectiva estrictamente económica es que, en 2019, el coste nivelado tanto de la energía solar como de la eólica cayó por debajo del coste de la nuclear, del petróleo, del carbón y del gas natural, y el coste fijo sigue cayendo siguiendo una curva exponencial en picado, mientras que el coste marginal de generación de la energía es casi cero. El sol y el viento nunca han enviado una factura. Una vez que la tecnología está instalada, el único coste es el mantenimiento y la sustitución. Está claro que el mercado está aquí, y por eso la solar y la eólica juntas son las principales protagonistas de la nueva expansión de la generación global de electricidad en el mundo. La Agencia Internacional de la Energía prevé que la solar y la eólica «representen más del 90 % de la expansión mundial de la electricidad en los próximos cinco años, superando al carbón para convertirse en la mayor fuente de electricidad mundial en 2025».[49]

Los países más poderosos de la Unión Europea que bordean el Mediterráneo conocen cuál es el potencial de la energía solar y eólica, y están dando el salto hacia el futuro de la energía verde. En 2023, España anunció que se había fijado el nuevo objetivo de reducir las emisiones de gases de efecto invernadero en un 32 % para 2030, frente a un objetivo anterior del 23 %, debido a la caída en picado del coste de la energía solar y eólica en el mercado. El país se dispone a instalar la friolera de cincuenta y seis gigavatios de energía solar y treinta y dos gigavatios de energía eólica en los próximos siete años.[50] España también está avanzando en el tema del hidrógeno verde, ya que su previsión es contar con once gigavatios de capacidad de electrolizadores para 2030, muy por encima de su proyección anterior de solo cuatro gigavatios.[51]

Incluso los países más pequeños de la Unión Europea situados en la ribera del Mediterráneo están apostando por la energía verde. En octubre de 2022, Grecia anunció que «por primera vez en la historia del sistema eléctrico griego» el cien por cien de la electricidad generada procedía de energías renovables durante cinco horas al día. Grecia tiene como objetivo para 2030 que el 70 % de su electricidad esté generada por energías renovables.[52] Estos países pioneros de la Unión Europea disfrutan de estrechos vínculos con otros países con los que comparten el mar Mediterráneo. Las empresas energéticas europeas situadas en esta zona van adquiriendo más experiencia y cuentan con más capital, y lo mismo está empezando a ocurrir en los países de Oriente Medio ricos en petróleo, que intentan atraer a las mecas petrolíferas para que apuesten por las energías renovables, aunque solo sea marginalmente.

Del complejo mundial de combustibles fósiles ya han huido más de 11 billones de dólares porque los inversores se han dado cuenta de que corren el riesgo de que, si sus millones se quedan allí, se pueden convertir en «activos varados».[53] La Agencia Internacional de la Energía prevé que la demanda mundial de carbón «se reduzca en los próximos años, y que la demanda de gas natural alcance una meseta a finales de la década, [...] mientras que la de petróleo se estabilizará a mediados de la década de 2030». La Agencia Internacional de la Energía también señala que «el consumo mundial de combustibles fósiles ha crecido a la par que el PIB desde el inicio de la Revolución Industrial en el siglo XVIII: poner freno a este aumento será un paso crucial en la historia de la energía».[54] ¡Bien dicho!

Así pues, la región mediterránea, debido a su situación geográfica única y a sus enormes reservas de petróleo y gas, se encuentra a medio camino entre una cultura basada en combustibles fósiles que está en vías de extinción (y que en su día fue una bendición y un activo, pero que ahora es una maldición y un lastre), y una prometedora sociedad basada en energías renovables que está empezando a despuntar. Turquía, de nuevo, es un buen ejemplo para analizar el enigma al que se enfrentan tantos países mediterráneos inundados de combustibles fósiles. Turquía es un intermediario en el transporte de petróleo y gas natural entre Asia y Europa. William Hale, profesor de Política y Estudios Internacionales en la Escuela de Estudios Orientales y Africanos de la Universidad de Londres, señala que «Turquía ocupa una importante posición geoestratégica entre los principales exportadores mundiales de petróleo y gas natural de Oriente Medio, la cuenca del Caspio y Rusia, por un lado, y Europa, por otro. Como resultado, cinco importantes oleoductos internacionales atraviesan actualmente su territorio».[55]

El oleoducto Kirkuk-Ceyhan lleva petróleo desde los yacimientos iraquíes a la costa mediterránea de Turquía, tanto para consumo interno como para exportación a otros lugares. El gasoducto Turquía-Irán transporta gas desde Tabriz hasta Ankara, donde se conecta con la red nacional turca. El

Corredor Meridional del Gas conecta los yacimientos de gas de Azerbaiyán con Turquía, Georgia, Grecia e Italia. El gasoducto Blue Stream va desde Izobilny (Rusia) por debajo del mar Negro hasta Ankara. Por último, el gasoducto TurkStream transporta gas ruso por debajo del mar Negro a través de Rusia y las zonas marítimas turcas hasta Turquía y Grecia, con extensiones hacia Bulgaria, Hungría, Eslovaquia, Austria y Serbia.[56]

A corto plazo, es más fácil seguir inmerso en una red de combustibles fósiles moribunda, aun sabiendo que toda esta infraestructura de oleoductos se está convirtiendo en un activo varado ya a finales de la década de 2020. La continua dependencia de los combustibles fósiles está literalmente echando leña al fuego, con nuevas emisiones de gases de efecto invernadero que aumentan las temperaturas en todo el Mediterráneo y que ponen en peligro a esta ecorregión y a los millones de personas que viven en ella.[57]

En el otro lado de este inminente cataclismo asoma una oportunidad. Para aprovecharla hay que apostar por un futuro en el que los distintos países que componen la ecorregión mediterránea colaboren y pasen de albergar una civilización hidráulica basada en los combustibles fósiles a dar cobijo a una sociedad basada en energías renovables con cero emisiones. Para los cientos de millones de seres humanos que viven en el Mediterráneo, esta invitación es demasiado buena para dejarla pasar, pero puede que no se produzca.

Una vez más, fijémonos en Turquía y en lo que dice la Agencia Internacional de la Energía sobre las perspectivas de futuro del país. Quizá la conclusión más significativa del informe 2021 de la Agencia sobre la cartera de energía de Turquía sea que la energía hidroeléctrica del país alcanzará su máxima capacidad en 2023 y que «la energía hidroeléctrica adicional desempeñará un papel limitado después de ese mismo año». Tal como predicen los modelos climáticos, es probable que los ríos Éufrates y Tigris se sequen en los próximos veinte años, dejando un vacío que habrá que llenar con combustibles fósiles o centrales nucleares que requieren extracciones masivas de agua para generar electricidad y refrigerar las centrales termoeléctricas. O se puede optar por aprovechar la superabundancia de las energías solar y eólica en tierra y mar, reforzadas por las energías mareomotriz, undimotriz y geotérmica. No hay que pensárselo dos veces.[58] Pero la cuestión no es «si», sino «cuándo»: esperar demasiado tiempo y seguir anclados en una infraestructura nuclear y de combustibles fósiles arcaica y moribunda puede hacer que el tiempo se agote y que sea demasiado tarde para llevar a cabo la transición a las nuevas energías y a la infraestructura que las acompaña como parte de una incipiente era de la resiliencia.

Las cifras son alentadoras y podrían situar a Turquía a la cabeza de los países mediterráneos en la transición de la región hacia una Tercera Revolución Industrial resiliente, con una infraestructura que se olvide del carbono. Aunque Turquía gasta actualmente 50.000 millones de dólares al año en petróleo, gas y carbón importados, lo que supone un freno para una economía ya debilitada y plagada de una inflación galopante, el país también se asienta sobre una mina de oro solar, y es el «segundo mejor país de Europa para la generación de energía solar en función de la intensidad solar y la cantidad de horas de luz».[59]

En 2023, la capacidad total de energía solar instalada superó todas las expectativas, lo que parece indicar que se está produciendo un gran cambio que nos conduce hacia una nueva era energética. Con una media de 7,5 horas de sol al día, se calcula que el potencial de los paneles solares instalados en azoteas superará la increíble cifra de veinte gigavatios a finales de la década, lo que situará a Turquía como actor principal en la generación de energía solar en el Mediterráneo. La energía solar ya se está instalando en setenta y ocho provincias turcas, lo que permitirá suministrar energía solar a todas las regiones.[60] Lo que ha desencadenado esta repentina fiebre por instalar energía solar es la inflación, que en Turquía ha alcanzado máximos históricos, provocada por el colapso de la moneda y el aumento de los costes energéticos mundiales como consecuencia de la invasión rusa de Ucrania. Los propietarios de viviendas y las empresas que pueden permitírselo están instalando rápidamente paneles solares «para evitar los altos costes de la electricidad y los precios desorbitados de la energía mundial procedente de combustibles fósiles», desencadenando un ascenso meteórico de las empresas y del mercado de la energía solar.

Según la agencia estatal Anadolu, en 2022, y solo en un periodo de dos semanas, más de trescientas empresas solicitaron autorización para instalar paneles solares. El director de la agencia reguladora turca informó de que «las empresas presentaron solicitudes de inversión por valor de 110.000 millones de dólares para la producción de energías renovables».[61] El Gobierno turco endulzó la situación facilitando el proceso que permite a los propietarios de viviendas y a las empresas vender su excedente de energía a la red.

Ante la escasez de dinero, los bancos se han lanzado a ofrecer financiación ecológica asequible. El Banco Europeo de Reconstrucción y Desarrollo también ha tomado cartas en el asunto, reservando 522 millones de dólares en 2022 para financiar inversiones ecológicas en Turquía.[62] El mercado alcista de la energía solar ha animado a las empresas a invertir en la fabricación e instalación de paneles y unidades solares a escala comercial en todo el país. Para hacerse una idea de la magnitud de la transición hasta la fecha, «se calcula que la capacidad de energía solar instalada de 8,3 gigavatios en Turquía superará los 30 gigavatios en 2030 con proyectos destinados a instalar paneles en las azoteas y en los campos».[63] La instalación de un solo gigavatio de electricidad generada por energía solar es suficiente para abastecer 750.000 hogares.[64]

Aunque Turquía cuenta con un potencial de energía solar sin parangón en el Mediterráneo, sus posibilidades en cuanto a la energía eólica marina son igualmente impresionantes. El informe de 2022 del Consejo Mundial de Energía Eólica señala que Turquía, junto con Azerbaiyán, Australia y Sri Lanka, cuenta con el mayor potencial eólico marino del mundo.[65] La zona turca con más potencial es la región del Egeo, en el mar Mediterráneo. Aunque la instalación de energía eólica marina es más cara que la terrestre, el coste se compensa con la mayor producción de energía. Actualmente se están preparando proyectos de energía eólica con el objetivo de producir 20 gigavatios ya en 2030, además de los 10 gigavatios ya instalados. La Agencia de Desarrollo de Esmirna estima que el potencial eólico marino total de Turquía es de 70 gigavatios.[66]

La energía eólica marina podría alcanzar incluso la impresionante cifra de 75 gigavatios y, si se combina con un potencial de electricidad solar de 30 gigavatios y un potencial de electricidad eólica terrestre de 48 gigavatios,[67] Turquía está preparada para realizar la transición de una economía basada en los combustibles fósiles a una economía de energía renovable mucho antes de mediados de siglo.[68] Empresas europeas y de otros lugares se han apresurado a establecerse en Turquía, algunas en solitario y otras en asociación con compañías nacionales de energía solar y eólica que ya trabajan en el país. En 2021, más de 3.500 empresas que empleaban a 25.000 trabajadores operaban en suelo turco instalando turbinas eólicas en tierra y exportando piezas y sistemas completos de turbinas eólicas al extranjero. La empresa estadounidense TPI Composites, por ejemplo, que fabrica compuestos de alta calidad para turbinas eólicas, tiene dos plantas en la región de Esmirna con una plantilla de unos 4.200 empleados. La empresa abastece al mercado turco, y exporta a Europa y Oriente Medio.[69]

Nuevos informes sugieren la posibilidad de combinar energía solar y eólica en plataformas marinas instaladas en la región mediterránea del Egeo. Estos estudios señalan que la combinación de energía solar y eólica en plataformas marinas flotantes y ancladas presenta una serie de ventajas. Para empezar, la irradiancia solar en alta mar es mayor que en tierra. La idea es que, si bien la combinación de energía solar, eólica y undimotriz implica unos costes iniciales más elevados, los beneficios se incrementan a largo plazo, al generar más energía renovable y distribuirla de forma más equilibrada, con el consiguiente ahorro de costes, al tiempo que se garantiza un suministro fiable de energía renovable.[70]

Hay un actor más que interviene en la implementación conjunta de plataformas de generación eólica y solar en alta mar que está acelerando la transición de una infraestructura basada en combustibles fósiles a una infraestructura resiliente de energía verde con cero emisiones. El hidrógeno, el elemento más ubicuo en el universo, está empezando a entrar en juego, sobre todo en el Mediterráneo. Aquí, en la Tierra, se utiliza desde hace mucho tiempo en la industria, sobre todo como catalizador en la producción de amoniaco, el refinado de petróleo y la producción de metanol, todos ellos pasos fundamentales para una serie de procesos industriales.

En los últimos años ha crecido el interés por extraer hidrógeno del carbón y del gas natural y utilizarlo, entre otras cosas, para alimentar procesos industriales y como combustible para el transporte. Dependiendo de cuál de estos dos usos se le dé, el hidrógeno se denomina gris o azul. El hidrógeno también puede destilarse del agua. En este caso, se utiliza electricidad generada por energía solar y eólica para separar las moléculas de hidrógeno y oxígeno del agua y utilizar el hidrógeno almacenado como líquido o gas para su uso en industrias o como combustible para el transporte. Este es el llamado hidrógeno verde.[71]

La industria de las energías renovables está impulsando la opción del hidrógeno verde como forma de almacenar energía renovable y llevarla por tuberías para el transporte por carretera, ferrocarril y agua, para su uso en industrias pesadas. Pero el problema es que las industrias del carbón y del gas natural también son partidarias del hidrógeno, pero extraído de combustibles fósiles, categorizándolo como un combustible de transición en el camino hacia el hidrógeno verde, retrasando así el paso definitivo a una economía de cero emisiones de carbono.[72]

En septiembre de 2022, Aquaterra Energy y Seawind Ocean Technology se asociaron para desarrollar el mayor proyecto mundial de energía eólica marina flotante y de producción de hidrógeno ecológico frente a las costas italianas del Mediterráneo. El objetivo es alcanzar una capacidad de 3,2 gigavatios y comenzar a funcionar en 2027. El hidrógeno verde producido en alta mar se transportará por tuberías hasta la costa, y desde allí, en buques, a los mercados mundiales.[73]

Con todo el revuelo que se ha levantado en toda la zona mediterránea en torno a la energía eólica marina, la energía solar, la energía mareomotriz y el hidrógeno verde para llevar a los países de la zona a la era de la resiliencia, debemos tener en cuenta que el Mediterráneo es una ecorregión y que, sea cual sea el uso que se haga de las plataformas marinas eólicas, solares y de hidrógeno, tanto flotantes como ancladas, habrá que evaluar su impacto medioambiental desde el principio.

Uno de los pilares de la Unión Europea es el principio de precaución, que establece que «cuando los datos científicos no permitan una evaluación completa del riesgo, podrá recurrirse a este principio, por ejemplo, para detener la distribución u ordenar la retirada del mercado de productos que puedan ser peligrosos». El principio tiene una amplia aplicación en todos los ámbitos, incluida la salud humana, la de los animales, la de las plantas y la del medioambiente en general.[74] Puede invocarse si se cumplen tres condiciones preliminares: 1) la identificación de efectos potencialmente adversos; 2) la evaluación de los datos científicos disponibles; y 3) el grado de incertidumbre científica.[75]

Interreg Mediterranean es un proyecto financiado por el Fondo Europeo de Desarrollo Regional de la Unión Europea. La organización ha publicado una guía detallada para evaluar los impactos ambientales de las energías renovables marinas en la región mediterránea. Interreg Mediterranean advierte de que las energías renovables marinas son esenciales tanto para la transición a una era poscarbono como para la conservación de la vida marina en la región, pero subraya que la implementación de las energías renovables eólica, solar y del hidrógeno verde «debe lograrse sin que suponga ninguna amenaza adicional para la biodiversidad y la conservación de los ecosistemas».[76]

Mientras que las plataformas solares marinas plantean pocos riesgos para el medioambiente, las turbinas eólicas suscitan una serie de preocupaciones, como la colisión de las aves y la perturbación acústica continua que daña a los mamíferos marinos, aunque se encuentren a cientos de kilómetros de distancia. El tendido de cables en el fondo marino, aunque menos problemático, también puede afectar negativamente a la huella ecológica global. La instalación de plataformas eólicas, tanto fijas como flotantes, puede alterar la dinámica del ecosistema. La directiva mediterránea de Interreg sostiene que el método más eficaz para limitar los impactos negativos es la segregación espacial, es decir, «una cuidadosa selección inicial del emplazamiento para evitar zonas de alto valor de conservación: esto excluiría las zonas marinas protegidas como posibles ubicaciones para parques eólicos marinos».[77]

Un aspecto muy importante que hay que tener en cuenta en la explotación de parques eólicos en alta mar según Interreg Mediterranean es que se debe «apoyar el desarrollo de nuevas tecnologías para turbinas eólicas flotantes (flotadores, anclas) capaces de funcionar en aguas profundas o lejos de las costas y diseñarlas para minimizar su impacto en los ecosistemas marinos y la biodiversidad».[78]

Para eliminar las emisiones que provocan el calentamiento global es fundamental que el Mediterráneo deje de depender de los combustibles fósiles, pero la protección de su vida marina es de igual importancia, por lo que hay que hallar la manera más eficaz y equilibrada de garantizar que se cumplan ambos objetivos. Mantener el principio de precaución en el centro de todo futuro desarrollo de la energía eólica, solar y de hidrógeno en alta mar, y aplicar modelos ecológicos acompañados de métodos cada vez más sensibles y benignos para aprovechar la energía eólica, la solar y la de las olas y las mareas, garantizará una restauración cuidadosa de la ecorregión mediterránea.

Las energías solar y eólica están poniendo patas arriba los doscientos años de reinado de la energía industrial basada en los combustibles fósiles, sobre todo en la Unión Europea y China, y lo mismo está empezando a ocurrir en Estados Unidos. Otras zonas del mundo todavía se hallan en etapas iniciales. La Agencia Internacional de Energías Renovables afirma que, para 2050, el 90 % de la electricidad puede proceder de energías renovables.[79]

Aunque el Oriente Medio mediterráneo posee las mayores reservas de combustibles fósiles y es el principal impulsor del mercado mundial, estos países también están empezando a pasarse a las energías renovables verdes. Pero, incluso si se produce ese giro hacia las energías renovables en toda la ecorregión mediterránea, nuestra especie tendrá que enfrentarse a un problema aún mayor: la disminución de la cantidad de agua dulce disponible para el consumo humano, para el resto de las especies y para la producción de alimentos. Para ponerlo en perspectiva, el Día 0 se acerca en los ecosistemas de todos los continentes. Fíjate en la siguiente estadística. El Banco Mundial informa de que «en los últimos cincuenta años, el agua dulce per cápita se ha reducido a la mitad», en parte porque la población mundial se ha más que duplicado, pasando de 3.700 millones en 1970 a 7.800 millones en 2021. Pero también se debe a que en muchas regiones del mundo el calentamiento global ha provocado sequías crónicas, secando lagos, ríos y acuíferos subterráneos en todas partes, pero especialmente en las regiones áridas y semiáridas. El hecho de que la cantidad de agua disponible per cápita se haya reducido a la mitad en cincuenta años es quizá la estadística más devastadora de todas y un indicio de lo cerca que está nuestra especie de un rápido e inevitable declive del número de seres humanos durante el transcurso del siglo XXI.[80]

## AGUA, AGUA POR TODAS PARTES, PERO NI UNA GOTA PARA BEBER... HASTA AHORA

«El 40 % de la población mundial vive a menos de cien kilómetros de la costa.»[81] En *La balada del viejo marinero*, escrita por Samuel Taylor Coleridge, un marinero de un barco inmóvil, varado en alta mar, se lamenta: «Agua, agua por todas partes, pero ni una gota para beber». En el Mediterráneo, con sus cientos de millones de habitantes padeciendo una escasez de agua dulce, no dejan de surgir nuevas tecnologías de desalinización. La desalinización del agua consiste en extraer la sal del agua del mar para obtener agua dulce. El proceso más antiguo es la desalinización térmica, que utiliza energía procedente de combustibles fósiles para transformar «el agua salina en vapor. Cuando se condensa, este vapor forma agua destilada de gran pureza».[82] El segundo proceso, relativamente nuevo, para la desalinización del agua es la ósmosis inversa, que separa el agua dulce filtrando el agua de mar a través de una membrana a alta presión.[83]

La mayoría de las diecisiete mil plantas desalinizadoras existentes se basan en el proceso térmico que utiliza combustibles fósiles para calentar el agua salada y crear el vapor libre de sal, minerales y otros contaminantes. En Oriente Medio se produce casi el 50 % del agua desalada del mundo. Aproximadamente un tercio de las plantas de desalinización del mundo se encuentran en Arabia Saudí, los Emiratos Árabes Unidos, Israel, Kuwait y Qatar.[84] Pero ahora que las energías solar y eólica son más baratas que todos los combustibles fósiles, se está presionando para que se opte por la desalinización alimentada por energías renovables.[85]

En 2040, cerca del 75 % del agua dulce producida por desalinización en el Oriente Medio mediterráneo se obtendrá por ósmosis inversa. Pero mientras el gas y el petróleo sigan subvencionados por los Estados productores de la región, es probable que gran parte del proceso siga dependiendo de la electricidad generada por combustibles fósiles, lo que contribuirá aún más al calentamiento climático en el Mediterráneo.[86]

En la actualidad, las energías renovables utilizadas en la desalinización representan un escaso 1 %. Es probable que esto cambie rápidamente, incluso en los países productores de petróleo de Oriente Medio, ahora que las energías solar y eólica son más baratas que los combustibles fósiles.[87] La Alianza Mundial para la Desalinización de Agua Limpia está formada por industrias energéticas y de desalinización, empresas de suministro de agua, Gobiernos, instituciones financieras, centros académicos y de I+D que se han unido «para ampliar el uso de tecnologías limpias de desalinización».[88]

Una buena parte de los dirigentes de los sectores del agua y de la energía están convencidos de que en el proceso de desalinización se utilizará cada vez más electricidad generada por energía solar y eólica, y se descartará la electricidad obtenida a partir de combustibles fósiles. Además, «se espera que el coste de la desalinización térmica con energía solar disminuya en un 40 % o más para 2025».[89] Carlos Cosín, consejero delegado de Almar Water Solutions, propiedad de Abdul Latif Jameel Energy, uno de los que creen que se producirá un rápido descenso del coste de las tecnologías de energía solar y de almacenamiento de baterías, afirma: «Para mí, está claro: el futuro de la desalinización será con renovables. En Oriente Próximo es solo cuestión de tiempo».[90]

En diciembre de 2022, Egipto anunció un ambicioso plan de 3.000 millones de dólares destinados a construir veintiuna plantas de desalinización de agua mediante energías renovables. Con el rápido agotamiento del río Nilo, que pone a sus cerca de 105 millones de ciudadanos en riesgo extremo de acercarse cada vez más al Día 0, el plan acabará generando 8,8 millones de metros cúbicos de agua desalinizada al día, con un coste de 8.000 millones de dólares, proporcionando una nueva fuente de agua para su población.[91]

Acciona, la empresa española de energía y agua, se ha asociado con el Reino de Arabia Saudí para construir cuatro plantas desalinizadoras y tres de tratamiento de aguas residuales, además de las dos que ya están en funcionamiento. En total, las plantas proporcionarán «agua suficiente para abastecer a 8,3 millones de personas, casi una cuarta parte de la población del país».[92] En el otro extremo del mundo, Australia Occidental se ha propuesto que todas las nuevas plantas desalinizadoras futuras funcionen con energías renovables.[93]

Los recientes avances en desalinización renovable ofrecen la posibilidad de reducir considerablemente el coste y el plazo de entrega del agua desalinizada, lo que abre la posibilidad de fertirrigar las tierras agrícolas que se enfrentan a graves sequías. En 2021, investigadores de la Universidad de Texas y de la Universidad Estatal de Pensilvania informaron de que habían sido capaces de mejorar la eficiencia de las membranas a escala nanométrica entre un 30 y un 40 %, lo que les permite depurar más agua con mucha menos energía. Ese es el tipo de avance que necesitan los países que quieren producir un volumen sustancial de agua dulce para ayudar a fertirrigar e irrigar de los campos agrícolas.[94]

Ya hay 300 millones de personas en 150 países que utilizan agua desalinizada procedente de unas 17.000 plantas desalinizadoras para beber, bañarse, cocinar, lavar la ropa y para satisfacer otras necesidades domésticas y comerciales. Con la mejora de la tecnología y la caída de los costes siguiendo una «curva exponencial», no es imposible imaginar que estas cifras se tripliquen, cuadrupliquen (o más) en las próximas décadas, y que una parte considerable de la humanidad dependa del agua oceánica desalinizada. La gran pregunta es a qué velocidad bajará el coste del agua desalinizada en las próximas décadas, lo que permitirá su uso doméstico e industrial y el riego de tierras agrícolas en todos los continentes que se enfrentan ahora a graves sequías. Hace una década, eso habría sido pura fantasía. Ahora no.

El inconveniente es que, aunque cada vez es más barato utilizar energía solar y eólica en el proceso de ósmosis inversa, hay que resolver el difícil problema de la salmuera concentrada que queda. Hasta ahora, suele verterse de nuevo al mar, lo que supone un peligro medioambiental para los ecosistemas marinos. Afortunadamente, químicos e ingenieros están ensayando una miríada de enfoques para convertir el problema en una oportunidad, experimentando con diversas formas de extraer los metales valiosos de la salmuera para usos industriales importantes, protegiendo al mismo tiempo el agua de mar y reduciendo los costes finales de la utilización de los elementos y metales con fines comerciales.

El Instituto Tecnológico de Massachusetts (MIT, por sus siglas en inglés) es una de las muchas instituciones que están experimentando con diversas opciones. En un artículo publicado en la revista *Nature Catalysis*, los investigadores del MIT señalan que la industria de la desalinización utiliza una gran cantidad de hidróxido de sodio (sosa cáustica) para pretratar el agua de mar que se utiliza en las plantas desalinizadoras, con el fin de reducir su acidez y evitar que se ensucien las membranas que se usan para filtrar el agua salada, lo que a menudo provoca graves interrupciones en el proceso de ósmosis.[95] Si la extracción del hidróxido de sodio de la salmuera se realizara *in situ*, en lugar de comprarlo en el mercado, el ahorro sería considerable. Y, dado que la cantidad de sosa cáustica extraída *in situ* superaría las necesidades utilizadas en el proceso de ósmosis, el excedente podría venderse en el mercado para su uso en la industria química, al tiempo que se reduciría la cantidad de salmuera vertida de nuevo al mar.

Los laboratorios de química de distintas partes del mundo también se están centrando en la extracción de elementos valiosos a partir de las salmueras hipersalinas utilizadas en el proceso de ósmosis de la desalinización, tales como «molibdeno, magnesio, escandio, vanadio, galio, boro, indio, litio y rubidio». La mayoría de estos elementos, que hasta ahora se obtenían a partir de minerales de grado medio o alto cada vez más agotados, ya se pueden extraer de las salmueras marinas.[96]

Lo que está claro es que el proceso de desalinización se encuentra en una curva exponencial de rápida evolución. Recordemos que, allá por la década de 1940, cuando se realizaron las primeras pruebas de prototipos informáticos previas a su comercialización, el entonces presidente de IBM, Thomas Watson, comentó: «Creo que hay un mercado mundial para unos cinco ordenadores».[97] Lo que Watson no anticipó fueron las curvas exponenciales. A finales de la década de 1950, Gordon Earle Moore, cofundador de Intel, hizo números y se sorprendió al descubrir que los ingenieros de Intel duplicaban con éxito el número de componentes de los chips Intel cada veinticuatro meses, lo que permitía una computación más potente, al tiempo que abarataba cada vez más sus ordenadores, es decir, el coste de los chips informáticos seguía una curva exponencial.[98] En 2023, había 6.700 millones de *smartphones* en uso, cada uno de los cuales tenía más potencia informática que la de los ordenadores que enviaron a nuestros astronautas a la Luna.[99]

Como ya he mencionado, la energía solar renovable sigue desde hace casi medio siglo una curva de coste exponencial descendente similar. Ocurre algo parecido con la energía eólica, lo que hace que el coste nivelado de estas energías renovables sea más barato que el de los combustibles fósiles y la energía nuclear. En los procesos de desalinización ya se está perfilando una curva exponencial comparable.

Muchas regiones agrícolas están empezando a recurrir al agua desalinizada para fertirrigar los cultivos a medida que sus ríos y acuíferos se secan. En España, por ejemplo, los agricultores han utilizado el 22 % del agua desalinizada del país para fertirrigación. Kuwait ha utilizado el 13 %; Italia, el 1,5 %; y Estados Unidos, el 1,3 %.[100]

# Capítulo 6
# LA IMPORTANCIA DE LA UBICACIÓN
## *La Pangea euroasiática*

Hay un aforismo muy conocido entre los promotores inmobiliarios que ha demostrado ser cierto..., y es que la buena suerte, o la falta de ella, depende de la ubicación, la ubicación y la ubicación. Y si hay una región a la que se puede aplicar ese dicho es la región mediterránea, una de las más valiosas del mundo, tanto ahora como en la Antigüedad. ¿Cómo es posible que digamos eso de una región cuyos ríos antaño majestuosos (el Éufrates, el Tigris y el Nilo), que impulsaron la civilización, ahora se están secando rápidamente? Como en el pasado, se trata de la ubicación, aunque en este caso no está ligada a sus antaño grandes ríos, sino a su posición estratégica entre los continentes de Europa, África y Asia.

## EL PUENTE ENTRE EUROPA Y ASIA

Merece la pena señalar que «en 2022, China fue el tercer socio más importante para las exportaciones de bienes de la Unión Europea (9 %) y el mayor socio en las importaciones de bienes de la Unión Europea (20,8 %).[1] En resumidas cuentas, Eurasia es, a todos los efectos, una única masa continental y un mercado potencial sin fisuras, y Turquía es «literal y figuradamente» el puente de conexión entre la Unión Europea y China, y todo lo que hay entre ambas (los cuatro puentes de Turquía que conectan Europa y Asia son el puente del Bósforo, el puente Fatih Sultan Mehmet, el puente Yavuz Sultan Selim y el puente Çanakkale 1915).

La primera iniciativa para establecer un nuevo y dinámico mercado euroasiático en el siglo XXI se produjo en 2013, cuando el presidente chino Xi Jinping planteó la idea de instaurar una versión contemporánea de la antigua Ruta de la Seda durante una visita a Kazajistán. Llamó a la propuesta Iniciativa de la Franja y la Ruta (BRI, por sus siglas en inglés), y sugirió que los países de Asia y Europa se unieran con fines comerciales, estableciendo nuevas rutas terrestres y marítimas a través y alrededor del supercontinente que se extenderían hasta África, cuyos cinco países norteafricanos (Marruecos, Argelia, Túnez, Libia y Egipto) también lindan con el mar Mediterráneo.

La BRI, a veces denominada Nueva Ruta de la Seda, ya ha comenzado a poner en marcha proyectos por toda Eurasia, y está en camino de convertirse en una de las mayores iniciativas de implementación de infraestructuras y comercio de la historia del mundo.[2] A principios de 2022, 146 países y 32 organizaciones internacionales habían firmado acuerdos de cooperación bajo el amparo de esta iniciativa.[3] Las ausencias son muy notables: Estados Unidos, Canadá, México y la mayoría de los países de Europa occidental. En la actualidad, la BRI está orientada a la inversión en infraestructuras euroasiáticas, pero con el tiempo pretende implantar, a escala mundial, una infraestructura del siglo XXI que incluya carreteras, puentes, líneas eléctricas, corredores de transporte, aeropuertos y líneas ferroviarias.

El Banco Mundial estima que es probable que la BRI aumente el comercio mundial en los países participantes en un 4,1 %, al tiempo que reduciría el coste del comercio hasta en un 2,2 %.[4] El Centro de Investigación Económica y Empresarial, con sede en Londres, afirma que, si se implanta plenamente, es probable que la interconexión de la BRI sume 7,1 billones de dólares de PIB al año ya en 2040, al tiempo que «se reducirán los costes del transporte y de otro tipo que frenan el comercio mundial».[5]

La enorme infraestructura de interconexión requerirá un gasto de al menos 900.000 millones de dólares anuales durante la próxima década, es decir, un 50 % más que el gasto actual en infraestructuras.[6] En 2017, se esperaba que la implementación inicial de la infraestructura abarcara sesenta y ocho países y el 40 % del PIB mundial.[7] Habrá una ruta terrestre y otra marítima a través de Eurasia. La ruta terrestre se compondrá de interconexiones viarias y ferroviarias sin fisuras para pasajeros y mercancías. La vía oceánica de la Ruta de la Seda partirá de la costa china, atravesará las aguas del sudeste asiático, el sur de Asia y África, y terminará en el Mediterráneo.

Turquía, plenamente consciente de su ventaja estratégica como eje que une Asia y Europa en una única matriz continental con fines comerciales, ha anunciado su propia iniciativa, denominada Corredor de Comercio y Transporte Transcaspiano Este-Oeste, también conocido como Corredor Medio, que parte de China y atraviesa Asia Central y los países de Kazajistán, Kirguistán, Uzbekistán y Turkmenistán y cruza el mar Caspio, y desde allí se dirige hacia Turquía y el Mediterráneo a través de Azerbaiyán y Georgia. Turquía ya ha acordado con Azerbaiyán y las repúblicas centroasiáticas un protocolo de cooperación, y otros países mediterráneos empiezan a darse cuenta de lo provechoso que podría ser unirse a él.[8]

La gran cuestión política y económica del siglo, que además supondría una oportunidad histórica, es ver si las naciones que rodean el Mediterráneo aceptan el trato y garantizan que sus puertos sirvan de centros logísticos que conecten el supercontinente euroasiático. Todavía es pronto para saberlo. Sin embargo, la región mediterránea ha experimentado un aumento del 477 % en la carga que ha pasado por sus puertos, una cifra importante se mire por donde se mire. El mar Mediterráneo alberga actualmente el 20 % de todo el transporte marítimo mundial y cada vez se tiene más la sensación de que «no hay ninguna ruta alternativa tan eficaz como el mar Mediterráneo para conectar Asia con Europa».[9]

Desgraciadamente, los puertos mediterráneos han tardado en modernizarse y aprovechar las oportunidades únicas que están surgiendo. Últimamente, sin embargo, el foco se ha trasladado a la logística euroasiática y a las cadenas de suministro que se reúnen en los puertos del Mediterráneo y sellan el acuerdo para conectar Europa y Asia creando una zona económica compartida. Lo que ha cambiado la ecuación y ha despertado los adormecidos puertos del Mediterráneo es el aumento de la cuota de mercado de lo que se denomina transbordo: «El envío de mercancías a un destino intermedio y luego a otro destino final».[10]

Un reciente estudio del German Marshall Fund ha llamado la atención sobre esta categoría de transbordos, hasta ahora ignorada, y sobre el papel que probablemente desempeñarán los puertos mediterráneos en el movimiento de mercancías entre Europa y Asia. El informe señala que «el auge de las actividades de transbordo ha aumentado la importancia estratégica del Mediterráneo (es decir, el destino intermedio) como mercado de conexión, pero tiende a servir más al mercado mundial que al nacional, y en particular más a los mayores exportadores del mundo que a los países donde se encuentran los centros de transbordo». El informe continúa diciendo que el meteórico aumento de los transbordos «explica por qué el Mediterráneo ocupa un lugar tan importante dentro de la BRI».[11]

La Unión Europea ha tardado en entrar en escena, pero, en 2021, presentó su emblemática iniciativa Global Gateway, diseñada para competir con la BRI. Ya se han aprobado unos setenta proyectos con un compromiso inicial de 300.000 millones de euros de fondos públicos y privados que se asignarán antes de 2027 a la implementación de proyectos de infraestructuras del siglo XXI, entre ellos un proyecto de hidrógeno en Kazajistán, un enlace de transportes en Asia Central y una central hidroeléctrica en Tayikistán, junto con otros proyectos en Mongolia. Sin embargo, apenas se ha debatido públicamente en la Comisión Europea sobre qué infraestructuras construir en el ecosistema mediterráneo para conectar Europa y Asia, creando un espacio económico sin fisuras, algo que probablemente se producirá más rápidamente después de haber superado la pandemia de COVID-19.[12]

Podemos decir que, en un aspecto, la Unión Europea está mejor posicionada, al menos geopolíticamente, de lo que cabría sospechar para comprometerse tanto competitiva como cooperativamente con China en la facilitación de la implementación de una infraestructura euroasiática para el comercio colaborativo. El as en la manga puede ser la Unión por el Mediterráneo (UpM), fundada en 2008 con el objetivo de fomentar una mayor cooperación institucional entre los veintisiete Estados miembros de la Unión Europea (entre los que se encuentran España, Francia, Italia, Grecia, Croacia, Eslovenia, Chipre y Malta, y otros quince Estados que comparten el mismo ecosistema: Albania, Argelia, Bosnia y Herzegovina, Egipto, Israel, Jordania, Líbano, Marruecos, Mauritania, Mónaco, Montenegro, Palestina, Siria, Túnez y Turquía).

La cooperación conjunta entre la Unión Europea y la UpM deberá incluir la gestión medioambiental, la mejora de los puertos y ferrocarriles que conectan las regiones, el impulso de las energías renovables, la promoción de la enseñanza superior y la investigación, y el compromiso de fomentar las pequeñas y medianas empresas. En 2011, la UpM anunció su primer proyecto: la instalación de una planta desalinizadora de agua de mar en Gaza. Y, en 2016, la UpM centró su atención en la formulación de una agenda climática mediterránea colectiva para gestionar la región.

La alianza de los Estados miembros de la Unión Europea y de los Estados miembros de la UpM en un esfuerzo institucional compartido (ahora ya cuenta con quince años de compromiso político conjunto sobre el terreno) proporciona a la región una posición sólida para establecer una relación tanto competitiva como cooperativa con la BRI y con la Global Gateway de la Unión Europea. Si bien una sana competencia estimulará la implementación de infraestructuras en Eurasia, todas las partes tendrán que cooperar y esforzarse por establecer códigos, reglamentos y estándares de conducta para abordar las cuestiones de seguridad y colaborar entre sí para mitigar los efectos del cambio climático, con el objetivo de transformar el supercontinente euroasiático en una masa continental con cero emisiones y crear unos bienes comunales compartidos.

A largo plazo, será importante tener en cuenta, como ya he mencionado, que la Unión Europea, China y todos los países intermedios comparten de hecho una masa continental común. Y, si la geografía marca el destino, ambos serán probablemente el principal socio comercial del otro en el futuro. El bienestar futuro de Eurasia dependerá en última instancia de los esfuerzos conjuntos llevados a cabo por los dos continentes para hacer frente al cambio climático y trabajar colectivamente para administrar su masa continental común.

Empiezan a asomar los primeros indicios de una infraestructura euroasiática sin fisuras, pero hasta la fecha sigue habiendo un malentendido sobre la naturaleza de los paradigmas asociados a las infraestructuras, tanto en su ontología como en su instrumentalidad. Las tres partes (la Unión Europea, la República Popular China y la UpM) están obsesionadas con la idea de llevar a cabo un laberinto de proyectos independientes de importancia estratégica (a menudo de forma algo caótica) con la esperanza de que se conecten entre sí y creen una infraestructura racionalizada que permita el comercio y los intercambios sin fisuras en todo el supercontinente. Cada uno ve la implementación de infraestructuras desde una perspectiva geopolítica, con la esperanza de obtener una ventaja competitiva, cuando en realidad la infraestructura que está surgiendo requiere adoptar una perspectiva desde el punto de vista de la biosfera.

Lo que falta en todos los cálculos que se llevan a cabo es que la continua dependencia de la geopolítica y la obtención de ventajas en el mercado es contraria a la próxima gran transformación de la historia. Se debería instaurar una política colectiva teniendo en cuenta siempre el bienestar de la biosfera, es decir, se ha de implantar una administración compartida de la hidrosfera global, y de la litosfera, la atmósfera y la biosfera que la acompañan, el paraguas planetario bajo el que todos sobrevivimos y prosperamos. Esto no significa que la competencia pura y dura no sea meritoria, sino que debe situarse en el contexto más amplio de una responsabilidad cooperativa para administrar el Mediterráneo como un bien comunal ecológico.

El Mediterráneo es una biorregión diferenciada, y desde una perspectiva estrictamente ecológica, se puede decir que es un bien comunal natural. Según la Agencia Europea de Medio Ambiente, una biorregión es «un territorio definido por una combinación de criterios biológicos, sociales y geográficos, más que por criterios geopolíticos; en general, es un conjunto de ecosistemas interconectados relacionados».[13]

En el contexto de la política de la biosfera, la gobernanza comienza en el ámbito biorregional y en el cuidado de los ecosistemas locales y se extiende, siguiendo varios círculos concéntricos, a la totalidad de la masa continental euroasiática. Este replanteamiento de las tres iniciativas (la BRI, el

Corredor Medio y Global Gateway) desde la perspectiva de la política de la biosfera y no de la geopolítica ya se está empezando a adoptar, aunque de forma poco sistemática y precaria en el mejor de los casos, en las naciones que comparten el Mediterráneo.

En 2004, las comunidades autónomas españolas de Cataluña y las Islas Baleares y la región francesa de Occitania crearon la Eurorregión Pirineos Mediterráneo, la primera biorregión oficial del Mediterráneo. Cuenta con 15 millones de habitantes, una población superior a la de 20 de los 27 países de la Unión Europea, y abarca un territorio de 110.000 kilómetros cuadrados, lo que hace que el espacio de gobierno de la biorregión sea mayor que el de 17 países de la Unión Europea. Su PIB combinado en 2019 fue de 440.000 millones de euros, equivalente al PIB de Austria.[14]

Esta gobernanza biorregional, la primera de este tipo que se crea en el Mediterráneo, ha establecido una ambiciosa agenda que espera estimular la creación de otras gobernanzas biorregionales en todo el Mediterráneo y, desde allí, en todo el mundo. Su declaración de objetivos es audaz y constituye un primer paso crucial para cambiar parcialmente la orientación de la gobernanza, que ha dejado de ser estrictamente geopolítica y apegada a la protección de la soberanía de los Estados nación, para incluir una nueva «política de la biosfera» que traspase las fronteras nacionales y permita a las regiones compartir la responsabilidad de administrar su ecosistema común. Esta nueva entidad rectora de la política de la biosfera avanza con una poderosa estrategia verde que sigue una nueva agenda política transformadora. La gobernanza de la Eurorregión Pirineos Mediterráneo ofrece una descripción generalmente aceptada de la naturaleza de la gobernanza biorregional que se ajusta a una amplia gama de iniciativas:

> Las iniciativas eurorregionales de desarrollo social, económico y territorial impulsadas estarán supeditadas a la conservación de los sistemas naturales, esto es, a la protección de la biodiversidad, el agua, los bosques y los ecosistemas marinos. Queremos abordar los retos derivados del cambio climático actuando desde una perspectiva biorregional y superando la lógica de trabajo centrada en los límites administrativos. Trabajaremos para ofrecer soluciones innovadoras en el terreno, que afronten las transformaciones más necesarias, con la movilización y la implicación de los actores locales.[15]

Para acelerar el cambio hacia una gobernanza biorregional en el Mediterráneo será necesario movilizar fondos públicos e inversiones del sector privado, en particular de fondos de pensiones, fondos de seguros y bancos, y capital riesgo. Interreg Euro-MED (hasta 2021 conocido como Interreg Mediterranean), un programa europeo de corporaciones territoriales cofundado por la Unión Europea, proporcionará fondos a Administraciones públicas, inversores y organizaciones privadas y de la sociedad civil para hacer frente al cambio climático. Todas las políticas, las iniciativas, los programas y los proyectos de Interreg Euro-MED están directamente relacionados con la lucha contra el calentamiento climático y la revitalización del ecosistema mediterráneo mediante el fomento de la gobernanza cooperativa y de los bienes comunales entre regiones colindantes. Suena bien, pero cuando pasamos de la teoría a la práctica aparece una realidad más austera.

Aunque los objetivos y las metas son nobles, los fondos asignados son demasiado escasos para hacer frente a la magnitud del reto. El hecho es que todas las infraestructuras mediterráneas (centrales hidroeléctricas, líneas eléctricas, corredores logísticos y de movilidad, edificios residenciales, comerciales e industriales y prácticas agrícolas convencionales) son activos varados. Estas infraestructuras del Holoceno no fueron diseñadas para funcionar en un planeta que se calienta drásticamente y que se ve asolado por potentes ríos atmosféricos en invierno que desencadenan nevadas masivas, inundaciones apocalípticas en primavera, sequías prolongadas, olas de calor que ponen en peligro la vida e incendios forestales devastadores en verano, y huracanes y tifones destructivos en otoño.

Una crisis de esta magnitud requerirá un compromiso más profundo, movilizando a comunidades enteras a través de biorregiones compartidas. Y aquí es donde se encuentra el problema. La crisis climática ha dado lugar a una lucha entre dos ideologías políticas radicalmente opuestas: un enfrentamiento entre una visión geopolítica atrincherada y una política de la biosfera emergente. Los Estados nación comprometidos con el modelo geopolítico convencional están cerrando filas detrás de las fronteras extranjeras y participando en conflictos cada vez más abiertos en un último intento de aferrarse a una civilización hidráulica urbana que agoniza gracias a los combustibles fósiles. Sin embargo, en el ámbito local, las regiones que limitan con un ecosistema común participan cada vez más en políticas transfronterizas de la biosfera, conscientes de que su futuro depende de la gestión y de la revitalización de su entorno natural común.

La gobernanza biorregional de la Eurorregión Pirineos Mediterráneo y otras iniciativas aún en fase de gestación tienen mucho que aprender. A este respecto, todas estas iniciativas incipientes en el Mediterráneo se beneficiarían de un análisis pormenorizado de un esfuerzo similar anterior, aún en fase de gestación, entre Israel, el Estado de Palestina y Jordania, destinado a establecer una gobernanza biorregional de sus territorios soberanos colindantes y de su ecosistema común. El esfuerzo transfronterizo iniciado por EcoPeace Middle East, una ONG fundada en 1994 en Israel, haría que los tres Gobiernos compartieran un nexo entre agua y energía en beneficio de cada uno de ellos en una gobernanza biorregional. El plan equivale a un «acuerdo verde-azul en Oriente Próximo», según el cual Israel proporcionaría agua desalinizada a gran escala a Palestina y Jordania, y Jordania proporcionaría energía solar a gran escala tanto a Israel como a Palestina.

Las tres partes tienen mucho que ganar y poco que perder con la gobernanza biorregional de su ecosistema. Israel va muy por delante de sus vecinos mediterráneos en desalinización de agua de mar. En 2022, más del 85 % de su agua potable se producía mediante desalinización, lo que le da una ventaja sobre otros países mediterráneos en la conversión de agua salada en agua dulce a gran escala y a bajo precio de mercado. Jordania, que se enfrenta a una creciente escasez de agua, tiene un abundante potencial solar, con una media de trescientos días de sol al año.[16] La superficie terrestre de Jordania es unas 4,1 veces el tamaño de Israel y puede exportar abundante energía solar a bajo coste tanto a Israel como a Palestina, proporcionando electricidad de emisiones casi nulas para alimentar su economía y su sociedad. Así es como EcoPeace valora el plan:

> El nexo entre agua y energía es el proyecto insignia de EcoPeace para la adaptación al cambio climático y su mitigación, diseñado para crear una comunidad regional de agua desalinizada y energía solar entre Jordania, Israel y Palestina que daría lugar a interdependencias regionales saludables y sostenibles. Israel y Palestina producirían agua desalinizada y la venderían a Jordania, mientras que Jordania vendería a Israel y Palestina energía renovable, lo que permitiría a cada socio aprovechar su ventaja comparativa en la producción de energía renovable y agua.[17]

Desde un punto de vista puramente práctico, la propuesta de gobernanza biorregional es beneficiosa para las tres partes. He aquí un análisis más detallado de lo que está en juego y lo que puede conseguirse:

> Israel cumpliría sus compromisos climáticos de París de aumentar la capacidad de energía renovable al menor coste y vería reforzada la cooperación regional. Jordania lograría la seguridad hídrica al menor coste mediante la compra de agua desalinizada israelí y palestina, y se convertiría en un importante exportador de energía verde, no solo para alimentar las plantas desalinizadoras medite-

rráneas, sino también para vender suficiente energía solar y para abastecer una parte sustancial del consumo total de energía regional; y Palestina, además de convertirse en un exportador de agua a Jordania y quizá al Néguev en Israel, se haría más independiente de Israel para satisfacer sus necesidades de agua y energía.

¿Qué lo impide? Las antiguas rivalidades, conflictos y desconfianzas entre Israel, Palestina y Jordania han seguido bloqueando una gobernanza biorregional que beneficiaría a las tres partes y les permitiría compartir su parte del ecosistema mediterráneo. Esta iniciativa de gobernanza biorregional pionera en Oriente Próximo se vino abajo en octubre de 2023, cuando los terroristas de Hamás invadieron los kibutz israelíes cerca de la frontera de Gaza y mataron a mil cien hombres, mujeres y niños. El ataque terrorista desencadenó una contraofensiva con tropas israelíes que cruzaron a Gaza y causaron miles de víctimas civiles, situando una vez más la cooperación y la gobernanza biorregional en un segundo plano.

La gran incógnita en la región mediterránea es si las tres partes (Israel, Palestina y Jordania) y otros esfuerzos conjuntos incipientes en torno a la gobernanza colaborativa pueden dejar atrás el pasado y hacer la transición de la geopolítica tradicional y los «juegos de suma cero» a una política de la biosfera y de «efecto de red» que conlleva compartir las responsabilidades y oportunidades que ofrece una gestión biorregional. Aunque ningún país puede seguir actuando por su cuenta en medio del calentamiento climático, y tendrá que suavizar su soberanía para incluir una gobernanza biorregional compartida de sus ecosistemas comunes si queremos que nuestra especie sobreviva y prospere, la cuestión de si se dará el giro y si se hará a tiempo es una incógnita.

TERCERA PARTE

# VIVIMOS EN EL PLANETA AQUA, Y ESO LO CAMBIA TODO

## Capítulo 7

# LIBERAR LAS AGUAS

Liberar las aguas es más fácil de decir que de hacer. Debemos recordar que el rasgo distintivo de los últimos seis mil años de civilización humana es la domesticación de la hidrosfera: captarla, represarla, canalizarla, reorientarla, apropiársela, privatizarla, consumirla, sacar provecho de ella, agotarla y envenenarla. Ha sido un viaje difícil. Empezamos con la creación de las antiguas civilizaciones hidráulicas en los siglos anteriores a Cristo, y hemos acabado construyendo en el siglo XXI enormes centrales hidroeléctricas, embalses artificiales, canales y puertos. Las aguas se han reutilizado a fondo para servir a las conveniencias de nuestra especie. Pero, la mayoría de las veces, estas infraestructuras hidráulicas que gestionan el agua para nuestro bienestar lo hacen a expensas de los millones de otras especies que también dependen de la disponibilidad de agua.

El aprovechamiento de la hidrosfera en sus múltiples modalidades ha determinado en gran medida la orientación temporal y espacial de sociedades enteras y, a su vez, ha modelado el carácter económico, social, político y cívico con el que se ha distinguido cada cultura a lo largo de la historia. Del mismo modo, es justo afirmar, al repasar la historia, que el diseño y la ingeniería de las infraestructuras hidráulicas han determinado, al menos en parte, la factura entrópica que condujo a la desaparición e incluso al colapso de muchas sociedades.

Pero a diferencia del pasado, en esta ocasión, la factura entrópica provocada por el aprovechamiento de las aguas para una revolución industrial basada en los combustibles fósiles (el nexo entre agua y energía) ha dañado localidades, regiones e incluso continentes, llevando al planeta a la sexta extinción de la vida. En el sentido estricto de la palabra, la hidrosfera se está liberando (en formas que ni siquiera podíamos imaginar hace medio siglo). Las aguas se están desatando gracias al aumento constante de la temperatura de la Tierra causado por la emisión de gases que provocan el calentamiento global y que alteran el ciclo del agua, con efectos radicales que nuestra especie apenas puede comprender ni responder a ellos como lo hacía antaño.

Afortunadamente, está empezando a hablarse de la necesidad de encauzar el espíritu humano y movilizar un esfuerzo colectivo sostenido para ayudar a liberar las aguas y permitir que la hidrosfera siga su curso a medida que evoluciona para adaptarse a un planeta que se calienta. Aunque esta respuesta inicial es admirable, imperativa y muy importante, se trata más bien de que nuestra especie encuentre la forma de eliminar las numerosas infraestructuras restrictivas que hemos impuesto a la hidrosfera a lo largo de décadas y siglos, especialmente en los últimos doscientos años de una era industrial basada en los combustibles fósiles.

Cuando nacieron mis padres, en la primera década del siglo XX, una buena parte del planeta seguía siendo salvaje y no había sido tocada por la civilización. Hoy, menos del 19 % del planeta se mantiene en ese estado, ya que el desarrollo humano ha disminuido y, en algunos casos, ha eliminado ecosistemas en todo el mundo.[1] Pero ahora es el ciclo hidrológico el que está tomando la iniciativa en la deconstrucción de la infraestructura hidráulica y en la resilvestración de la Tierra de formas totalmente nuevas, dejando a nuestra especie en la tesitura de preguntarse si seremos lo suficientemente resistentes como para seguir adelante y adaptarnos a la nueva naturaleza que está surgiendo.

## ABRIR LAS COMPUERTAS

Entre los años 2011 y 2012, el Servicio de Parques Nacionales de Estados Unidos demolió la presa Glines Canyon y la presa Elwha, ambas construidas en el río Elwha, en el estado de Washington. La de la presa Glines Canyon, de sesenta y cuatro metros de altura, fue en su momento la mayor demolición de una presa en todo el mundo. La presa Elwha, construida en 1914 para generar electricidad, fue famosa por haber aportado esa forma de energía a la región, pero no estuvo exenta de críticas.[2] El río era el más rico en salmones de la península Olímpica y la principal fuente de sustento de la tribu klallam del bajo Elwha. La presa bloqueó la migración del salmón por el Elwha, afectando drásticamente a la subsistencia de los pescadores locales. Un siglo después, con el creciente interés público por la recuperación de los ríos y de la fauna autóctona, la opinión de los políticos cambió debido a la presión social y se decidió liberar las aguas y dejar correr de nuevo a los salmones.

La decisión del estado de Washington de demoler las presas y contribuir a la liberación de las aguas tampoco es un hecho aislado. La creciente preocupación pública por la pérdida de hábitats naturales y la disminución de vida salvaje, en concreto las que son consecuencia directa de un cambio climático catastrófico provocado por las emisiones de gases de efecto invernadero, ha animado a una generación joven a defender la hidrosfera. En los barrios de Nueva York, el corazón de la América urbana, un grupo de voluntarios ha descubierto mapas antiguos que muestran arroyos, riachuelos y ríos que fluyen por toda la isla. Utilizando los mapas como guía, esos entusiastas han descubierto que bajo el pavimento hay un intrincado sistema de arroyos autóctonos que aún existen. El objetivo es liberar las aguas bajo la superficie y dejar que sigan su curso natural, readaptando al mismo tiempo el paisaje urbano para que se acomode a sus flujos. Por ejemplo, cuando los ciudadanos plantan árboles, intentan colocarlos donde haya un flujo natural de agua bajo el pavimento, mejorando su capacidad de crecimiento. Del mismo modo, los propietarios de casas y apartamentos que sufren inundaciones constantes en los sótanos pueden buscar en los mapas antiguos si sus edificios se encuentran sobre un arroyo activo y construir un sistema de drenaje adecuado para mantener secas sus edificaciones.[3]

Estos esfuerzos por liberar las aguas de la ciudad de Nueva York y reconstruir la infraestructura urbana para adecuarla a las corrientes y caudales de sus ríos y arroyos, ocultos durante mucho tiempo, adquirieron más urgencia después de que el huracán Sandy arrasara la ciudad el 29 de octubre de 2012, inundando sistemas de metro, túneles, carreteras y edificios, y cerrando la Bolsa de Nueva York durante dos días. Miles de neoyorquinos tuvieron que ser evacuados durante casi una semana tras la tormenta. Murieron cuarenta y tres personas por culpa de la tormenta, la cual causó unos daños estimados en 19.000 millones de dólares.[4] Otras ciudades de Estados Unidos están siguiendo el ejemplo de Nueva York, como Dubuque, Kalamazoo y San Francisco, descubriendo antiguos arroyos bajo el pavimento y liberando las aguas con el objetivo de reintegrar en el entorno urbano los antiguos ríos.

El 70 % de la Tierra es agua, pero solo el 3 % es agua dulce, y únicamente el 0,1 % de esa agua dulce está disponible, lo que la convierte en un recurso extremadamente escaso.[5] Desgraciadamente, durante el desarrollo de la era industrial, se construyeron comunidades urbanas y más tarde suburbanas sobre llanuras aluviales antaño llenas de vida, y las aguas desde entonces han sido drenadas, represadas y desviadas. La pérdida de esta agua tan valiosa vino acompañada de un menoscabo concomitante de vida salvaje. Solo en

Gran Bretaña, por poner un ejemplo, se calcula que, con el auge del paisaje industrial urbano, el 90 % de sus antaño exuberantes humedales han desaparecido, junto con gran parte de su fauna y flora.[6]

En el Reino Unido, se están poniendo en marcha proyectos cuyo objetivo es liberar las aguas y reconectar los ríos con sus llanuras aluviales naturales, restaurar los hábitats de la fauna salvaje, y desmantelar y demoler presas para aprender a adaptarse a las aguas en lugar de adaptar las aguas al desarrollo humano. Estos proyectos no son triviales. Se calcula que, solo en el Reino Unido, una de cada seis propiedades corre el riesgo de inundarse y, con el ciclo hidrológico provocando un aumento récord de las inundaciones, las amenazas climáticas para el parque de edificios empeorarán a medida que siga subiendo la temperatura de la Tierra.[7] Liberar las aguas y aprender a adaptarse a una hidrosfera en rápida evolución ya no es un capricho, sino un prerrequisito para la supervivencia.

En Gran Bretaña, como en otros lugares, científicos y ciudadanos voluntarios trabajan con biólogos marinos y Gobiernos locales en la recuperación de viveros de peces y marismas, en la regeneración de bosques de algas, en el restablecimiento de poblaciones de ostras locales, en la conservación de hábitats de praderas marinas y en otros proyectos cuyo objetivo es absorber emisiones de carbono, reducir inundaciones, limpiar marismas y zonas marinas, y recuperar especies autóctonas.[8] Incluso hay iniciativas en marcha para liberar en su hábitat natural castores, que antes eran omnipresentes, con el fin de ayudar a recuperar ecosistemas, proporcionar protección natural contra inundaciones y ralentizar el flujo de contaminantes río abajo.[9]

Mientras que el secuestro de las aguas en las masas de tierra ha dañado gravemente la litosfera, poniendo en peligro el futuro de todas las especies terrestres, los grandes océanos tampoco se han librado. Durante eones de historia, la idea de capturar y domesticar los océanos habría parecido una empresa imposible. Apenas se pensaba en la posibilidad de apoderarse de la extensión oceánica y cercarla para el comercio y los intercambios. La situación cambió a finales del siglo XV con los grandes viajes marítimos para encontrar y colonizar otros continentes y establecer nuevos mercados potenciales. En aquella época, España y Portugal eran las potencias marítimas indiscutibles y se enzarzaban constantemente en combates abiertos en los océanos en su carrera por reclamar nuevas tierras para sus respectivos reinos. Decidieron que sería más práctico poner fin a la guerra abierta y repartirse los océanos del mundo.

En 1494, ambos países firmaron el Tratado de Tordesillas, por el que se dividían los océanos del mundo en espacios soberanos mediante una línea que se trazó «entre los polos norte y sur, que discurría trescientas setenta leguas al oeste de las islas de Cabo Verde».[10] España obtuvo la soberanía exclusiva del océano al oeste de la línea de demarcación, incluidos el golfo de México y el océano Pacífico, mientras que a Portugal se le concedió todo lo situado al este de la línea de demarcación, incluidos los océanos Atlántico e Índico. Sir Walter Raleigh, explorador inglés, resumió la importancia del acuerdo señalando que «quien domina el mar, domina el comercio: quien domina el comercio del mundo, domina las riquezas del mundo y, en consecuencia, el mundo mismo».[11] El comentario improvisado de Raleigh se convertiría en una parte fundamental de la geopolítica de los siglos XIX y XX, una época en la que las potencias imperiales luchaban entre sí para dominar los mares abiertos y el comercio en los incipientes mercados mundiales.

A pesar de la rivalidad, pronto se hizo evidente que ninguna nación podía aspirar a ejercer la soberanía sobre la extensión de los océanos. Así que los países empezaron a mordisquear regiones de los océanos que se extendían más allá de sus aguas costeras. Los italianos reclamaron una zona de 185 kilómetros desde su costa hasta el mar, con la justificación de que esa distancia representaba lo lejos que podía navegar un barco en dos días. Otros países reclamaron la soberanía sobre aguas abiertas hasta donde alcanzaba la vista. Aún más ambiciosas, algunas naciones propusieron extender la soberanía sobre los océanos hasta donde se pudiera ver a través de un telescopio. Los holandeses subieron la apuesta, afirmando que la soberanía debía extenderse tan lejos de la costa como pudiera dispararse una bala de cañón. Esta nueva demarcación se convirtió en la norma hasta la víspera de la Segunda Guerra Mundial. El contralmirante y estratega naval estadounidense Alfred Thayer Mahan resumió el espíritu imperante entre las principales potencias gobernantes del mundo, sugiriendo que «el control de los mares mediante el comercio marítimo y la supremacía naval implica una influencia predominante en el mundo [...] y es el elemento material más importante si queremos aumentar el poder y la prosperidad de las naciones».[12]

Todas estas iniciativas para establecer la soberanía sobre partes de los bienes comunales oceánicos crearon más confusión y conflictos, cansando a todas las naciones aspirantes a potencias marítimas. A finales del siglo XX, empezó a fraguarse un acuerdo generalizado sobre el desarrollo de un plan más coherente para repartirse los océanos. En 1982, se estableció la Convención de las Naciones Unidas sobre el Derecho del Mar, que otorgaba a cada nación soberanía hasta veintidós kilómetros mar adentro. El tratado también incluía la concesión de zonas económicas exclusivas (ZEE) de hasta trescientos setenta kilómetros mar adentro, otorgando a cada país «derechos soberanos con fines de exploración y explotación, conservación y gestión» de los recursos vivos y no vivos, los fondos marinos y el subsuelo. Este regalo sin precedentes permitió a las naciones costeras «encerrar» gran parte de los océanos del planeta, lo que incluía el 90 % de los caladeros marinos y el 87 % de las reservas de petróleo y gas en alta mar en las ZEE.[13]

El premio más codiciado en las últimas décadas ha sido la enorme riqueza en petróleo y gas del fondo de los océanos y mares. Los fondos oceánicos son también un tesoro de minerales y metales valiosos, como manganeso, cobre, aluminio, cobalto, estaño, litio, uranio y boro. Las naciones se han repartido vastas extensiones de los fondos oceánicos, encerrando los últimos grandes bienes comunales y gran parte de la hidrosfera del planeta Aqua.

La pesca en alta mar es otra expropiación atroz de la riqueza de los océanos. No es ningún secreto que la sobrepesca ha esquilmado las poblaciones de peces prácticamente en todas partes. La industria pesquera utiliza tecnologías de seguimiento, como la vigilancia por satélite, el radar, el sonar y la cartografía de los fondos marinos para localizar los caladeros de aguas profundas, transformando a los pescadores en «mineros a cielo abierto» de las profundidades oceánicas. Los principales actores utilizan gigantescos arrastreros de hasta catorce mil toneladas de peso cuya longitud es similar a la de un campo de fútbol. Los arrastreros son literalmente fábricas flotantes que capturan, matan, procesan y empaquetan su botín a bordo. Estos barcos extienden más de «ciento cincuenta kilómetros de palangres sumergidos o redes de deriva de setenta y cinco kilómetros».[14] La enorme efectividad de la pesca oceánica de alta tecnología ha devastado tanto las poblaciones mundiales de peces que cerca de un tercio de los ingresos de la pesca proceden ahora de subvenciones gubernamentales solo para mantener la viabilidad de la industria.[15]

La explotación comercial de los grandes océanos los ha colocado en una situación extrema. A menos que las aguas oceánicas se liberen de la explotación geopolítica, morirán, al igual que ocurrirá con la vida terrestre. Esta perspectiva, que antes era solo una posibilidad, ahora está cerca. La respuesta global es convertir grandes franjas de los océanos en reservas marinas protegidas para reforzar la resistencia de los ecosistemas oceánicos. En 2016, la Unión Internacional para la Conservación de la Naturaleza adoptó una resolución en la que pedía proteger el 30 % de los océanos de aquí a 2030 para evitar la extinción de la vida a gran escala. Cada vez hay más países que han catalogado zonas de los océanos dentro de sus jurisdicciones como protegidas y no disponibles para la explotación comercial, entre ellos Estados Unidos, el Reino Unido, México y Chile.[16] Sin embargo, menos del

5 % de los océanos cuenta con protección, y solo el 2 % está altamente protegido.[17]

Ahora es probable que eso cambie. En 2023, los países de la ONU firmaron un amplio tratado para proteger las zonas de alta mar y conservar la biodiversidad, además de diseñar un plan integral para establecer zonas marinas protegidas a gran escala.[18] El objetivo es conservar y gestionar el 30 % del mar y del litoral, e incluye directrices para realizar evaluaciones de impacto ambiental que garanticen la salvaguarda de los ecosistemas marinos. El tratado entrará en vigor tras su ratificación por sesenta países. La Unión Europea y sus veintisiete Estados miembros ya se han comprometido a firmarlo y ratificarlo.

Al igual que los grandes océanos se convirtieron en propiedad de los países y ahora están empezando a decaer, la escasa agua dulce del planeta también se ha convertido en propiedad y se ha privatizado en un mercado global gestionado por un puñado de corporaciones. Hasta hace poco, el agua dulce del planeta siempre había sido administrada como un bien comunal disponible para todos. De repente, en el último medio siglo, el agua dulce del planeta ha pasado a manos de empresas mundiales y se ha convertido en una mercancía.

Todo empezó a principios de la década de 1980, cuando el Reino Unido, Estados Unidos y otros países, junto con instituciones mundiales como el Banco Mundial, el FMI, la OCDE y la ONU, entre otras, empezaron a promover la transferencia de los servicios públicos de agua al sector privado. La Organización Mundial del Comercio (OMC) ha clasificado el agua como «mercancía comercializable», «bien comercial», «servicio» e «inversión», y ha establecido normativas que limitan a los Gobiernos que intentan impedir que el sector privado controle el negocio mundial del agua en el mercado.[19] El razonamiento era que dejar que el sector privado se hiciera cargo de los servicios públicos del agua garantizaría que adoptarían las prácticas operativas más eficientes para ofrecer los mejores precios del mercado, todo ello en beneficio de los consumidores.

El Banco Mundial y otras instituciones de crédito defendieron las denominadas asociaciones público-privadas, que animaban a los Gobiernos a arrendar sus infraestructuras hídricas a empresas del sector privado para que las gestionaran. Lo que el Banco Mundial, la OCDE, la OMC y otras instituciones mundiales no vieron es que las empresas privadas tienen pocos incentivos para mejorar las infraestructuras y los servicios públicos que gestionan, o para reducir los precios. En los mercados, los consumidores pueden elegir a sus proveedores y cambiar a competidores que ofrezcan mejores precios y servicios, pero las infraestructuras públicas (carreteras, aeropuertos, etcétera) son monopolios naturales y no están sujetos a la competencia. La triste realidad es que las asociaciones público-privadas con arrendamientos a largo plazo suelen animar a las empresas a dedicarse al «desguace de activos», es decir, a no mejorar ni infraestructuras ni servicios, ya que saben que sus usuarios tienen pocas o ninguna alternativa al servicio que prestan.

A diferencia de las infraestructuras administradas por entidades públicas, las empresas privadas se ven limitadas desde el principio a la hora de mantener y mejorar continuamente los servicios por la sencilla razón de que sus ingresos y beneficios han de aumentar constantemente, aunque su base de consumidores permanezca relativamente plana. En otras palabras, el mercado potencial suele estar limitado desde el principio. El resultado es una continua liquidación de activos para ahorrar costes y garantizar que los beneficios aumenten. Esto ocurre especialmente con los sistemas de agua y saneamiento, ya que las comunidades más empobrecidas no tienen más remedio que aceptar las condiciones que impongan las empresas privadas.

En los primeros años de la privatización del agua, el Banco Mundial fomentó las asociaciones público-privadas mediante generosos préstamos a los Gobiernos y a través de su sucursal del sector privado, la Corporación Financiera Internacional, cuya misión, en parte, es invertir en proyectos de privatización. Incluso cuando se acumulaban las pruebas que demostraban la existencia de deficiencias en la privatización del agua, el Banco Mundial siguió financiando su privatización. Ese proceso aún no se ha detenido. Diez empresas mundiales dominan ahora el mercado mundial de los servicios públicos de agua.[20] Estas gigantescas corporaciones mundiales impulsan un programa de privatización, beneficiándose de generosos incentivos y subvenciones gubernamentales, al tiempo que obtienen enormes beneficios cobrando precios elevados por el agua con el riesgo de que mengüe la calidad de los servicios que prestan.

Un estudio que analizó los servicios hídricos en Estados Unidos concluyó que las empresas de servicios públicos propiedad de la industria suelen «cobrar un 59 % más por el servicio de agua que las empresas de servicios públicos locales» y que «cobran un 63 % más por el servicio de alcantarillado». Además, la privatización «puede aumentar el coste de financiación de un proyecto hídrico entre un 50 y un 150 %». El estudio examinó dieciocho municipios cuyos contratos con empresas privadas habían finalizado y descubrió que «las operaciones públicas eran, de media, un 21 % más baratas que las privadas para los servicios de agua y alcantarillado».[21]

## APROVECHAMIENTO DE LA HIDROSFERA

En la opinión pública persiste la idea errónea de que el calentamiento climático significa que nos estamos quedando sin agua. Aunque se reconoce que las tormentas y las inundaciones son cada vez más fuertes, a menudo se tratan como fenómenos independientes de las sequías. Lo que se ignora es que el planeta no se está quedando sin agua dulce, sino que la hidrosfera, en plena resilvestración debido a dicho calentamiento, está cambiando tanto el calendario estacional de las lluvias como la intensidad y la duración de estas. El problema es que la civilización hidráulica mundial está encerrada en un ciclo del agua supeditado a un clima templado que ya no existe y, como consecuencia, no es capaz de suministrar el agua para el consumo humano, el uso industrial y el riego de tierras agrícolas cuando y donde se necesita.

En 2014, investigadores del MIT abordaron esta cuestión en un informe titulado *The Energy and Climate Outlook*. Los autores introdujeron una hipótesis controvertida en el debate público al sugerir que el cambio climático podría aumentar la disponibilidad mundial de agua dulce en un 15 %. John Reilly, codirector del Programa Conjunto sobre Ciencia y Política del Cambio Global del MIT, señaló que «todos los modelos climáticos predicen una aceleración del ciclo hidrológico con temperaturas más cálidas». Las temperaturas más cálidas implican «una evaporación más rápida, más humedad en la atmósfera y más precipitaciones».[22] El informe prevé un aumento del flujo de agua dulce de alrededor del 15 % en todo el mundo para las últimas décadas del siglo XXI, aunque los investigadores advirtieron de que el uso humano en tareas agrícolas, industriales y domésticas probablemente aumente un 19 % en todo el mundo.[23]

El problema vuelve a ser cuándo, dónde y cuánta agua se distribuirá por la hidrosfera del planeta. En general, los modelos actuales coinciden en que habrá más precipitaciones en los polos y más sequedad en las latitudes medias y subtropicales. La conclusión, según Reilly, es la siguiente: «Que haya o no estrés hídrico dependerá en gran medida de que las precipitaciones se produzcan en el lugar adecuado, en el momento adecuado y de la forma adecuada».[24] Por ejemplo, unas lluvias intensas en otoño, después de una cosecha, son de poca ayuda para los agricultores. Si la nieve se derrite demasiado pronto en los meses de invierno, no habrá agua suficiente para regar los cultivos en los meses de primavera y verano. Los científicos nos recuerdan que la acumulación de nieve, sobre todo en las montañas, es el sistema de almacenamiento de agua de la naturaleza, y su adecuado deshielo estacional durante los últimos diez mil años ha condicionado la agricultura en todas partes. Reilly concluye con la observación de que «es probable que llueva más en forma de aguaceros más intensos, con periodos intermedios más largos», lo que significa más inundaciones, escorrentías y sequías.[25] Pero, de nuevo, no se trata solo de saber cuánta agua cae durante el paso de las estaciones, sino cuándo y dónde.

La respuesta a largo plazo consiste en reajustar nuestra relación con la hidrosfera, pasando de adaptar las aguas a nuestra especie a adaptar nuestra especie a las aguas. En este sentido, están surgiendo una serie de iniciativas, cada vez más populares, con títulos tan pegadizos como *aguas lentas*, *ciudades esponja*, *sistemas basados en la naturaleza* e *infraestructuras verdes*. Lo que todas tienen en común es un cambio de paradigma, pasando de un enfoque hidráulico excesivamente centralizado y muy eficiente para secuestrar el flujo más predecible de las aguas durante el clima templado de la era del Holoceno, a un enfoque mucho más adaptativo para ajustarse a una hidrosfera que en el Antropoceno está en plena resilvestración. O, por decirlo de una forma más filosófica, estos nuevos enfoques para adaptarse a la hidrosfera cambian el equilibrio, pasando de la gestión de las aguas a la administración de estas. Es decir, seguir la corriente en lugar de dirigir el flujo de la hidrosfera de la Tierra.

Este enfoque basado en la adaptación a las aguas está menos vinculado al mando y al control centralizados, ejercidos de arriba abajo por los Estados nación, administrados y gestionados por los Gobiernos nacionales y las burocracias empresariales, todos ellos circunscritos por fronteras políticas estatales. En cambio, está más vinculado al compromiso práctico de las poblaciones locales inmersas en sus propios ecosistemas con formas biorregionales de gobernanza. Este reajuste íntimo del sentido del tiempo, el espacio y el apego a la biosfera de nuestra especie reintroduce la antigua forma de «gobernanza de los bienes comunales», pero en una versión más avanzada desde el punto de vista político y tecnológico, acorde con la comprensión del mundo que habitamos en el siglo XXI.

Esta nueva forma de gobernanza se va extendiendo poco a poco. Esto no significa que los Estados vayan a desaparecer de repente, sino que la participación activa de nuestra especie en los ecosistemas en los que vivimos junto con el resto de las especies es la mejor manera de aprender a convivir con un clima cada vez más cálido y una hidrosfera cada vez más resilvestrada. Piensa, por ejemplo, en el concepto de *aguas lentas*, el cual ha evolucionado a partir de dos movimientos anteriores que se extendieron por todo el mundo a lo largo de las dos últimas generaciones: el *slow food* («comida lenta») y las *slow cities* («ciudades lentas»). Cada uno de estos enfoques consiste en abandonar la extracción, la mercantilización, la apropiación y el consumo supereficientes de los ecosistemas que sustentan la vida, y volver a aprender a adaptarse, en el ámbito local, a los procesos, las pautas, los ritmos y los calendarios establecidos por la naturaleza.

Erica Gies, periodista y exploradora de *National Geographic* que escribe sobre cuestiones relacionadas con el agua y el cambio climático, y que acuñó el concepto de *aguas lentas*, señala que, en su estado natural, el agua no siempre se derrama y se precipita por la superficie terrestre, sino que también tiene sus «etapas lentas» cuando, por ejemplo, se filtra en el suelo, se asienta en los humedales o anida en las cavernas de aguas subterráneas, y afirma que es «ahí donde ocurre la magia» al «proporcionar hábitat y alimento a muchas formas de vida por encima y por debajo de la superficie». Gies sugiere que «la clave para una mayor resiliencia [...] es encontrar formas de dejar que el agua sea agua, de reclamar espacio para que interactúe con la tierra».[26] La cuestión es que nuestra civilización hidráulica global está diseñada y concebida para secuestrar el agua rápidamente, almacenarla en depósitos artificiales y bombearla a través de tuberías hasta su destino para regar los cultivos, a través de presas para generar electricidad o para satisfacer las necesidades de hogares y empresas. Extraemos el agua, y luego reciclamos rápidamente las aguas residuales para purificarlas y enviarlas de nuevo a través de toda la red.

Para complicar aún más las cosas, la construcción de complejos sistemas hidráulicos hizo que las poblaciones crecieran y vivieran juntas en comunidades urbanas cada vez más densas y, más tarde, suburbanas, todas ellas construidas sobre antiguos humedales, ríos y arroyos, por lo que las lluvias no tienen adónde ir, provocando inundaciones masivas que fluyen hacia abajo sobre superficies impermeables de cemento y asfalto, lo que impide que las aguas penetren en el suelo y proporcionen el alimento que este necesita para sostener los ecosistemas terrestres. Por poner un ejemplo que puede repetirse una y otra vez en comunidades urbanas y suburbanas, Gies cuenta lo siguiente: en muchas de las densas aglomeraciones urbanas de China, menos del 20 % de las precipitaciones que caen en los edificios y el pavimento penetran en el suelo; en lugar de eso, van a parar a desagües y tuberías que se las llevan. Solo en Pekín, donde las aguas subterráneas bombeadas abastecieron durante mucho tiempo a un creciente número de habitantes, el nivel freático ha descendido un metro cada año, con consecuencias que hasta hace poco se ignoraban. Dejar correr las aguas para que encuentren su flujo natural es el camino para lograr el realineamiento de nuestra especie con el planeta.[27]

Se están llevando a cabo experimentos en muchos países que introducen nuevas formas de liberar las aguas, todas ellas respetuosas con los ecosistemas, pero la mayoría son ensayos y pocas han empezado a ejecutarse. Ingenieros, urbanistas y arquitectos paisajistas están desarrollando drenajes sostenibles y jardines de lluvia para liberar las aguas. Un drenaje sostenible es un largo canal hueco o una zanja que se rellena con hierbas, arbustos y flores autóctonos cultivados en tierra y mantillo, acompañados de capas de piedras para «frenar» el agua de lluvia y, al mismo tiempo, filtrar los contaminantes, incluidos los fertilizantes petroquímicos, el aceite de motor y la basura. Los jardines de lluvia cumplen una función similar, pero de forma distinta. Mientras que los drenajes sostenibles ralentizan el agua de lluvia a través de un recorrido curvo o lineal, los jardines de lluvia están diseñados en forma de cuenco para «capturar, almacenar y filtrar el agua de lluvia».[28] El pavimento permeable también está empezando a sustituir al convencional en ciudades y suburbios. Estos nuevos pavimentos pueden ser de asfalto, hormigón poroso, adoquines entrelazados y adoquines de rejilla de plástico, y permiten que la lluvia y la nieve derretida fluyan hacia el suelo subyacente.

Los jardines verdes de las azoteas también pueden ralentizar el flujo de agua. Estos jardines elevados, repletos de vegetación, «proporcionan sombra, eliminan el calor del aire y reducen la temperatura de la superficie de los terrados». Las azoteas verdes son cada vez más populares y pueden reducir drásticamente la temperatura de los tejados y, si se extienden por las zonas urbanas, «pueden reducir la temperatura ambiente en toda la ciudad hasta tres grados», ralentizar la evapotranspiración, permitir que el agua penetre en el suelo y reducir la demanda de electricidad.[29]

Últimamente, la opinión pública se ha visto atraída por un planteamiento más integrado y a mayor escala para ralentizar el paso de las aguas y dejar que penetren en el suelo o se almacenen en cisternas subterráneas y acuíferos artificiales bajo las aglomeraciones urbanas. Se llama *ciudades esponja*. El concepto es obra de Kongjian Yu, arquitecto y urbanista chino. Yu es el fundador de la Facultad de Arquitectura y Paisajismo de la Universidad de Pekín. El enfoque de la ciudad esponja se basa en devolver las aguas naturales a las zonas urbanas. Los arquitectos paisajistas nos recuerdan que muchas de las grandes ciudades del mundo surgieron sobre y alrededor de lagos, ríos y humedales a lo largo de siglos y milenios. Estos medios urbanos, cada vez más densos, pavimentaron las aguas y dependían exclusivamente del agua bombeada traída a través de infraestructuras hidráulicas centralizadas, a menudo desde regiones periféricas. Ahora, incluso estas aguas ancestrales (especialmente los grandes ríos y lagos del mundo) están disminuyendo por la sobreexplotación y el calentamiento climático, sumiendo a las comunidades urbanas en una crisis de supervivencia. La ciudad esponja es un intento de evitar las inundaciones ralentizando el paso de la lluvia mediante la introducción de paisajes naturales por toda la extensión urbana, dejando que se filtre al subsuelo para reponer las aguas subterráneas locales o que se canalice hasta depósitos de agua subterráneos para su almacenamiento y posterior extracción cuando sea necesario.

La ciudad turca de Esmirna es una urbe en expansión con una población creciente de más de tres millones de habitantes. La ciudad es especialmente vulnerable a los «chaparrones». También es una de las áreas metropolitanas de más rápido crecimiento del Mediterráneo y ha duplicado su población en los últimos treinta años. Gran parte del proceso de urbanización se ha extendido más allá de los contornos tradicionales de la ciudad y se ha adentrado en terrenos agrícolas, lo que ha dado lugar a un extenso «sellado del suelo», dejando la extensa zona urbana expuesta a inundaciones masivas a lo largo de sus carreteras y vías pavimentadas. Nuevos estudios demuestran que partes enteras de la ciudad descansan sobre suelos que están sellados entre un 75 y un 100 %, lo que significa que los aguaceros, cada vez más virulentos, no son capaces de penetrar en el suelo y descender hasta reunirse con las aguas subterráneas, sino que corren a toda velocidad por las calles de la ciudad, dejando casas y negocios inundados y grandes partes de la ciudad bajo el agua durante breves periodos de tiempo.[30]

Los urbanistas de Esmirna se asociaron con el Instituto de Tecnología de la ciudad y crearon juntos un modelo digital que trazaba con precisión la naturaleza y el tipo de intervención a modo de «esponja» necesaria en todos los cuadrantes de la ciudad. La guía resultante estableció una hoja de ruta de paisajes naturales específicos de la ciudad para frenar las aguas, junto con captaciones para guardar las aguas para su uso en periodos no lluviosos, lo que dio a la ciudad una ventaja al aportar resiliencia a su infraestructura urbana.

Algunos críticos están de acuerdo en que los humedales y los parques urbanos son útiles para retener las aguas pluviales, pero sostienen que quizá no puedan hacer frente a las grandes tormentas que se avecinan en un mundo cada vez más cálido. Yu, sin embargo, señala que las ciudades chinas están obligadas a mantener el 30 % de la ciudad como espacio verde y un 30 % adicional dedicado a espacio comunitario, lo que debería ser más que suficiente para crear más estanques y parques que absorban el agua y puedan capturar grandes cantidades de agua.[31]

El gran problema del cambio climático es que el calentamiento de la atmósfera absorbe más humedad del suelo, lo que se traduce en mayores nevadas en invierno, inundaciones torrenciales en primavera, sequías prolongadas, olas de calor e incendios forestales en verano y huracanes devastadores en los meses de otoño. El hecho de no saber dónde, cuándo y cuánta agua dulce caerá nos obliga a tener que «almacenar» el agua de lluvia para que tengamos en los meses de grave sequía, durante las olas de calor extremas y cuando se produzcan incendios forestales catastróficos.

La recogida de agua de lluvia, considerada en otro tiempo una práctica antigua y obsoleta, se ha convertido de repente en una prioridad, sobre todo en las regiones áridas y semiáridas del mundo. Y si pensamos que esta tecnología ancestral solo está resurgiendo en las aldeas más pobres de los países en desarrollo, no es así. Desde las aldeas y pueblos jordanos hasta las ciudades altamente tecnológicas del mundo, como Las Vegas, la recogida de agua de lluvia mediante la combinación de métodos tradicionales, sensores del IdC y tecnologías basadas en algoritmos está adquiriendo cada vez más importancia. En el próximo siglo, cientos de millones de cisternas estarán operativas, algunas independientes y otras conectadas, lo que permitirá compartir el agua recogida en los barrios de cualquier comunidad.

En Jordania, desde la época romana y bizantina, se han utilizado cisternas para recoger agua. Muchas se siguen empleando en la actualidad, mientras que a otras —inactivas desde hace mucho tiempo— se les está dando una segunda vida, reacondicionándolas para su uso en un entorno de cambio climático en el que hay que captar un agua que es muy valiosa cuando llueve durante los meses de invierno y durante el inicio de la primavera, para utilizarla cuando la tierra se reseca en los meses de verano y a principios del otoño. Muchos de los depósitos tienen forma de olla y están construidos bajo una capa de piedra caliza. Los aldeanos utilizan el agua captada para beber y cocinar, y a menudo la complementan con agua transportada en camiones para bañarse y regar.

Utilizando martillos neumáticos, los trabajadores excavan la zona en la que se encuentran los depósitos subterráneos y la cubren utilizando cemento o arcilla, siendo preferible esta última, ya que el cemento tiene una elevada huella de carbono. En los edificios nuevos, las bajantes del tejado dirigen el agua a los depósitos subterráneos, equipados con una bomba que puede devolver el agua recogida al circuito de fontanería de la vivienda. Estos sistemas aislados de recogida de agua se complementan con otras estructuras de mayor envergadura. Por ejemplo, en Jordania, San Jorge, una iglesia ortodoxa griega del siglo XIX erigida en Madaba y construida sobre una cisterna del siglo IV, posee un entramado de canales subterráneos esculpidos a lo largo del tiempo que recogen la escorrentía del agua que se filtra bajo las desgastadas calles adoquinadas tanto de la comuna urbana como de otros lugares.[32]

Entre 2018 y 2020, el Programa de Asistencia a Pequeños Proyectos de la Agencia de Estados Unidos para el Desarrollo Internacional (USAID SPA, por sus siglas en inglés) financió a voluntarios del Cuerpo de Paz y comunidades locales en nueve municipios de cuatro estados de México para instalar sistemas de recogida de agua en 68 hogares y 23 escuelas y centros comunitarios, con una capacidad total de 1.633.330 litros de agua de lluvia.[33] Ingenieros locales que trabajaban junto a voluntarios del Cuerpo de Paz y cuadrillas de vecinos instalaron cisternas de 12.000 litros en los hogares y cisternas grandes de 50.000 litros en las escuelas. Este tipo de iniciativas se están repitiendo en todo el mundo, donde comunidades enteras están empezando a recoger agua durante la temporada de lluvias, en primavera, para utilizarla en las estaciones del año más propensas a la sequía.

Uno de los proyectos más ambiciosos es el de Un Millón de Cisternas para el Sahel, un plan patrocinado por la Organización de las Naciones Unidas para la Alimentación y la Agricultura (FAO, por sus siglas en inglés). Según la FAO, se están instalando sistemas de captación y almacenamiento de agua en siete países del Sahel: Senegal, Gambia, Cabo Verde, Níger, Burkina Faso, el Chad y Malí.[34] El proyecto tiene como objetivo proporcionar agua a las comunidades rurales más vulnerables de esas zonas áridas y semiáridas. Todos los países sufren inundaciones masivas, seguidas de sequías, y las repercusiones de estos cambios cada vez más bruscos en el ciclo del agua provocados por el calentamiento del clima, señala la FAO, «son devastadoras para las familias rurales más pobres, que luchan contra estas perturbaciones y ven cómo empeora su vulnerabilidad».[35]

El objetivo de este ambicioso proyecto a gran escala (recoger agua de lluvia en siete países) es, según la FAO, «permitir que millones de personas en el Sahel tengan acceso a agua potable segura, mejorar su producción agrícola familiar para crear un excedente, mejorar su seguridad alimentaria y nutricional y reforzar su resiliencia», prestando especial atención a las mujeres.[36] Con este programa, se pretende formar a las comunidades locales en la construcción y gestión de las cisternas mediante actividades de «dinero por trabajo», implicando a las mujeres en la ejecución de estas cisternas de recogida de agua. Este desarrollo de capacidades es una parte importante del programa que pretende garantizar que la tarea de desplegar y gestionar la instalación de cisternas para adaptarse así a la liberación de las aguas sea un ejercicio neutral desde el punto de vista del género. De esta forma, las poblaciones locales podrán supervisar un patrimonio hidrológico común de las siete naciones que comparten un ecosistema igualmente común en el Sahel. Según la FAO:

> Las comunidades locales reciben formación sobre la construcción, el uso y el mantenimiento de cisternas, lo que las capacita para realizar obras de construcción civil y mantenimiento de infraestructuras y, además, les permite diversificar sus ingresos y mejorar las condiciones de sus alojamientos. También reciben formación sobre la buena gestión del agua, y se organizan cursos de formación sobre la adaptación de la agricultura y la agroecología al cambio climático, en sinergia con los programas de escuelas de campo para agricultores.[37]

Incluso Estados Unidos, el país más industrializado y tecnológicamente más avanzado del mundo, se está subiendo al tren de la recogida de agua. Rhode Island, Texas y Virginia, por ejemplo, ofrecen desgravaciones fiscales por la compra de equipos para la recogida de agua de lluvia. Sin embargo, algunos estados imponen restricciones a la cantidad de agua de lluvia que puede recogerse y a la forma de hacerlo.[38] Hasta hace poco, la recogida de agua se limitaba sobre todo a usos no potables: riego de cultivos, jardines y patios.

Otra razón de peso por la que habrá que almacenar agua cuando llueva, aparte de los cambios estacionales en su disponibilidad relacionados con el clima, es el creciente riesgo de incursiones de ciberdelincuentes y atentados terroristas dirigidos a paralizar las estaciones de bombeo y las tuberías, cerrando el agua en grandes zonas urbanas y dejando a millones de personas varadas y en riesgo de deshidratación grave e incluso de muerte. Si la red central de suministro se viera comprometida, lo que provocaría el cierre del sistema principal en regiones enteras, las microrredes de suministro de agua de los barrios podrían activarse localmente para garantizar el mantenimiento del flujo de agua hasta que se restableciera la línea principal.

Se está empezando a integrar un internet del agua repleto de sensores del IdC en los depósitos de agua y en las tuberías que llevan agua dulce a los consumidores y retiran las aguas residuales, enviándolas de nuevo a las plantas de tratamiento para su purificación. Los sensores del IdC controlan la presión en las tuberías, el desgaste de los equipos, las fugas en el sistema y los cambios en la calidad y la química del agua, utilizando datos y análisis para anticipar, intervenir e incluso solucionar a distancia los puntos problemáticos de la línea. A su vez, los contadores inteligentes y la supervisión por sensores proporcionan datos actualizados al momento sobre el flujo de agua, incluidos el volumen y el momento de uso. De esa forma se podrán gestionar los recursos hídricos de forma más eficaz, ya sea garantizando la distribución de agua limpia, ya sea reciclando y depurando las aguas residuales que luego pueden ser reutilizadas por los consumidores, ahorrando así agua en un sistema circular virtuoso. Es muy necesario implantar un internet del agua en todos nuestros sistemas hídricos, sobre todo si tenemos en cuenta que, por ejemplo, según la Sociedad Estadounidense de Ingenieros Civiles (ASI, por sus siglas en inglés), en Estados Unidos se desperdician cada día casi 22,7 millones de metros cúbicos de agua tratada debido a fugas en las tuberías, imprecisiones en las mediciones y otros errores.[39] Otros países también sufren pérdidas de agua por razones similares.

El Laboratorio Nacional del Noroeste del Pacífico, gestionado por Battelle para el Departamento de Energía de Estados Unidos, elaboró en 2021 un estudio detallado sobre la necesidad de introducir en todo el país una infraestructura secundaria de microrredes de agua de reserva que permita a las localidades e incluso a los barrios satisfacer las «acuciantes demandas de agua». Los autores hacían hincapié en la necesidad de proporcionar almacenamiento de agua de forma similar a como las baterías y las pilas de combustible almacenan electricidad en las microrredes.

Las microrredes de agua pueden incluso tratar *in situ* su propia agua local tanto para uso potable como no potable. El Centro Omega para una Vida Sostenible (un instituto que imparte cursos y organiza conferencias sobre sostenibilidad y resiliencia) fue pionero en uno de los primeros sistemas de purificación de agua *in situ* que imita la forma en que la naturaleza purifica el agua. En Omega, el agua se extrae de un acuífero subterráneo y se bombea cuesta arriba hasta una cisterna para crear presión. El agua pura fluye por las tuberías hasta las aulas, los dormitorios y los comedores del campus, donde se utiliza para beber, bañarse, limpiar, cocinar y asearse. A continuación, el agua usada vuelve a una máquina ecológica o ecoeficiente para ser purificada y de ahí regresa al acuífero donde se originó. La máquina ecológica puede procesar hasta casi 197 metros cúbicos de agua al día. Este particular sistema de depuración, de energía neta cero, es un ciclo hidrológico de circuito cerrado lo más parecido posible al sistema de reciclaje de la naturaleza. Ideado por John Todd, pionero en el desarrollo de sistemas circulares inspirados en la naturaleza, utiliza el mismo proceso de depuración que se encuentra en los estuarios: el «sistema de filtración de agua» propio de la naturaleza.[40]

En este sistema, las aguas residuales se bombean a «lagunas aireadas altamente oxigenadas [...] [donde] plantas, hongos, algas, caracoles y otros microorganismos se dedican a convertir el amoniaco en nitratos y las toxinas en elementos básicos». Desde las lagunas aireadas, se hace pasar el agua por un filtro de arena de recirculación, en el que «la arena y los microorganismos absorben y digieren las partículas restantes y las pequeñas cantidades de nitratos», tras lo cual se bombea a dos zonas situadas bajo el aparcamiento del Centro Omega, donde se dispersa en las aguas subterráneas bajo la superficie y acaba filtrándose hasta el acuífero, entre setenta y cinco y noventa metros por debajo del campus. El agua purificada se extrae, se bombea a los edificios y se vuelve a utilizar para limpiar, ducharse y asearse, todo ello dentro de un circuito cerrado.[41]

El sistema de depuración de agua *in situ* del Centro Omega fue uno de los primeros de su clase en demostrar la viabilidad de reciclar agua una y otra vez en el mismo lugar mediante un circuito circular autónomo. En los últimos años, el reciclaje de agua *in situ* ha empezado a ampliarse con la introducción de nuevos sistemas compactos e independientes de depuración que pueden adquirirse e instalarse en sótanos de viviendas, hoteles, edificios comerciales, fábricas y parques tecnológicos. Del tamaño de un frigorífico comercial, estos elegantes aparatos se conectan a las tuberías de todo el edificio que recogen las «aguas grises» de duchas, lavabos y lavadoras. Las aguas grises se devuelven al sótano, donde se limpian mediante filtración por membrana, luz ultravioleta y cloro, y se devuelven a la planta superior para usos no potables sin apenas pérdidas. Peter Fiske, director ejecutivo de la Alianza Nacional para la Innovación del Agua del Laboratorio Nacional Lawrence Berkeley, afirma: «Ahora disponemos de tecnologías que nos permiten procesar y reutilizar el agua una y otra vez en la escala de una ciudad, de un campus e incluso de viviendas individuales».[42]

Cada vez se utilizan más sistemas distribuidos y descentralizados de agua *in situ*, como el solar y el eólico, y su curva de costes ya cae en picado. El mercado es inmenso y puede abarcar cientos de millones de edificios. Dentro de medio siglo, es probable que además de los habituales lavabos, duchas y lavadoras, todos los edificios cuenten con sistemas de agua distribuidos y descentralizados. Los Gobiernos locales están dando un paso al frente para imponer la instalación de sistemas de agua descentralizados. En 2015, San Francisco empezó a exigir que «todos los edificios nuevos de más de 9.300 metros cuadrados cuenten con un sistema de reciclado [de agua] *in situ*».[43]

En 2018 se inauguró la torre Salesforce, un nuevo rascacielos hotelero que cuenta, además, con oficinas y residencias, y tiene una altura de 61 plantas. Este edificio, que se convirtió en el más alto de San Francisco, contiene un sistema de reciclaje *in situ* que recoge el agua de duchas, lavabos y alcantarillado, capaz de limpiar 113.000 litros de aguas residuales cada día para reutilizarlas en las cisternas de los inodoros y en el riego, con un ahorro estimado de casi 30 millones de litros de agua al año, lo que equivale al agua utilizada en 16.000 hogares de San Francisco.[44] Un proyecto similar que

Domino Refining está construyendo actualmente en Brooklyn (Nueva York) reciclará un millón y medio de litros de agua al día.[45]

En la actualidad, el sistema de depuración solo afecta a las aguas negras de inodoros, lavavajillas y fregaderos de cocina, y a las grises de lavadoras, duchas y bañeras. El reciclado del agua no potable para las cisternas de los inodoros y lavadoras reduce la demanda de agua en un 40 %, y el reciclaje del agua de las duchas reduce la demanda otro 20 %.[46]

La Comisión de Servicios Públicos de San Francisco calcula que, para 2040, los proyectos de reutilización de agua *in situ* «ahorrarán 4,9 millones de litros de agua potable al día». Los hidrólogos estiman que la depuración de agua potable a escala en sistemas descentralizados solo está a cinco o diez años vista.[47] La instalación de sistemas de reciclado de agua añade aproximadamente un 6 % al coste de una vivienda y un 12 % en el caso de edificios de varias viviendas. El retorno de la inversión se sitúa en torno a los siete años, tras los cuales los residentes disfrutan de un ahorro apreciable en los costes de agua y alcantarillado.[48] Y se espera que estos costes iniciales disminuyan sustancialmente con las economías de escala.

En las próximas décadas, se instalarán muchos más sistemas de agua descentralizados. De cara al futuro, Fiske afirma: «Puede que algún día los nuevos edificios y barrios ya no necesiten conectarse a líneas de alcantarillado y suministro de agua. La gente podrá construir sin tener en cuenta las conexiones a la infraestructura del agua, simplemente utilizando la misma agua una y otra vez en un circuito prácticamente cerrado», y añade: «El agua que cae sobre la azotea en la mayoría de los lugares del mundo será suficiente para mantener una casa». Según un estudio reciente, la descentralización del agua podría ahorrar hasta un 75 % de la demanda.[49] Al igual que los mecanismos de captación local del sol y del viento se están implantado por todo el mundo, la captación de agua en cientos de millones de azoteas de los barrios descentraliza y democratiza esta fuente vital tan básica de la que depende nuestra especie para vivir.

Si se adoptan todas estas medidas, las ciudades dispondrán de cierta ventaja para adaptarse a una hidrosfera que está en pleno proceso de resilvestración. Al mismo tiempo, esto hace que nos planteemos la cuestión de si las megaciudades de nuestra especie, que se superponen a una infraestructura hidráulica masiva, son los hábitats apropiados para capear los ríos atmosféricos, las inundaciones, las sequías, las olas de calor, los incendios forestales y los huracanes que se avecinan. La densa civilización hidráulica urbana puede haber sido apropiada para un clima templado, pero no para un planeta que se está calentando.

O, para decirlo más claramente, si las densas civilizaciones hidráulicas urbanas fueron la forma elegida por nuestra especie para organizar la vida durante los seis mil años de clima templado, cuya misión principal era adaptar la naturaleza y la hidrosfera de la Tierra a nuestra especie, ¿cómo podemos esperar que la misma infraestructura, las prácticas asociadas y la visión del mundo que las engendró sean una buena opción para sacar a nuestra especie de la crisis planetaria que esa antigua visión del mundo ha gestado? Quizá estas nuevas iniciativas respetuosas con el medioambiente lleguen a ser etapas en el camino que nos conduce hacia un replanteamiento de cómo vivir nuestras vidas adaptando nuestra especie a la naturaleza, y no al revés.

En un momento en que la familia humana se desespera ante el futuro, la era de la resiliencia trae consigo una nueva y poderosa narrativa que, de ser ampliamente adoptada, podría sentar las bases de un futuro radicalmente distinto que nos devuelva al redil de la naturaleza, dando a la vida una segunda oportunidad de prosperar en la Tierra.

## Capítulo 8

# LA GRAN MIGRACIÓN Y EL AUGE DE LA SOCIEDAD EFÍMERA

Puede que readaptarse a las aguas en lugar de seguir obligando a estas a adaptarse a nuestra especie nos parezca una tarea difícil, pero hay que recordar que nuestra especie ya ha vivido de esa forma antes. Nuestra familia humana es nómada por naturaleza. Ahora, otra gran migración climática ha comenzado, marcando el inicio de un nuevo nomadismo a medida que segmentos enteros de la población de todo el mundo buscan regímenes climáticos más templados en los que vivir. Numerosos estudios e informes demográficos recientes sugieren que en los próximos cuarenta y cinco años uno de cada doce estadounidenses huirá probablemente de la mitad sur de Estados Unidos y se dirigirá hacia el oeste montañoso y el noroeste. Millones de personas recogerán sus pertenencias y huirán de sus entornos asolados por la sequía, las olas de calor y los incendios para emigrar a la región de los Grandes Lagos.[1]

Estas migraciones, que ahora son un goteo, se convertirán probablemente en una oleada en las próximas décadas. El cinturón agrícola del Medio Oeste, el granero del mundo, ya se enfrenta año tras año a graves inundaciones primaverales y sequías estivales relacionadas con el clima, que convierten las antaño exuberantes tierras de cultivo de Estados Unidos en lagos gigantescos al principio de la temporada de siembra y suelos resecos hacia el final de la misma. Los agricultores afectados se están declarando en bancarrota. Mientras tanto, los consumidores se enfrentan a una espiral inflacionista, causada en gran parte por el aumento de los precios de los alimentos en los supermercados, por lo que se ven obligados a reducir sus compras, todo ello debido a los rápidos cambios del ciclo hidrológico en un clima cada vez más cálido.

Tras diez mil años de clima relativamente templado en los que nuestra especie obligó al principal actor de la naturaleza (la hidrosfera) a adaptarse a la sociedad humana, nos veremos obligados a dar un giro de ciento ochenta grados y volver a encontrar nuevas formas de adaptarnos al ciclo hidrológico de la Tierra junto con el resto de las especies que habitan el planeta. Pero esta vez, al estar equipados con un conocimiento científico y fenomenológico mucho más profundo del funcionamiento de la hidrosfera y de cómo afecta a las otras tres esferas terrestres (la litosfera, la atmósfera y la biosfera), podemos empezar a readaptar nuestras proezas tecnológicas y pasar de la explotación a la gestión, encontrando formas de relacionarnos con el planeta como espíritus afines.

El mayor cambio climático que ha sufrido la Tierra en más de 56 millones de años nos genera muchas dudas.[2] Sin embargo, hay razones para creer que nuestra especie y, con suerte, muchos de nuestros parientes evolutivos sobrevivirán e incluso prosperarán de formas totalmente nuevas que ahora, en esta encrucijada del viaje humano, solo podemos imaginar. Dotados de rasgos adaptativos extraordinarios, recorrimos continentes enteros y cruzamos los océanos sobreviviendo a glaciaciones y deshielos. Pensar en el futuro como un umbral y no como una sentencia de muerte será probablemente el poderoso tónico que nos permita llegar al otro lado.

Nuestra familia humana ya está experimentando la primera oleada de lo que sin duda será la mayor migración masiva de nuestra especie en la historia. El nuevo nomadismo traerá consigo un cambio en nuestra orientación espacial y temporal, ya que nuestra especie, acostumbrada durante mucho tiempo a una vida sedentaria a lo largo de generaciones, se verá obligada a emigrar a regiones más resistentes para escapar de las graves alteraciones relacionadas con el clima desencadenadas por el sobrecargado ciclo hidrológico de la Tierra.

La próxima migración humana pondrá a prueba nuestro ingenio. Si el Holoceno se caracterizó por largos periodos de vida sedentaria y cortos periodos de vida migratoria, es probable que el Antropoceno invierta la dinámica, con periodos más cortos de vida sedentaria y periodos más largos de migración, al ritmo que marque la hidrosfera. Así pues, estamos empezando a ver los primeros brotes de lo que bien podría ser el auge de una sociedad efímera. Ya están surgiendo ciudades efímeras en las que viven decenas e incluso cientos de miles de migrantes, aunque solo están definidas a grandes rasgos, y funcionan más bien como campos de refugiados. Pero a medida que la migración humana se convierta en un modo de vida y no en una interrupción temporal, las ciudades emergentes situadas a lo largo de los corredores migratorios se irán definiendo y refinando, y se adecuarán más a una calidad de vida buena pero espartana. Además, puede que se administren colectivamente siguiendo el principio de la «gobernanza de los bienes comunales». Es más que probable que en las próximas cinco décadas se construyan ciudades efímeras que también sean móviles y que puedan adaptarse a los cambios que se produzcan en las pautas y corredores migratorios. Estarán equipadas con estructuras de última generación que puedan montarse, desmontarse, trasladarse y volverse a montar adaptándose al flujo del tráfico humano, a medida que nuestra especie se adapta a las alteraciones climáticas.

Para averiguar cómo puede prosperar nuestra especie en una sociedad efímera, marcada por el calentamiento global del planeta y la resilvestración de la hidrosfera, hay que replantearse la forma en que nuestra familia humana vive en el tiempo y navega por el espacio. El primer indicio de esta reorientación temporal y espacial es el modo en que empezamos a entender de una nueva forma el hábitat y el apego al lugar. El agua se ha llevado consigo la noción convencional de lo que es un refugio seguro en un mundo como este, sujeto a cambios climáticos altamente impredecibles. La antigua lucha ontológica y filosófica entre el *ser* y el *devenir*, que consideraba al primero como real y al segundo como voluble o incluso ilusorio, se está invirtiendo a medida que nos adentramos en un siglo XXI altamente inestable.

La idea de que la realidad está compuesta por objetos, estructuras y formas predecibles, atemporales y pasivas se está desvaneciendo rápidamente en los círculos filosóficos, e incluso dentro de la comunidad científica, donde el discurso se aleja cada vez más de la captura de «cosas» y el secuestro de la materia pasiva y el tratamiento de todos los fenómenos como objetos, y se encamina hacia una nueva comprensión de una realidad compuesta por procesos, patrones y flujos que evolucionan por sí mismos.

## EL RENACIMIENTO DE LAS ARTES EFÍMERAS Y EL REAJUSTE DEL TIEMPO Y DEL ESPACIO

Las artes suelen ser precursoras en la reorientación de nuestra cambiante relación con el tiempo y el espacio a lo largo de la historia. El último gran reajuste de las artes se remonta a la época medieval y al Renacimiento italiano, entre 1340 y 1550, un periodo marcado por la reimaginación del tiempo y del espacio. El cambio temporal comenzó con los benedictinos, una orden monástica fundada en el año 529 por Benito de Nursia. Los benedictinos estaban firmemente comprometidos con el trabajo manual extenuante y la estricta observancia religiosa. Su principio rector era que «la ociosidad es enemiga del alma». Para los benedictinos, el trabajo manual era una forma de penitencia para asegurarse la salvación eterna. San Benito advertía a sus hermanos: «Si queremos evitar las penas del infierno y llegar a la vida eterna, mientras haya tiempo, y estemos en este cuerpo, y podamos cumplir todas estas cosas a la luz de esta vida, corramos y practiquemos ahora lo que nos aprovechará eternamente».[3]

Los estudiosos señalan que los benedictinos fueron probablemente los primeros en considerar el tiempo como «un recurso escaso» y, dado que el tiempo pertenecía a Dios, cada uno de los hermanos debía aprovechar cada momento de cada hora de vigilia rindiendo homenaje al Señor. Cada día se organizaban con precisión las tareas. Se asignaban tiempos específicos para la oración, el trabajo, el estudio de las Escrituras, comer, bañarse, dormir, etcétera.[4] Incluso se establecían tiempos específicos para las tareas más mundanas, como afeitarse la cabeza, realizar sangrías, rellenar los colchones... Todas las horas del día tenían tareas asignadas.

Los antropólogos sugieren que, probablemente, los benedictinos fueron la primera cohorte de la historia en cumplir horarios, una práctica que se ha convertido en una forma de vida y en una firma del orden natural de las cosas. Por este motivo, se les suele calificar como «los primeros "profesionales" de la civilización occidental».[5] A pesar de su fanatismo por la puntualidad, los benedictinos se enfrentaron al problema de cómo garantizar el cumplimiento de los horarios. Encontraron la respuesta en la invención del reloj mecánico, aproximadamente en el año 1300. Se trataba de una máquina automatizada que funcionaba mediante un dispositivo llamado *escape*, un mecanismo que «interrumpía regularmente la fuerza de un peso que caía», controlando la liberación de energía y el movimiento de los engranajes.[6] El reloj mecánico fue un regalo del cielo que permitió a los hermanos estandarizar la duración de las horas, programarse y ser puntuales durante sus actividades diarias.

La invención del reloj mecánico fue tan seductora que la noticia de su invención se extendió rápidamente más allá de los claustros y llegó al dominio público, lo que propició que se construyera un reloj gigante en cada plaza mayor. No tardó en convertirse en la pieza central de la vida cotidiana y, poco después, en el coordinador y orquestador de una economía protoindustrial en las comunas urbanas de la Baja Edad Media. Claro que los monjes benedictinos nunca pretendieron que el invento para controlar el tiempo se convirtiera en el supervisor de la vida comercial y diera lugar a una nueva concepción de la eficiencia basada en el tiempo. El reloj mecánico era un invento ideal para gestionar, controlar y secuestrar una economía protoindustrial, en la que la eficiencia implacable sustituiría a la forma de trabajar más relajada, típica de las pequeñas comunas urbanas y de una economía agrícola en la que el tiempo se medía por la salida del sol, el mediodía, la puesta del sol y el cambio de las estaciones. Controlar cada momento se convirtió rápidamente en un fetiche de la era industrial. Pronto se introdujo el minutero y, poco después, el segundero. Con el auge de la era industrial y el capitalismo de mercado, «el tiempo es oro» se convirtió en el nuevo mantra general de la vida social, cívica y comercial. En la década de 1790, los relojes, antaño un espectáculo y un lujo, se habían convertido en una necesidad asequible para todos los hogares, y los trabajadores empezaban incluso a llevar relojes de bolsillo.

En *Los viajes de Gulliver*, de Jonathan Swift, los sabios de Liliput informaron al emperador de que el gigante extraterrestre al que habían encadenado se metió la mano en el bolsillo y sacó un objeto brillante que hacía un zumbido parecido al de un molino de viento en miniatura, y «nos acercó ese aparato» a los oídos. Pensaron que la máquina era «o bien algún animal desconocido, o bien el dios al que adora; pero nos inclinamos más por esta última opinión, porque nos aseguró [...] que rara vez hacía algo sin consultarlo».[7]

Los relojes fueron reorientando al público, alejándolo del tiempo de la naturaleza y acercándolo al ritmo constante del tiempo mecánico de las fábricas, donde los sistemas de producción requerían una atención constante para sincronizar la actividad industrial. El tiempo llegaría a concebirse como una unidad estándar mensurable que operaba en un universo paralelo alejado de los ritmos de una Tierra animada. Aunque se reflexionó poco sobre ello, la eficiencia llevó a nuestra especie a un mundo virtual alternativo, completamente desvinculado de los ritmos temporales que marcaban la rotación diaria del planeta y el cambio de las estaciones, a medida que la Tierra realizaba su viaje anual alrededor del Sol.

Pero eso no es todo. En la época medieval, el tiempo tenía poca importancia. Estar «en el mundo», pero no ser «del mundo», era lo que definía ese periodo. El plano terrenal se consideraba una especie de encierro temporal mientras los fieles cristianos esperaban ansiosamente su ascensión al cielo y alcanzar así la vida eterna.

Basta con echar un vistazo a los cuadros y tapices de la época que representan la creación como un plano liso, con seres humanos flotando hacia arriba con las manos extendidas mientras miran fijamente al cielo. Aunque bellos, estos cuadros parecen oníricos e infantiles y carecen de profundidad. No transmiten realismo.

Todo eso cambió cuando el artista Filippo Brunelleschi rompió el guion de la Iglesia en 1415 al ser el primero en utilizar la perspectiva lineal en el arte para representar el Baptisterio de Florencia desde la puerta principal de la catedral cuando aún estaba en construcción. La perspectiva lineal proyectaba la ilusión de profundidad tridimensional mediante el uso de un «punto de fuga» hacia el que convergían todas las líneas, a la altura de los ojos, en el horizonte.[8] La genialidad de Brunelleschi provocó un cambio radical en la percepción que nuestras sociedades tenían de la temporalidad y la espacialidad, modificando nuestra forma de ver el mundo. Miguel Ángel, Rafael, Donatello y Leonardo da Vinci no tardaron en pintar sus propias obras maestras utilizando la perspectiva. La introducción de la perspectiva en el arte tras la aparición del reloj mecánico cambió literalmente la forma en que las sucesivas generaciones percibirían el tiempo, el espacio y la existencia en la Tierra.

A partir de entonces, contemplarían cuadros que reposicionan el ojo para mirar desde detrás de una ventana un horizonte vacío listo para ser capturado, secuestrado, objetivado y transformado con el fin de crear un segundo Edén. Cada persona se convierte a la vez en *voyeur* y en supervisora de todo lo que mira. La perspectiva en el arte preparó a las generaciones posteriores para concebir el mundo desde el punto de vista de un observador objetivo y distante.

Los artistas del Renacimiento, que introdujeron la perspectiva en su arte, interactuaron a menudo con arquitectos y matemáticos de la época que utilizaron los principios de la perspectiva para avanzar en sus propias disciplinas, al tiempo que compartían sus conocimientos sobre la geometría y la ciencia del momento. Estos cambios técnicos en la forma en que las sucesivas generaciones percibirían la existencia situaron la ciencia baconiana en el centro de la escena y sentaron las bases del Siglo de las Luces, protagonista del siglo XVIII y, posteriormente, también las de la era del progreso en los siglos XIX y XX.

Para las generaciones posteriores de nuestra especie, el mundo que las rodeaba estaba lleno de objetos que capturar y utilizar, es decir, materia pasiva lista para ser transformada y devorada. Y el utilitarismo vendría a sustituir, al menos en parte, a la religiosidad anterior. Ver el mundo como un observador desapegado es apartarse del entorno y asumir el papel de arquitecto y ejecutor, hasta en nuestras interacciones más triviales con el planeta. Incluso en los aspectos más mundanos de nuestra vida cotidiana, cada uno de nosotros se convierte en un supervisor y creemos que el mundo natural que nos rodea es un elemento más para consumir.

La noción de amoldar el tiempo a los requisitos de eficiencia y utilitarismo se ha entrelazado tanto que a todos los efectos parecen tautológicos. La eficiencia es el marcador de la noción moderna de temporalidad y ha disfrutado de un estatus incuestionable como virtud primordial de la vida contemporánea. Su dominio como valor temporal apenas ha sido cuestionado, como si se pensara que es el principal medio temporal subyacente a la propia naturaleza.

Hemos llegado a considerar la eficiencia como una fuerza de la naturaleza y no como un invento humano. Si cuando pensamos en la eficiencia la reducimos a lo esencial, veremos que la relacionamos con la extracción, el secuestro, la mercantilización y el consumo de volúmenes cada vez mayores de las esferas rectoras de la Tierra (la hidrosfera, la litosfera, la atmósfera y la biosfera), a velocidades cada vez mayores y en intervalos de tiempo cada vez menores para aumentar la opulencia exclusiva de nuestra propia especie. ¿No hacen lo mismo todas las demás especies? Difícilmente. En la naturaleza, el valor temporal no es la eficiencia, sino la adaptabilidad. Todas las criaturas, e incluso nuestra propia especie, al menos hasta los albores de la civilización, adaptaron continuamente sus propios relojes biológicos (ritmos ultradianos, circadianos, estacionales y circanuales) a la orientación temporal del planeta.

Así pues, la eficiencia es una invención humana, un valor temporal que no existe en la naturaleza, en la que la adaptabilidad es el valor temporal universal, pues está incorporada en la composición genética de todo ser vivo. Del mismo modo, la productividad, gemela de la eficiencia, no existe en la naturaleza. La regeneratividad es el motor de los sistemas naturales y de todas las fuerzas vitales que los habitan. Y la naturaleza no se compone de recursos pasivos y objetos de consumo, sino de una rica reserva de procesos dinámicos, patrones y flujos que interactúan continuamente y que componen una Tierra viva.

Aunque esta otra experiencia de la naturaleza como algo animado, interactivo y en constante evolución a lo largo del tiempo, en lugar de existir pasivamente en un vacío espaciotemporal, es la forma en que nuestra especie ha percibido su existencia desde tiempos inmemoriales, la verdad es que dejamos de escuchar la llamada de la naturaleza con el surgimiento de las primeras civilizaciones hidráulicas urbanas hace unos seis mil años. Eso está cambiando ahora, cuando un clima más cálido libera la hidrosfera para que encuentre un nuevo rumbo.

Para ser justos, ya hemos vivido épocas en las que éramos conscientes de cómo funciona el mundo real del tiempo y el espacio. La más reciente fue durante la contrarrevolución que supuso el Romanticismo frente a la Edad de la Razón y la Ilustración. Pero no fue hasta las primeras décadas del siglo XX cuando los físicos empezaron a darse cuenta de que lo que creían hasta entonces respecto a los átomos, es decir, que eran materia sólida que ocupa un espacio fijo, no era correcto. Los científicos llegaron a la conclusión de que un átomo no es una «cosa» en el sentido material, sino un conjunto de relaciones que funcionan a un ritmo determinado, y por esa razón, «en un instante dado de tiempo el átomo no posee esas cualidades». Como explica el físico Fritjof Capra:

> En el plano subatómico, los objetos materiales sólidos de la física clásica se disuelven en patrones ondulatorios de [...] probabilidades de interconexión. La teoría cuántica nos obliga a ver el universo no como una colección de objetos físicos, sino como una complicada red de relaciones entre las distintas partes de un todo unificado.[9]

La práctica tan extendida de separar la estructura de la función se desvaneció con el nacimiento de la nueva física. Los científicos empezaron a darse cuenta de que es imposible separar lo que es algo de aquello que hace. Todo es pura actividad y nada es estático. Las cosas no existen de forma aislada, sino a través del tiempo.

Fue después de la Segunda Guerra Mundial cuando Norbert Wiener, el padre de la cibernética, y su contemporáneo Ludwig von Bertalanffy, el padre de la teoría general de sistemas, aparecieron en escena y pusieron en práctica la teoría. Ambos llegaron a la conclusión de que los supuestos sobre el tiempo, el espacio y la naturaleza de la existencia eran erróneos. En 1952, Von Bertalanffy escribió: «Lo que se conoce como estructuras son en realidad procesos lentos de larga duración, las funciones son procesos rápidos de corta duración». En 1954, Wiener adoptó un enfoque similar para dimensionar a nuestra especie y, de hecho, la vida de todas las demás especies que habitan la Tierra. Sobre la vida humana escribió lo siguiente:

> El patrón que mantiene esta homeostasis es la piedra angular de nuestra identidad personal. Nuestros tejidos cambian a medida que vivimos: los alimentos que ingerimos y el aire que respiramos se convierten en carne de nuestra carne y hueso de nuestro hueso, y los elementos momentáneos de nuestra carne y de nuestros huesos salen de nuestro cuerpo cada día con nuestros excrementos. *No somos más que remolinos en un río de agua que no cesa de fluir.* No somos materia que permanece, sino modelos que se autoperpetúan.[10]

Sus reflexiones beben mucho del pensamiento del filósofo Alfred North Whitehead. Whitehead es recordado como uno de los grandes matemáticos del siglo XX. Fue coautor con Bertrand Russell de *Principia mathematica*, una serie de tres volúmenes sobre los fundamentos de las matemáticas que se convirtió en la referencia obligada de esta ciencia en el siglo XX. Más adelante se centró en la filosofía y la física. Su obra principal, *Proceso y realidad*, publicada en 1929, influyó en muchos de los principales pensadores de la ciencia y la filosofía a lo largo del siglo.

Whitehead puso en la picota la descripción de Isaac Newton de la materia y del movimiento desprovistos del paso del tiempo...

> ... que da por hecho que la materia es bruta e irreductible, o material, extendida en el espacio en un flujo de configuraciones. En sí misma, esta materia carece de sentido, de valor y de finalidad. Solo hace lo que hace, siguiendo una rutina fija impuesta por relaciones externas que no brotan de la naturaleza de su ser.[11]

Whitehead se opuso a la descripción de Newton de la existencia compuesta de instantes «sin duración, sin referencia a ningún otro instante», argumentando que la «velocidad o el momento en un instante determinado» eran simplemente conceptos absurdos.[12] Según Whitehead, la idea de que la materia aislada tuviera «la propiedad de ubicarse en el espacio y el tiempo» dejaba a la «naturaleza desprovista de sentido o de valor».[13]

Lo que le preocupaba era que el concepto de *naturaleza* predominante en la comunidad científica «omite cualquier distinción de las actividades fundamentales que se desarrollan en su interior».[14] El historiador y filósofo Robin G. Collingwood, de la Universidad de Oxford, señaló que las relaciones y los ritmos solo existen en «un periodo de tiempo lo suficientemente largo como para que el ritmo del movimiento se establezca por sí mismo».[15] Por citar lo obvio, por ejemplo, una nota musical no es nada sin las notas que la preceden y la siguen.

Whitehead resumió de la siguiente manera la nueva visión de la física:

> El punto de vista más antiguo nos permite abstraernos del cambio y concebir la realidad completa de la naturaleza en un instante, haciendo abstracción de cualquier duración temporal y entendiéndola caracterizada en cuanto a sus interrelaciones tan solo por la distribución instantánea de la materia en el espacio [...]. Para la perspectiva moderna, el proceso, la actividad y el cambio son el hecho inmediato. En un instante no hay nada. Cada instante es solo una forma de

> agrupar los hechos. De este modo, puesto que no hay instantes, concebidos estos como simples entidades primarias, no hay naturaleza en un instante.[16]

Supongamos que nuestros científicos tienen razón al entender que toda la naturaleza es efímera y que lo que experimentamos son patrones, procesos y flujos en constante evolución impulsados por la hidrosfera y que afectan a la litosfera, la atmósfera y la biosfera en un planeta autoorganizado, que sufre las consecuencias del efecto mariposa y las externalidades que acompañan a cada movimiento, reorganizando continuamente lo que hemos llegado a considerar como existencia. Si es así, tendremos que replantearnos la idea misma de la naturaleza como un objeto y una estructura pasivos y atemporales que pueden ser despojados de su entorno y capturados, secuestrados, apropiados y mercantilizados a voluntad. Por decirlo sin rodeos, el planeta no funciona así.

La cuestión es que John Locke, y después Adam Smith y los acólitos que siguieron sus pasos en la elaboración de la teoría y la práctica capitalistas, han malinterpretado de forma atroz el planeta en el que vivimos. Y lo que es más importante, sus errores filosóficos han dado lugar al saqueo de un planeta animado y vivo, llevando a nuestra especie y a nuestros compañeros de viaje a la sexta extinción de la vida en la Tierra. Pero ahora son las artes, siguiendo los pasos de los nuevos conocimientos en física y biología, las que están ayudando a nuestra humanidad colectiva a repensar lo que es la vida en el planeta Aqua.

Una vez más, como ocurrió en el Renacimiento italiano, las artes están rompiendo moldes y nos obligan a replantearnos la forma en que concebimos el tiempo y el espacio y, por extensión, nuestra relación con el mundo natural, nuestras nociones de identidad, nuestro enfoque de la ciencia y la tecnología, e incluso la forma en que educamos a nuestros jóvenes, cómo explotamos las grandes esferas terrestres y cómo concebimos la gobernanza.

El arte efímero es tan antiguo como nuestra especie y se basa en más de doscientos mil años de existencia sobre la Tierra. La vida de nuestros antepasados, cazadores recolectores, era puramente efímera. Como ya he dicho anteriormente, eran animistas. Experimentaban un mundo habitado por fuerzas, patrones y flujos variables imbuidos de agencia que interactuaban y que afectaban íntimamente a todos los aspectos de su existencia. Los ríos y arroyos embravecidos, los bosques oscuros y frescos, vivos y mecidos por el viento, las imponentes cordilleras nevadas que se asoman desde lo alto, los poderosos vientos que barren el horizonte, e incluso las huellas frescas de criaturas semejantes dejadas en un instante, se percibían como espíritus que habitaban en el mismo medio en el que vivía nuestra especie, indiferenciados. Estos otros espíritus y demonios incluso acompañaban a nuestros antepasados al mundo subterráneo, un lugar ausente de corporalidad.

En el mundo de nuestros antiguos antepasados, los sentidos visual, auditivo, olfativo, gustativo y háptico se nutrían continuamente de un rico entorno sensual que se reorganizaba y evolucionaba a cada momento y que, en el proceso, los acompañaba en su viaje. El mundo de los cazadores recolectores era efímero y la improvisación estaba a la orden del día. El concepto de espacio como lugar, un medio fijo e inmutable, habría sido inconcebible para los cazadores nómadas. Si había algún sentido de constancia en esta cosmología tan animada y efímera, era el paso de las estaciones y la señalización de los solsticios de invierno y verano. Mircea Eliade se refirió a la naturaleza etérea del ciclo anual de nacimiento, vida, muerte y renacimiento de la existencia celebrado por nuestros antepasados animistas como el *eterno retorno*.

Al igual que su vida migratoria estaba ligada al nacimiento, la vida, la muerte y el renacimiento de los ciclos estacionales, también llegaron a comprender su propio paso por la vida. Tras la muerte, el espíritu permanece en el limbo del inframundo, para acabar abriéndose paso en otras formas de vida, ya sean humanas o de otras criaturas, o incluso incrustadas en el mundo inanimado. El antropólogo del siglo XIX sir Edward Tylor fue el primero en calificar estas sociedades como *culturas animistas*. En resumen, el mundo de nuestros antepasados era efímero y es lo que cabría esperar de una cultura de cazadores recolectores nómadas.

El paso de la búsqueda de alimento y la caza a la agricultura y el pastoreo, y posteriormente el surgimiento de la civilización hidráulica urbana hace seis mil años, condujo a una existencia sedentaria y, con ella, al menos en el mundo occidental, a una bifurcación de la conciencia, articulada por primera vez por Platón y los filósofos griegos de antaño, para la cual el *lugar* está por encima del *movimiento*, y el *ser* se opone al *devenir*.

## CÓMO LLEVÓ PLATÓN A NUESTRA ESPECIE POR EL CAMINO EQUIVOCADO

Platón es el padre fundador del razonamiento deductivo, la base de la filosofía. El filósofo griego dividió la existencia en dos reinos, el primero ocupado por lo que llamó *ideas* o *formas*, que contiene las esencias no físicas del cosmos, y el segundo formado por la materia, los objetos y las cosas. Según

Platón, este segundo mundo, el físico en el que vivimos, no es más que una pálida imitación del primer mundo de las formas, que es «inmaterial, no espacial y atemporal» y cuya esencia es el ser puro.[17]

Para Platón, cada uno de los objetos que experimentamos y con los que interactuamos en el mundo cotidiano es una imitación imperfecta de estas formas universales. Por ejemplo, los seres humanos, las montañas o las obras de arte son pálidas copias de las ideas que representan. La experiencia del amor de una persona es una pálida representación de la forma amor. El dibujo de un triángulo es una pálida imitación del concepto de triángulo. Cada uno de los ejemplos anteriores es de naturaleza temporal, mientras que Platón sostiene que las formas no existen ni en el tiempo ni en el espacio, y son invisibles.

Nadie ha visto nunca un triángulo perfecto, ni una representación perfecta de la belleza, ni tampoco un perro perfecto. Sin embargo, existen como arquetipos que únicamente pueden imaginarse como conceptos en la mente. Ningún ser humano puede experimentar u observar estas formas, sino que solo puede tener una idea en su cabeza sobre ellas que luego puede imitar. Podemos «pensar» en lo que podría ser un triángulo perfecto, pero nunca podremos «experimentarlo». Platón diría que el conocimiento de la verdad solo puede experimentarse mediante el pensamiento puro y el razonamiento deductivo, y no mediante la experiencia sensorial.

Platón introdujo en la filosofía occidental el concepto de la *división entre mente y cuerpo*, es decir, la separación entre el mundo cognitivo y el físico, que ha dado forma a la manera en que generaciones de eruditos, y especialmente de científicos, han llevado a cabo sus investigaciones ontológicas. Todos estamos familiarizados con la frase «intenta no ser tan emocional..., sé más racional. Confía más en la razón que en la experiencia». En filosofía, el racionalismo es la metodología mediante la cual utilizamos la razón para obtener un conocimiento «en el que el criterio de verdad no es sensorial, sino intelectual y deductivo».[18]

Para Platón, pues, la realidad no es el mundo que experimentamos a través de los sentidos, sino el mundo abstracto y no material de las ideas o formas, que siempre permanecen fuera de nuestro alcance. Tal vez lo más cerca que uno puede estar de experimentar la razón pura son las matemáticas, que permiten vislumbrar verdades universales sin depender de la experiencia sensorial. Platón estaba enamorado de la geometría (en aquella época, el campo más sofisticado de las matemáticas) y la consideraba una ventana al conocimiento puro. Incluso hizo inscribir sobre la puerta de su academia la frase: «Que no entre ningún ignorante de la geometría».

El gran coloso filosófico, en todas sus manifestaciones, con una humanidad desapegada y racional que supervisa y secuestra una naturaleza pasiva y atemperada, desprovista de cualquier sentido de autonomía, ha acompañado a una cultura urbana cada vez más desvinculada del mundo natural hasta la era actual.

Para despejar cualquier duda, recuerdo que fue Isaac Newton quien clavó el último clavo en el ataúd del mundo temporal. Newton descubrió la fórmula matemática para describir la gravitación. Postuló que una sola ley podía describir por qué los planetas se mueven de una determinada manera y por qué una manzana cae del árbol de una forma particular. Explicó que los fenómenos de la naturaleza «pueden depender todos de ciertas fuerzas por las que las partículas de los cuerpos, por algunas causas hasta ahora desconocidas, o bien se impulsan mutuamente unas hacia otras y se unen en figuras regulares, o bien se repelen y se alejan unas de otras».[19] Según las tres leyes de Newton, un cuerpo en reposo permanece en reposo, y un cuerpo en movimiento permanece en movimiento en línea recta a menos que actúe sobre él una fuerza externa; la aceleración de un cuerpo es directamente proporcional a la fuerza aplicada y se produce en la dirección de la línea recta en la que actúa la fuerza; y para cada fuerza existe una reacción igual y opuesta. Las tres leyes de Newton tratan de cómo todas las fuerzas del cosmos interactúan y hacen que este recupere el «equilibrio».

El universo de materia y movimiento de Newton era ordenado y calculable, y en él no cabía el mundo temporal de la espontaneidad o la imprevisibilidad. Era un mundo de cantidades sin cualidades. Newton matematizó el Siglo de las Luces, y las matemáticas, a su vez, proporcionaron el andamiaje para la posterior era del progreso. Y lo que es más importante, en las tres leyes de Newton sobre la materia en movimiento no interviene la flecha del tiempo. En ese universo, todos los procesos son reversibles. Sin embargo, en el mundo real de la naturaleza y, por extensión, de la economía, ningún acontecimiento es reversible en el tiempo. Al adoptar el esquema atemporal de Newton como herramienta para modelar la actividad económica, generaciones de economistas se desviarían del camino, distanciándose aún más del mundo real.

Ahora, lo anómalo es el clima que se calienta rápidamente y un ciclo hidrológico que se está resilvestrando. De repente, las grandes esferas de la Tierra (la hidrosfera, la litosfera, la atmósfera y la biosfera), que se consideraban dominios atemporales que se explotaban, secuestraban, apropiaban, mercantilizaban y consumían, han cobrado vida y protagonismo, aunque esa capacidad siempre estuvo ahí, pero no se reconoció durante el largo periodo caracterizado por un clima templado y una naturaleza aparentemente dócil.

Y son las artes las que están abriendo el camino, rechazando el legado renacentista del distanciamiento objetivo y la captura de la naturaleza como objetos fijos que no cambian en el tiempo. Las artes efímeras están reintroduciendo a nuestra especie en una Tierra animada, en continuo cambio, con sorpresas a cada paso. Una nueva generación de artistas está «recolocando» la vida en el lugar que le corresponde en el planeta al presentarnos un entorno impredecible y en constante evolución de fuerzas, procesos y patrones interactivos que emergen momento a momento y luego desaparecen rápidamente, dando paso a nuevos giros en el que siempre ha sido un planeta lleno de vida.

Esta nueva generación de artistas efímeros nos ofrece una mirada a un planeta vivo y lleno de acción, que intenta adaptarse a un clima cambiante. La reintroducción de las artes efímeras tras un largo periodo de casi letargo nos ayuda a comprender la naturaleza transitoria de la existencia y la importancia de cada momento precioso en cada una de nuestras estancias, y nos enseña que nuestras experiencias individuales perduran y afectan a todo lo que está por venir.

Llevamos practicando el arte efímero desde que nuestros antepasados salieron de los bosques del valle del Rift en África hace entre doscientos mil y trescientos mil años y se adentraron en las sabanas, desde donde cruzaron los vastos océanos y poblaron los continentes. El arte efímero empezó a desvanecerse (pero nunca murió realmente) con el auge de la civilización urbana, la creciente separación y el desapego de nuestra especie del mundo natural en los milenios anteriores a Cristo. En la actualidad, más de la mitad de la familia humana vive en enclaves urbanos artificiales y, en su mayor parte, encerrada en pantallas virtuales alejadas de lo que podría identificarse como naturaleza. Aun así, las antiguas artes efímeras han permanecido sobre todo en los países en vías de desarrollo y entre las sectas religiosas y las comunidades indígenas, y en mucha menor proporción en las naciones industriales altamente urbanizadas y cada vez más alejadas de un mundo natural.

En muchos países se siguen celebrando elaborados rituales efímeros impregnados de arte, en general, en homenaje a los espíritus, las diosas y los dioses de la naturaleza que nos han bendecido con la generosidad de la Tierra. A menudo, el cuerpo se transforma en una obra de arte efímera adornada con plumas y pieles, con la cara y la piel coloreadas con elaborados diseños, utilizando pigmentos naturales extraídos de piedras y suelos triturados de tonos amarillos, marrones, naranjas, rojos y azules.

La mitología hindú, por ejemplo, rinde homenaje a la arcilla *multani mitti*, a la que se atribuyen propiedades mágicas, porque de la tierra «se forma toda la creación, y a la tierra acaba volviendo».[20] Se dice que *multani mitti* es «el cuerpo de la diosa madre, la sustentadora de la vida» y es una sustancia que «se consigue y esculpe fácilmente y, cuando se purifica con fuego u otros elementos sagrados, se convierte en un recipiente apropiado para facilitar la práctica de la visión divina (*darshan*)».

En el este de la India, todos los años se recrea un antiguo ritual en el que los alfareros aplican arcilla a elaboradas estructuras de paja y palos para llevarlas en procesión hasta el río local, donde se disuelven en la corriente. De esa forma, permiten que la deidad regrese a los cielos, mientras que la efímera escultura, creada a partir de la tierra, vuelve a ella tras haber cumplido su propósito. En todo el mundo se celebran antiguos rituales efímeros similares. Las pinturas corporales, las esculturas creadas a partir de la tierra y los rituales de danza son algunas de las obras efímeras más antiguas del arte y del espectáculo, y cada una de ellas refleja la naturaleza transitoria de la vida, cada momento de la cual se disuelve de nuevo en el estanque de la naturaleza para vivir bajo otras apariencias, habiendo dejado una huella en todos los momentos venideros.

Resulta instructivo comprender las diferencias existentes entre las artes tradicionales y las efímeras. Las artes tradicionales son la arquitectura, la danza, la escultura, la música, la pintura, la poesía, la literatura, el teatro, la narrativa, el cine y la fotografía. Aunque algunas de las artes tradicionales son efímeras (por ejemplo, la danza, el teatro y la poesía recitada), en el momento en que se fotografían, filman, escriben y archivan, quedan congeladas en el tiempo y el espacio.

Las artes efímeras, por el contrario, están vivas en el tiempo y el espacio y, aunque se conservan en la memoria, no se archivan. Más bien, van y vienen, dejando una firma que se propaga, afectando a todo lo que viene después. Independientemente de la importancia de su contribución, son experiencias fugaces en el tiempo. El término *efímero* deriva de la palabra griega *ephemeros*, que significa «breve, que dura poco». Las esculturas de arena y de hielo entrarían en la categoría de artes efímeras. Este tipo de arte pretende ser inmediato, disolverse y no ser conservado. Celebra la temporalidad de la existencia. En cambio, las artes convencionales, como la pintura, la escultura con materiales perdurables y la fotografía, capturan una imagen en el espacio y la secuestran como objeto atemporal, dándole un revestimiento de permanencia.

Las religiones y filosofías orientales estaban mucho más en sintonía con lo efímero de la existencia en sus expresiones artísticas que Occidente. Por ejemplo, sus rituales religiosos y prácticas filosóficas incluían a menudo la creación de bellos e intrincados mandalas, compuestos de arenas de colores, que una vez terminados se esparcían a los vientos, reflejando la creencia de que la propia existencia es fugaz y efímera.

Walter Benjamin, filósofo alemán de principios del siglo XX, explicaba que la tendencia a lo efímero de las obras de arte en los últimos tiempos era un reflejo de la aceleración del ritmo de vida en un mundo que cambia a toda prisa. En las décadas de 1960 y 1970 comenzó a surgir una nueva ola de arte efímero, a medida que una generación más joven iba tomando conciencia de los misteriosos cambios que se estaban produciendo en el entorno natural. La idea de una naturaleza relativamente predecible, compuesta por objetos pasivos que durante mucho tiempo se dieron por seguros, evocaba un mundo atemporal de puro ser, mientras que la violenta resilvestración del ciclo hidrológico de la Tierra provocado por el calentamiento global hacía que cada momento pareciera único. En la conciencia de nuestra humanidad colectiva ha calado la idea de que la hidrosfera cambia radicalmente. Eso nos obliga a todos y cada uno de nosotros a experimentar la naturaleza como algo impredecible y en continua evolución.

La moderna ola efímera en las artes tiene sus raíces en la cultura afroamericana. La era del *jazz* de la década de 1920 introdujo lo efímero en la cultura popular y cambió la forma de abordar la música. Se formaban grupos sin una hoja de ruta musical e improvisaban momento a momento, componiendo espontáneamente y transformando cada encuentro musical en una experiencia pasajera única e irrepetible. La comedia de improvisación despegó en la década de 1960 en Chicago con los Second City Players, muchos de los cuales fueron pioneros en el todavía popular programa de televisión *Saturday Night Live*. Los actores solían empezar con un argumento impreciso y se dejaban llevar, con una especie de flujo de conciencia, típico de los grupos de autoconciencia feminista, tan populares en esa época. Los cómicos de improvisación solían poner al descubierto las ironías, los contratiempos y las encrucijadas de la vida que tanto escuecen, provocando la risa del público, que se identificaba con experiencias similares en sus propias vidas.

Más o menos en la misma época, Julian Beck y Judith Malina introdujeron el concepto de *teatro vivo* en los escenarios de Nueva York y, poco después, en los del resto del mundo. Cada representación giraba en torno a un tema o argumento concreto, y a veces se invitaba al público a subir al escenario para improvisar con los actores en una especie de *jazz* teatral.

La danza improvisada se convirtió en un género popular en la década de

1960. Abandonar el formato estricto del *ballet* y otras formas de danza, y permitir al intérprete improvisar movimientos adaptados a las sensaciones del momento y al contexto del entorno se convirtió en una especie de ejercicio terapéutico y una forma de arte efímero. Martha Graham, Doris Humphrey, Paul Taylor y Merce Cunningham, entre otros, fueron pioneros de este nuevo tipo de danza. En la década de 1970, el Grand Union Dance Group de Yvonne Rainer llevó la danza efímera un paso más allá, al presentar improvisaciones puramente espontáneas y no ensayadas de antemano.

A finales de la década de 1960 llegó el despertar del movimiento ecologista moderno con la publicación del libro *Primavera silenciosa*, escrito por Rachel Carson, y con la irrupción de una incipiente crisis medioambiental, seguida de la primera celebración del Día de la Tierra en 1970. Fue entonces cuando una pequeña camarilla de artistas abandonó por completo los museos y las galerías de arte, y empezó a practicar un nuevo género de arte efímero llamado *land art* o arte ambiental. Claude Monet, el gran artista impresionista del siglo XIX, dijo una vez: «Mi jardín es la obra maestra más bella», pero, por supuesto, todos los jardines son obras de arte efímeras, que se transforman continuamente a lo largo de las estaciones, permitiendo al jardinero disfrutar de su participación como administrador del mundo de la naturaleza en un acto de creación conjunta.

El *land art* no es un fenómeno nuevo. Se practica desde que nuestra especie habita el planeta. Pero ha adquirido un nuevo significado en los estertores de la sexta extinción de la vida que habita nuestro planeta. El *land art* es una celebración del asombro y de la maravilla de la existencia: la incesante evolución autoorganizada de una Tierra viva que ha llevado a millones de especies (incluida la nuestra) a realizar un viaje hacia nuevos horizontes.

Esta nueva generación de artistas rinde homenaje a la fugacidad de una Tierra viva. Para apreciar el significado del *land art* efímero y darse cuenta de cómo altera nuestras nociones del tiempo y del espacio, fijémonos en dos enfoques muy dispares de la escultura, cada uno de los cuales implica una respuesta emocional muy diferente ante el asombro de la existencia. La primera escultura, sin duda la más conocida del mundo, está tallada en la cima del monte Rushmore, en Dakota del Sur (Estados Unidos). Dicha escultura representa las cabezas de cuatro de los presidentes más queridos de Estados Unidos: George Washington, Thomas Jefferson, Abraham Lincoln y Theodore Roosevelt. Cada una de las cabezas esculpidas, de dieciocho metros de altura, se alza sobre el paisaje y puede verse desde kilómetros de distancia. Las esculturas representan «el nacimiento, el crecimiento, el desarrollo y la preservación» de la nación y atraen cada año a más de dos millones de visitantes.[21]

El cincelado de las esculturas, que comenzó en 1927 y terminó en 1941, no estuvo exento de polémica. La nación indígena sioux argumentó que las esculturas se encuentran en una tierra que es sagrada para ellos y que representa a sus deidades ancestrales personificadas como las seis direcciones (los seis abuelos): «Norte, Sur, Este, Oeste, Arriba (cielo) y Abajo (tierra)». Por esa razón, llaman a esas esculturas el «santuario de la hipocresía».[22]

Los «cuatro abuelos» de los Estados Unidos de América cincelados en la cima de granito del monte Rushmore tienen un significado aún más profundo, pero no expresado: la idea del «dominio del hombre sobre la naturaleza». Los temas subyacentes, pero que se sienten de forma inconsciente, son la conquista del tiempo y el secuestro del espacio. Sin duda, muchos visitantes abandonan el lugar con la idea de que las gigantescas caras de granito esculpido, como las antiguas pirámides de Egipto, permanecerán allí para siempre, convirtiéndose en un símbolo de la inmortalidad del hombre y de la subyugación de la temporalidad: el ser eterno triunfando sobre el devenir terrenal.

Los artistas del *land art* adoptan un enfoque muy diferente, tratando de interactuar con la temporalidad de la naturaleza. Su mundo es un continuo devenir. Perciben las cuatro grandes esferas de la Tierra (hidrosfera, litosfera, atmósfera y biosfera) como organismos animados que se entrelazan en un espacio temporal terrenal que evoluciona continuamente hacia nuevos modelos que perduran y se propagan, afectando a todo lo demás, por pequeña que sea la externalidad.

Andy Goldsworthy es un escultor británico diferente. Para sus esculturas, pioneras en el nuevo ámbito artístico del *land art* efímero, utiliza nieve, hielo, hojas caídas, flores, piñas y piedras como materia prima con la que crea elaboradas y bellas obras de arte incrustadas en el entorno natural, que juegan con la luz y las sombras de forma seductora, pero también temporal, para luego ser arrastradas por el viento, el agua, el calor o la lenta degradación de la pedosfera de la Tierra. Sus esculturas están escondidas en los bosques o al borde de llanuras aluviales y humedales, esperando a ser descubiertas. Es conocido sobre todo como el padre del «arte con rocas en equilibrio», dispuestas en elaboradas torres que parecen desafiar a la gravedad. A los transeúntes les llama la atención el descubrimiento repentino de estas obras, que despiertan su curiosidad e incluso su asombro y admiración. Estos encuentros fortuitos suelen dejar huella en la memoria de quienes las ven y perduran en las historias que comparten con los demás.

Más interesante todavía es el hecho de que las obras efímeras de *land art* carecen de valor comercial. Deben experimentarse durante un momento y apreciarse, pero no pueden venderse ni intercambiarse. Aunque las obras se degradan con el tiempo, los átomos que componen las moléculas que residen en estas esculturas efímeras acabarán trasladándose y residiendo en otro lugar y compondrán otra forma temporal. En este sentido, nunca mueren.

Al denigrar la experiencia vivida como una pálida imitación del pensamiento puro, Platón apartó a un lado la cualidad física de la vida en la Tierra, cargada de protagonismo y rebosante de innovación y emergencia. Su mundo racionalizado y desapegado, de pensamiento puro y perfección carente del lastre de la experiencia vivida y del paso del tiempo, comparte una estrecha afinidad con la noción de *cielo*. Al fin y al cabo, la *eternidad* es un reino atemporal poblado por espíritus desprovistos de sentidos físicos que existen en un estado de perfección exenta de cambios.

Al menos, Platón no tuvo reparos en identificarse con una racionalidad distanciada, que es la esencia de lo eterno, y en devaluar la cualidad física de la existencia efímera como algo de poca importancia en el panorama general de las cosas. Incluso menospreció la belleza física por su fugacidad, argumentando que solo «la idea de lo bello» es eterna. Sin duda, la valoración de lo efímero de la vida no desapareció del todo, pero recordemos que, durante casi diecisiete siglos, desde la crucifixión de Cristo y su ascensión al cielo, los fieles cristianos permanecieron acurrucados y firmes, esperando y rezando para ser elevados desde un mundo físico caído, caracterizado por el trabajo y la confusión, y ser recibidos en el reino celestial de la vida eterna.

Hacia finales del siglo XVIII, el Romanticismo empezaba a estar en auge y sus entusiastas se hartaron de las afirmaciones limitantes de Platón, expresándolo con la ocurrencia tantas veces oída: «Lo bello nunca se verá dos veces». A finales de la década de 1960, las tornas habían cambiado y lo efímero estaba experimentando su propia segunda venida: un neoanimismo más sofisticado unido a los nuevos descubrimientos de la física, la química, la biología y las ciencias ecológicas. Una vez más, Walter Benjamin vislumbró el espíritu de los tiempos que estaban por venir, señalando que, en los tiempos futuros, lo que se inmortalizaría sería la naturaleza transitoria.[23]

¿Por qué dedicar tanta tinta al resurgimiento del arte efímero? Porque dicho arte está preparando a nuestra especie para vivir en un planeta sobrecargado de cambios climáticos que nos van a exigir surfear las olas de una hidrosfera impredecible, llevándonos a nuevos mundos inexplorados. La vida sedentaria de los últimos diez mil años, con su clima templado y predecible, está llegando a su fin. Siempre fue un breve interludio en la existencia de nuestra especie en la Tierra. Aprender a vivir y prosperar como neonómadas en un mundo de cambios constantes y desgarradores provocados por la resilvestración de las aguas exige reajustar nuestra experiencia del tiempo y nuestro apego al lugar. Y esto significa renunciar a la noción ingenua de que la naturaleza está formada por objetos pasivos que pueden ser acorralados y consumidos sin externalidades negativas que se propaguen y vuelvan para atormentarnos. Esta forma de pensar es, en el mejor de los casos, ingenua y, en el peor, pone en peligro nuestra capacidad de perdurar y prosperar.

Está naciendo un nuevo neoanimismo más maduro, que ofrece a nuestra especie un bote salvavidas hacia el futuro mientras nos preparamos para una existencia más nómada acompañada de breves periodos de vida sedentaria. Será un futuro muy diferente a lo que hemos conocido durante el breve periodo de clima templado y predecible, en el que reinaba el apego al lugar y nuestra forma de vida era más sedentaria. Si hay alguna esperanza a la que aferrarse, es que nuestros biólogos y antropólogos nos dicen que nuestra especie está biológicamente preparada para vivir como lo hicieron nuestros antiguos antepasados nómadas a lo largo de eones de historia. Nuestra biología es nuestro punto fuerte. Nos será de gran utilidad e incluso nos permitirá prosperar en un planeta vivo que se está resilvestrando de un modo completamente nuevo para nosotros. Reorientarnos hacia la temporalidad de la existencia es el primer paso para prepararnos para una vida más efímera y nómada.

Capítulo 9

# REPENSAR NUESTRO APEGO AL LUGAR

## *De dónde venimos y hacia dónde nos dirigimos*

Nuestros antropólogos aún no están seguros de cuándo apareció el *Homo sapiens*. Durante mucho tiempo, la creencia generalizada fue que surgimos hace unos doscientos mil años en el valle del Rift, África. Más recientemente, gracias a los nuevos hallazgos fósiles y a la elaboración de perfiles genéticos, creemos que podemos situar nuestro origen trescientos mil años atrás. En lo que sí coinciden todos es en que desde el principio fuimos unas criaturas muy nómadas que se movían siguiendo las estaciones y el clima, parando durante cortos espacios de tiempo, por lo que difícilmente podría considerarse que la nuestra era una vida sedentaria (eso se produciría hace unos once mil setecientos años, con el deshielo de la última Edad de Hielo y con la llegada de una nueva climatología habitualmente suave y predecible). Aquí y allá, pequeños grupos de nuestros antepasados se asentaron y, en lugar de seguir las estaciones y los cambiantes ciclos vegetativos y las migraciones animales, aprendieron a domesticar plantas silvestres y a acorralar y pastorear animales salvajes. En lugar de adaptarse a la naturaleza, iniciaron el gran cambio, adaptando la naturaleza a nuestra especie.

Los primeros asentamientos agrícolas estaban situados en las orillas de las costas oceánicas o cerca de los márgenes de lagos, ríos y humedales, para garantizar así el acceso a una abundante vida marina y contar con un depósito fiable de agua para el consumo humano y el riego primitivo. Pero creer que la vida sedentaria empezó a superar a la migratoria sería un error. Nunca fue así. Si damos un paso atrás y observamos el largo trecho recorrido por el *Homo sapiens* en la Tierra, está claro que, si bien la mayoría de la población vivía de forma sedentaria, primero en aldeas, más tarde en ciudades y ahora en megalópolis, es igualmente cierto que las grandes civilizaciones han surgido y han caído, han llegado y se han ido.

Una gran parte de las infraestructuras sedentarias fueron víctimas de la disipación entrópica provocada por la degradación de los suelos, la devastación de los bosques y el agotamiento de las aguas. Pero también se vieron afectadas por los drásticos cambios climáticos que se produjeron a lo largo de la historia de nuestra especie. Las invasiones de bandas merodeadoras y de ejércitos colonizadores también provocaron la dispersión y la migración de nuestra especie a lo largo del tiempo. En la mayoría de los casos, han sido las transformaciones de las grandes esferas de la Tierra (hidrosfera, litosfera, atmósfera y biosfera) las que han condicionado en última instancia nuestras idas y venidas entre cortas estancias sedentarias y largos periodos nómadas.

Pensemos que en 1776 nuestra especie contaba con menos de 780 millones de individuos. Hoy somos 8.000 millones de personas, una cifra que ha sido posible gracias a una civilización industrial basada en los combustibles fósiles y al nexo entre agua, energía y alimentos que está alterando drásticamente la dinámica climática, empujando ya a cientos de millones de personas a migraciones y reasentamientos masivos. A finales de este siglo, varios miles de millones de seres humanos podrían estar emigrando en busca de refugios climáticos más seguros. Incluso antes de que el dramático calentamiento del clima empezara a afectar a la vida cotidiana, la curva de campana que mostraba la evolución de población empezaba a alcanzar su punto máximo. El Centro Wittgenstein de Demografía y Capital Humano Global de Viena prevé que, en el año 2080, la población mundial alcanzará un máximo de unos 9.400 millones de personas e iniciará un brusco declive a lo largo del próximo siglo.[1]

El paso de la vida sedentaria a la nómada y las penurias que acompañan a las migraciones masivas en un planeta que se calienta por culpa del cambio climático conducirán inevitablemente a un descenso vertiginoso de la población humana. Ese proceso ya ha empezado.[2] Es probable que en el siglo XXIV nuestra población haya descendido a niveles más parecidos a los del mundo preindustrial, a medida que empecemos a utilizar las nuevas energías verdes basadas en el sol, el viento y el agua, que son las energías primigenias que gobiernan este planeta.

## ENTRANDO EN EL NEONOMADISMO

El mundo que hemos conocido durante toda la llamada «era del progreso» es efímero y está llegando a su fin rápidamente, y a mucha más velocidad de lo que pensamos. ¿Qué esperanza nos queda? Desde que surgimos en las sabanas africanas, los humanos modernos iniciamos un largo viaje por todo el planeta. Nuestros antepasados se dirigieron primero hacia el este, atravesando toda Asia y llegando a Indonesia hace entre 80.000 y 60.000 años, y desde allí emigraron a Australia. Hace unos 45.000 años, nuestros antiguos hermanos atravesaron el Mediterráneo y viajaron por el Danubio hacia el interior de Europa, donde vivieron codo con codo con sus antepasados neandertales, con los que a veces se apareaban y cuyos genes aún se encuentran en nuestra composición genética.[3] No fue hasta hace unos 15.000 años cuando el *Homo sapiens* cruzó de Asia a América por el estrecho de Bering y descendió por todo el continente.

Los primeros antropólogos dieron mucha importancia al hecho de que, en su migración, nuestros antepasados llegaran a exuberantes praderas, donde había abundantes presas en campo abierto para la caza. La verdad es que nuestros antepasados eran más recolectores que cazadores porque los animales salvajes escaseaban en el lugar del que procedían, mientras que había mucha vegetación fácil de recolectar. Patrick Manning, catedrático de Historia y Estudios Africanos de la Universidad del Nordeste de Estados Unidos y autor de *Migration in World History*, señala que la gran migración a través de los continentes y el asentamiento de poblaciones a principios del Neolítico favorecieron la colonización de las orillas de corrientes de agua. Según él:

> A medida que las comunidades humanas crecían y se propagaban, se enfrentaban repetidamente a una disyuntiva: concentrarse a orillas del agua u optar por praderas abiertas [...]. Los estudios sobre la evolución humana han tendido durante mucho tiempo a hacer hincapié en la caza y las praderas [...]. Quiero destacar la importancia que siguieron teniendo ríos, lagos y océanos para los primeros *Homo sapiens*. Los recolectores encontraron una rica variedad de vida vegetal y animal a orillas de mares, ríos y lagos.[4]

La cuestión que más ha intrigado a los antropólogos es cómo cruzaron nuestros antepasados los grandes océanos y colonizaron nuevas masas territoriales y continentes enteros. Aunque el corto salto de Asia a América a través del estrecho de Bering solo tiene ochenta y cinco kilómetros de ancho y es relativamente poco profundo en algunas partes, sigue sin dar respuesta a cómo nuestros antepasados lograron atravesar por mar vastas extensiones de los grandes océanos; por ejemplo, desde el archipiélago indonesio hasta Australia y las islas del Pacífico, muchas de las cuales fueron colonizadas hace miles de años.[5]

La primera gran travesía a través de los océanos, al menos en la vertiente del Pacífico, se inició en la Polinesia, una subregión de Oceanía en la que se encuentran más de mil islas que se extienden por el océano Pacífico. La particular «navegación polinesia tradicional» es realmente antigua.[6] Sus pueblos se convirtieron en los primeros viajeros oceánicos, colonizando islas y participando en complejos intercambios comerciales. Especialmente fascinante es su sofisticada forma de navegar. Confiando en la memoria, recordaban cuidadosamente ciertas aves marinas, que salían al océano a pescar y regresaban a tierra en las horas nocturnas, por lo que optaron por seguirlas. También se guiaban por las estrellas. Estos hábiles navegantes incluso utilizaban el oleaje para atravesar los océanos y encontrar el camino de una isla a otra. Los navegantes que vivían dentro de un grupo de islas aprendían el efecto que tenían las distintas islas sobre la forma, la dirección y el movimiento del oleaje, y podían corregir su ruta en consecuencia.[7]

A lo largo de la historia, las causas de la migración humana han sido diversas: huir de la opresión y de las guerras; colonizar a otras poblaciones; buscar tierras vírgenes para establecerse; crear nuevas comunidades para las prácticas religiosas; buscar nuevos lugares de trabajo; emigrar de tierras estériles y de la escasez de alimentos; huir de persecuciones religiosas, étnicas, raciales y políticas; o escapar de los efectos del clima, como inundaciones, sequías, terremotos y erupciones volcánicas. La pobreza y la esperanza de gozar de mayores oportunidades han sido los pilares de las migraciones masivas. Entre 1820 y 2013, 79,5 millones de personas (en su mayoría pobres, hambrientas e indigentes) emigraron a Estados Unidos y obtuvieron tanto el estatus de residentes como la ciudadanía.[8] El movimiento de personas también incluyó el transporte forzoso de millones de esclavos desde sus tierras natales en África a regiones de todo el continente americano. Las migraciones masivas también se vieron espoleadas por el deseo de disfrutar de un modo de vida y una cultura diferentes. También se han producido migraciones internas. En Estados Unidos, entre 1920 y 1970, seis millones de afroamericanos viajaron de los estados del sur a los del norte en lo que se llamó «la gran migración». Huían de la supremacía blanca, de las conocidas como leyes de Jim Crow.

En los últimos tiempos, las oportunidades de trabajo estacional han atraído a emigrantes de naciones más pobres que se desplazan a los países más ricos, donde trabajan y también envían dinero a sus familias en sus países de origen. Por ejemplo, un gran número de ciudadanos de Filipinas emigran a los Emiratos Árabes Unidos durante largos periodos de tiempo para trabajar y luego regresar a su país de origen. También hay quienes emigran para buscar nuevas aventuras o estilos de vida más cosmopolitas o incluso la soledad.

Aunque los motivos de la mayoría de las migraciones no son claros, debemos distinguir entre los diversos grados de migración que separan la vida sedentaria de la nómada. Incluso los desplazamientos de larga distancia por motivos laborales o los viajes entre dos regiones durante las vacaciones de verano y de invierno desdibujan la línea que separa lo sedentario de lo nómada. Entonces, ¿cómo trazamos una línea divisoria entre lo nómada y lo sedentario, por ejemplo, entre visitar a amigos y familiares lejanos durante largos periodos de tiempo y regresar a nuestro lugar de origen? O pensemos en lo siguiente. Según la Oficina del Censo de Estados Unidos, es probable que un adulto de dieciocho años se mude 9,1 veces a lo largo de su vida, a menudo a regiones lejanas.[9] También es interesante señalar que en 2020 281 millones de personas, o el 3,6 % de la población mundial, vivían fuera de su país natal.[10] Si te surge alguna duda sobre nuestro impulso nómada, piensa que en 1960 solo un tercio de los países permitían la doble ciudadanía, pero en 2019 esa cifra llegó al 75 % y no deja de aumentar cada año.[11]

El *Homo sapiens* es nómada por naturaleza, con solo interludios sedentarios. Aunque nos gusta asentarnos, el ansia de explorar forma parte de nuestra fisiología. Las cifras hablan por sí solas. En un año reciente típico (2017), antes de la pandemia de COVID-19, 1,3 millones de turistas viajaron al extranjero.[12] En 2019, uno de cada cuatro nuevos puestos de trabajo en todo el mundo estaba relacionado con los viajes y el turismo, y supusieron el 10,3 % de todo el empleo, es decir, 330 millones de empleos en total. El sector representaba alrededor del 10 % del PIB mundial, cerca de 9,6 billones de dólares, y el gasto de los visitantes ascendió a 1,8 billones de dólares, es decir, el 6,8 % de las exportaciones totales.[13]

El nomadismo forma parte de nuestra fisiología y ha sido fundamental para nuestra prosperidad y nuestra supervivencia a lo largo de la historia. ¿Por qué es tan importante reconocerlo? Porque nos enfrentamos a la mayor migración masiva de la historia de la humanidad en medio del calentamiento global y la sexta extinción de la vida en el planeta. Es probable que en el futuro varios miles de millones de miembros de nuestra familia humana huyan de los lugares más afectados. La búsqueda de nuevos refugios seguros y de un lugar donde prosperar será la principal preocupación durante eones. Los que vengan después de nosotros llevarán un estilo de vida más nómada, con intervalos más breves de vida sedentaria entre medias, a medida que la hidrosfera del planeta se vaya resilvestrando.

Cuando nos preguntemos cómo sobreviviremos y cómo prosperaremos de nuevas formas en medio de un cambio tan volátil e impredecible del clima en la Tierra, nos daremos cuenta de que, de hecho, somos una de las especies más adaptables del planeta, con la excepción, quizá, de los virus.

Investigadores del Instituto Smithsoniano y de la Universidad de Nueva York colaboraron recientemente en la realización de un estudio poco habitual en el que se preguntaban cómo sobrevivió y prosperó nuestra especie durante el corto periodo de tiempo que lleva en la Tierra. Como ya he dicho, la vieja historia que se ha contado a generaciones enteras es que hace unos once mil años retrocedió la última Edad de Hielo y se instauró un nuevo clima templado.[14] Cuando eso ocurrió, el modo de vida nómada de búsqueda de comida y caza dio paso a un modo de vida sedentario, basado en la agricultura y el pastoreo, seguido por la aparición de las grandes civilizaciones hidráulicas y la vida urbana, y finalmente de la era industrial y la urbanización casi total de nuestra especie, anclada en una existencia sedentaria. Pero cuando los investigadores examinaron el registro geológico, descubrieron, para su sorpresa, que cuando nuestros antepasados homínidos surgieron hace unos ochocientos mil años, y mucho después, nuestros hermanos neandertales y, finalmente, *Homo sapiens*, vivieron durante uno de los cambios más violentos de los patrones meteorológicos y climáticos de toda la historia.

Resulta que el eje de rotación de la Tierra está inclinado mientras el planeta viaja alrededor del Sol. La NASA explica que, cuanto mayor es la inclinación del eje, más cambios climáticos drásticos experimentan las estaciones. Además, si «los ángulos de inclinación son mayores, es más fácil que surjan periodos de desglaciación».[15] Cuando los investigadores del Instituto Smithsoniano y de la Universidad de Nueva York analizaron los últimos ochocientos mil años en el registro geológico, descubrieron que durante este periodo concreto en el que evolucionaron los homínidos cambió la inclinación del eje de la Tierra y se produjeron cambios extremos y repentinos en la temperatura y el clima, con ciclos repetitivos de cien mil años de glaciación seguidos de diez mil años de calentamiento y desglaciación. Estos cambios drásticos en el ciclo climático se repitieron una y otra vez durante ochocientos mil años, incluso hace entre doscientos mil y trescientos mil años, cuando *Homo sapiens* entró en escena.[16]

¿Cómo ha sobrevivido nuestra especie a estos cambios radicales de la temperatura y del clima de la Tierra? La conclusión de los investigadores es que nuestra especie es una de las más adaptables del planeta. Debemos tener en cuenta que nuestra familia humana ha demostrado ser una especie migratoria astuta que se ha adaptado muy bien a los cambios. A pesar de estar menos dotados físicamente que muchas otras especies terrestres y oceánicas, hemos sobrevivido a cambios drásticos del clima y hemos aprendido a prosperar gracias a nuestro cerebro excepcional, nuestras habilidades lingüísticas, nuestra capacidad para compartir conocimientos y transmitirlos a nuestros descendientes y a las generaciones futuras, nuestro pulgar oponible y nuestros dedos ágiles que nos permiten agarrar y manipular con firmeza objetos de muy diferentes formas para crear herramientas. También nos ha sido de gran ayuda el impulso empático que tenemos codificado en nuestros circuitos neuronales, que fomenta la cooperación colectiva.

En tiempos como los actuales, este estudio nos ha hecho concebir cierta esperanza. Nuestra capacidad de adaptación a los drásticos cambios climáticos de la Tierra puede salvarnos y permitirnos prosperar de formas totalmente nuevas en el incierto futuro que nos aguarda. A todos los estudiantes les deberían enseñar cuáles son las extraordinarias características adaptativas de nuestra especie mientras nos enfrentamos, luchamos y aprendemos a vivir en un planeta acuático cuya hidrosfera está sufriendo una transformación radical.

Ya se ha empezado a producir un cambio parcial hacia un modo de vida migratorio y nómada con intervalos sedentarios más cortos, pero es probable que aumente exponencialmente más adelante, en este mismo siglo. Y, con ello, la idea de *apego al lugar* adquirirá un significado muy diferente. Estos periodos más cortos de vida sedentaria ya han adquirido carácter propio: las ciudades y los enclaves efímeros son la nueva historia, y lo fugaz del espacio se está convirtiendo rápidamente en la nueva dinámica temporal de la experiencia vivida y en una palabra de moda entre urbanistas, arquitectos, promotores y organizaciones de refugiados. Los subtemas de la nueva narrativa proliferan bajo una constelación de nombres, como *nomadismo urbano*, *arquitectura líquida* y *urbanismo temporal*, por mencionar algunos.

## CIUDADES Y AGUAS EFÍMERAS

Cuando pensamos en el apego a un lugar, al menos en el mundo occidental, nos viene a la mente la permanencia. La permanencia, especialmente en comunidades urbanas con una larga historia sedentaria, viene acompañada de un sentimiento de pertenencia y, al menos, de la idea subconsciente de un espacio atemporal que perdura con independencia del paso del tiempo. El Panteón, templo construido en el año 126 e. c. para honrar a las deidades que gobernaban el Imperio romano, habla de permanencia más que de fugacidad. La estructura, que se cuenta entre los edificios intactos más antiguos de la Tierra, se convirtió en Iglesia católica en el año 609 e. c. y sigue siendo el edificio antiguo más visitado de Italia.

El Panteón invoca al «ser eterno» por encima de la naturaleza voluble de la temporalidad terrenal. Generaciones de ciudadanos romanos a lo largo de dos milenios de historia han visitado el antiguo templo, reconfortados por la inmortalidad que les espera tras su breve estancia en la Tierra. En todas las grandes civilizaciones hidráulicas existen edificios similares que garantizan la permanencia, al menos en el mundo occidental. Lo interesante es lo diferentes que son los enfoques que adoptan la religión y la filosofía en Occidente y Oriente a la hora de abordar la cuestión de la permanencia y lo efímero; o dicho en términos filosóficos, *ser* frente a *devenir*.

La arquitecta estadounidense Jacqueline Armada analiza la gran división que durante mucho tiempo ha diferenciado la arquitectura occidental de la tradición oriental. Según Armada:

> A lo largo de la historia, los arquitectos [occidentales] se han preocupado por las cuestiones de la permanencia y la monumentalidad, tratando de crear y preservar el significado de los edificios y los rituales asociados. [...] Mientras que la arquitectura del antiguo mundo occidental es una demostración de la búsqueda de la inmortalidad y la divinidad por parte de la humanidad a través de construcciones monumentales que aspiran a la perfección, la arquitectura oriental abrazó la impermanencia del mundo natural.[17]

Clay Lancaster, historiador de la arquitectura estadounidense, señala que, al comparar los paradigmas arquitectónicos de Occidente y Oriente, «el primer principio que viene a la mente al contemplar la arquitectura occidental es el de la solidez, mientras que con la oriental es el de la fragilidad. El edificio occidental se compone de gruesos muros de mampostería frente a la construcción oriental basada en esbeltas vigas».[18]

Si el enfoque occidental de la arquitectura se basa en el distanciamiento de la naturaleza y la autonomía aportada por el enclaustramiento, la tradición japonesa hace hincapié en el compromiso y la inserción en la naturaleza. Los arquitectos japoneses tienen una palabra para designarlo, *engawa*, que marca el límite entre un edificio y el mundo natural que lo rodea. Los edificios se conciben como membranas semipermeables que se extienden, absorben y exhalan el mundo natural. Al igual que todos los seres humanos absorben continuamente elementos y minerales de la hidrosfera, la litosfera, la atmósfera y la biosfera, que pasan a residir en nuestras células, tejidos y órganos durante un breve periodo de tiempo, nuestros edificios son también membranas semipermeables. El «borde» o frontera entre ambos es el lugar donde la naturaleza y los hábitats humanos se entremezclan y se unen en una danza sin fisuras: cada uno está incrustado en el otro, reconociendo que todo lo que ocurre en nuestro planeta es fruto de las relaciones que se manifiestan en la evolución interminable de patrones sobre patrones que, juntos, forman una fuerza vital indivisible y animada.

Kevin Nute, profesor de Teoría de la Arquitectura de la Universidad de Cambridge, señala que la arquitectura japonesa, al contrario de lo que ocurre en Occidente, celebra la adaptabilidad e incluso la fragilidad de la vida a través de sus diseños arquitectónicos. La idea japonesa de estructura es totalmente distinta de la occidental. Nute añade que, para un arquitecto japonés, la estructura...

> ... actúa como mediadora entre la lógica humana del plano horizontal del suelo y la disposición natural del terreno. Ambos coexisten en estrecha proximidad y, al hacerlo, ayudan a definirse mutuamente. Una vez más, la forma construida parece pertenecer al lugar, cuya identidad, lejos de ser destruida por el edificio, se ve reforzada por su presencia.[19]

El arquitecto estadounidense Frank Lloyd Wright adoptó un planteamiento similar sobre el apego al lugar con su gran logro arquitectónico, Fallingwater, una casa incrustada en una cascada. El edificio fue proyectado para reflejar la integración de nuestra especie con la naturaleza, y Wright admitió que todo su trabajo debía mucho a la antigua tradición de la arquitectura japonesa. El arquitecto japonés Tadao Ando, tras visitar Fallingwater, dijo: «Wright aprendió el aspecto más importante de la arquitectura, el tratamiento del espacio, de la arquitectura japonesa. Cuando visité Fallingwater en Pensilvania, percibí esa misma sensación de espacio. Pero también me atrajeron los sonidos de la naturaleza».[20]

En ningún aspecto se percibe con más claridad el contraste entre los enfoques occidental y asiático de la arquitectura que en la forma en que perciben los cambios estacionales del tiempo. En Occidente, al menos en el siglo XX, nuestros hábitats se han diseñado para mantener una temperatura ambiente acondicionada de aproximadamente veintiún grados centígrados con el fin de optimizar el confort en un entorno cerrado, independiente y aislado de los cambios estacionales del clima. En cambio, las estructuras japonesas, chinas, coreanas y de otros países asiáticos actúan más bien como membranas semipermeables que se adaptan momento a momento a los cambios climáticos y al paso de las estaciones. Matsuda Naonori, urbanista asiático, señala que los arquitectos japoneses dan mucha importancia a los edificios que respiran, con finas membranas que conectan íntimamente el interior con los cambios del tiempo y el paso de las estaciones. Explica que «los japoneses preferían los cambios estacionales del tiempo y la vegetación, a pesar de la incomodidad física que suponían los climas extremos. Esta situación sigue desconcertando a los observadores occidentales».[21]

Es cierto que la tradición arquitectónica urbana asiática prefiere los entornos construidos que se integran en los procesos, patrones y flujos de la naturaleza en constante evolución. De esa forma, reconoce que nuestra especie, como todas las demás, forma parte íntima de la naturaleza y debe buscar continuamente la armonía con el mundo natural del que forma parte. En la práctica, no siempre es así.

En Japón, por ejemplo, la arquitectura, las infraestructuras y la planificación urbanas han oscilado entre dos enfoques que abordan la resiliencia de formas diferentes. El primero es un reflejo del enfoque occidental, y hace hincapié en la «solidez», la «resistencia» y la «recuperación» frente a las perturbaciones climáticas y, en Japón, especialmente frente a terremotos y tsunamis. El segundo enfoque es un reflejo de la visión oriental, que aborda la resiliencia a través de la «flexibilidad», la «adaptabilidad» y la «regeneratividad», haciendo hincapié en los ajustes pragmáticos a los flujos y reflujos del planeta y a las continuas sorpresas. Lo hacemos integrando nuestra especie en el tejido de la naturaleza en constante evolución, sabiendo que no podemos tener una vida segura al cien por cien en un planeta hiperactivo y bullicioso que siempre se transforma de formas inesperadas. Al mismo tiempo, comprendemos que nuestra mejor apuesta para sobrevivir y prosperar es utilizar nuestros dones especiales: el lenguaje, la perspicacia tecnológica, el impulso empático impreso en nuestros circuitos neuronales y la conciencia biofílica, que favorece la cooperación con la naturaleza y, al hacerlo, asegura nuestro bienestar.

Así pues, la tradición arquitectónica occidental hace hincapié en el espacio desvinculado de la temporalidad, aferrándose a la idea de un mundo eterno donde el ser puro no sufre los estragos del tiempo. Las religiones orientales abordan este tema de un modo más matizado, aceptando la impermanencia de la existencia y el paso del tiempo, pero aferrándose a un sentido más animista de lo que entienden por inmortalidad. Sobre la fragilidad de la arquitectura oriental, Lancaster señala que «la doctrina budista está impregnada de la conciencia de la impermanencia de los fenómenos físicos. Los objetos se desintegran y los individuos mueren, y aunque sus componentes siguen existiendo, la cosa en sí ha dejado de existir».[22]

Las religiones orientales dan cabida a otro tipo de inmortalidad, mucho más cercana a lo que sabemos sobre la existencia gracias al trabajo de físicos, biólogos, químicos y ecologistas. El arquitecto Günter Nitschke cita el ejemplo del santuario sintoísta de Ise, en Japón. El edificio es una celebración de la muerte y del renacimiento de la vida, algo que ya hacían nuestros antepasados cazadores recolectores con el cambio de las estaciones, y el fin y el inicio de cada ciclo anual. Cada veinte años se construye un nuevo santuario junto al existente, tras lo cual se derriba la estructura anterior. Los intervalos de veinte años celebran la cronología aproximada que marca la llegada de cada nueva generación. La sustitución del santuario se ha realizado sin interrupción durante siglos, hasta el punto de que no hay constancia de cuándo se construyó por primera vez.

El Panteón, por ejemplo, es todo lo contrario, pues se alza majestuoso en el espacio y parece inmune al paso del tiempo. La resiliencia del Panteón evoca una sensación de inmortalidad. El enfoque oriental de la resiliencia, por el contrario, acepta mejor el cambio y se adapta a él. Está mucho más cerca de la experiencia de la naturaleza, entendida esta como un conjunto de procesos, patrones y flujos, mientras que, en su mayor parte, para la tradición occidental la naturaleza está compuesta por objetos, estructuras y funciones que son pasivos y atemporales.

La arquitectura efímera y sus diversas ramas están preparando a nuestra especie para un futuro neoanimista, mucho más sofisticado y empapado de lo que nuestra comunidad científica está aprendiendo sobre la transitoriedad de la existencia en la Tierra. Sin embargo, la arquitectura efímera tiene tan presente el pasado como el presente y el futuro. La nueva arquitectura efímera rinde homenaje a los recuerdos y celebra el apego al lugar como una experiencia temporal. Por ejemplo, la nueva efimeridad incluye a menudo la práctica de la *spolia*: la incorporación de fragmentos del pasado a nuevos hábitats efímeros, a menudo incrustados en paredes, techos y suelos como recordatorio constante de la temporalidad de la naturaleza que compone el legado cultural de cada uno. *Spolia* puede ser un ornamento antiguo, una piedra extraída de un antiguo santuario o incluso un fósil que estuvo vivo en una era geológica pasada. Es una forma de vivir la existencia como un viaje temporal, una realidad en constante evolución y transformación en la que ningún momento se pierde, sino que perdura y se propaga, afectando a todos los momentos de la existencia que están por venir. No existen las experiencias triviales: todo forma parte de la impredecible coreografía de la existencia.

El urbanismo efímero, en sus diversas manifestaciones, también está proliferando. El conocido como *urbanismo temporal* es uno de los más recientes y ha ido ganando adeptos en la última década. Se trata se iniciativas que utilizan terrenos o edificios desocupados para revitalizar la vida urbana durante un breve periodo de tiempo antes de que se produzca un desarrollo más ortodoxo. A menudo, estos espacios y construcciones vacíos permanecen desocupados durante años y se convierten en una especie de «tierra de nadie», se deterioran y suelen sufrir la delincuencia callejera. Si estos barrios permanecen cerrados y clausurados durante un periodo de tiempo considerable, se devalúan y se convierten en un esperpento y en un perjuicio para todo el conjunto urbano.

Los urbanistas temporales se hacen cargo de edificios y solares vacíos sin títulos de propiedad, y a menudo transforman los lugares y las estructuras para crear barrios efímeros llenos de vida, con un amplio repertorio de actividades cívicas, culturales y económicas, similares a las que cabría esperar en un entorno urbano convencional, pero sin planificación general y sin imponer todas las restricciones, códigos, reglamentos y normas que conlleva la supervisión del desarrollo tradicional impulsado por el mercado. Estos enfoques de la vida urbana, más ascendentes que descendentes, son más espontáneos y suelen cogobernarse como comunidades en expansión, a menudo con supervisión informal. Estas comunidades organizan toda una serie de actividades: teatro callejero, conciertos, festivales de arte y polideportivos improvisados, además de comercios ambulantes, a veces con camiones de comida, parques y jardines, cooperativas de viviendas y oficinas temporales, todo ello para una población más nómada e itinerante.

El actual despertar de la arquitectura y los hábitos efímeros se inspira en gran medida en las migraciones y en los reasentamientos humanos del pasado. Las decenas de millones de inmigrantes que llegaron a América en el siglo XIX, y sobre todo después de la guerra civil, se vieron tentados a recorrer el territorio y asentarse alrededor de las nuevas estaciones de ferrocarril, creando ciudades completamente nuevas de la noche a la mañana. El editor de periódicos estadounidense y fundador del *New York Tribune*, Horace Greeley, promovió la migración de 1865 alentando a la nueva ola con la conocida frase «ve al Oeste, muchacho». El Gobierno de Estados Unidos facilitó la situación con la Ley de Asentamientos Rurales (Homestead Acts), que obligaba a ceder el 10 % de todas las tierras públicas del país a 1,6 millones de colonos, la mayoría al oeste del río Misisipi, si podían establecer una residencia legítima, es decir, demostrar que llevaban cinco años trabajando la tierra, por lo que tenían «apego al lugar».

En algunas ocasiones, esos migrantes no tenían acceso a los materiales de construcción necesarios para erigir sus casas en la frontera. Sears Roebuck, la primera gran empresa de catálogos (similar en algunos aspectos a la versión en papel de internet de hoy en día), puso a su disposición casas prefabricadas en un kit gigante que podía comprarse por correo en sus catálogos. Luego se lo enviaban en tren con toda la madera, las piezas necesarias y las instrucciones para levantar la edificación. Estas casas podían montarse en pocos días y, aunque muchas de ellas duraron poco, otras siguen siendo operativas, pero han evolucionado continuamente gracias a las ampliaciones y reformas aplicadas lo largo de los años.

Las ciudades efímeras son inevitables. Ya están aquí. El Alto Comisionado de las Naciones Unidas para los Refugiados afirma que, cada uno de los últimos catorce años, se han desplazado a la fuerza una media de 21 millones de personas por culpa de fenómenos meteorológicos relacionados con el clima, y que en 2050 podría haber hasta 1.200 millones de refugiados climáticos. Ya están huyendo de tierras secas y áridas, y de temperaturas que oscilan entre los treinta y siete y los cincuenta grados centígrados, especialmente en Oriente Medio y el norte de África, pero también en América Central y Sudamérica, entre otros lugares. Recogen sus pertenencias y recorren a pie cientos e incluso miles de kilómetros en busca de entornos habitables, y por el camino se alojan en asentamientos temporales: los campos de refugiados. Muchos de estos campos, que pueden albergar a decenas de miles de personas, se han convertido en ciudades efímeras que acogen a expatriados climáticos durante años.

Es cierto que resulta doloroso hacerse a la idea de que, en 2050, 4.700 millones de personas vivirán en países que sufrirán «amenazas ecológicas altas y extremas», es decir, la mitad de la población mundial se enfrentará a una posible migración en medio de un clima cada vez más cálido.[23] No les quedará otra opción. Decir que no estamos preparados para un trastorno de esta magnitud sería quedarse corto. Pero la migración masiva ya ha comenzado, es irreversible y nuestra especie no está preparada. Para empezar, la idea de Estado moderno, con su práctica subyacente de Gobierno soberano y territorios cerrados por los que se ha luchado durante mucho tiempo en nombre de la geopolítica, está haciendo aguas por todas partes y pronto desaparecerá en numerosas zonas del mundo, a medida que nuestra humanidad colectiva se ponga en marcha y atraviese montañas, valles y mares abiertos en busca de un clima mejor. Los campos de refugiados climáticos se extienden ya por regiones geográficas enteras, sobre todo en el Mediterráneo, pero también en partes de Asia.

Aunque en círculos oficiales estas ciudades efímeras siguen considerándose refugios temporales, en la mayoría de los casos son mucho más que eso. Imaginamos que estas masas apiñadas en algún momento recogerán sus escasas pertenencias y continuarán su viaje hacia algún futuro refugio desconocido. La verdad, sin embargo, es que, generación tras generación, hay familias que viven toda su vida en estos lugares que acaban convirtiéndose en «hogares temporales permanentes». Millones de migrantes climáticos se encuentran en un limbo, apátridas que no pueden regresar a su tierra natal ni ser libres para emigrar a otro lugar.

Es comprensible que ningún Gobierno esté dispuesto a calificar estos campos como cárceles. Sin embargo, tienen muchos de los rasgos distintivos de una prisión. A menudo se califica peyorativamente a estas estaciones de paso como «permanentemente temporales». El problema es que las agencias internacionales y las organizaciones humanitarias que administran estos campos de refugiados consideran que su misión es garantizar la supervivencia y la salud de sus residentes, pero no capacitarlos para que actúen como ciudadanos y gestionen sus asuntos, negándoles así la posibilidad de gobernar sus vidas en los campos. Los supervisores, aunque bienintencionados, consideran que su papel es más bien de custodia. Dicho esto, a las personas y a las familias apátridas se les niega la posibilidad de mejorar sus condiciones y desarrollar un apego al lugar que haga que sientan que ese es su hogar. Al final, tienen que aceptar la realidad: están en un limbo perpetuo.

A pesar de los grilletes sociopolíticos, los residentes de los campos de refugiados han encontrado formas imaginativas de eludir los protocolos y han creado minuciosamente una «gobernanza de los bienes comunales» informal mientras están confinados. Aunque apátridas en el sentido tradicional, y recluidos en grandes y a menudo remotas regiones cercadas, los refugiados han aprendido a ser cada vez más autónomos en su forma de vida y, aunque difícilmente se pueden considerar libres, han logrado tener un mayor control sobre sus vidas y su futuro. Se trata de nuevos tipos de comunidades efímeras a largo plazo que llevan la firma de la gobernanza de los bienes comunales, organizada por ellos mismos, ya sea construyendo hacia arriba en lugar de hacia fuera en campamentos superpoblados para alojar a sus extensas familias y tener vida social, o estableciendo negocios, mercados, escuelas, clínicas y organizando eventos deportivos y festivales.

Los investigadores llevaron a cabo un estudio detallado de cómo se vivía en el campo de refugiados de Za'atari, el mayor de Jordania y uno de los más grandes del mundo. El Gobierno jordano abrió el campo a los refugiados sirios en 2012, previendo que daría cobijo a unas 20.000 personas. En 2015, la población de refugiados se había disparado a más de 83.000 habitantes distribuidos en 12 distritos.[24] En cada distrito había calles, barrios y refugios básicos. La población se distribuía a partes iguales entre hombres y mujeres, mientras que los jóvenes constituían el 57 % de la población, el 19 % de los cuales eran menores de cinco años.[25]

En el campo hay 32 escuelas, 58 centros comunitarios y 8 instalaciones sanitarias, además de 26.000 refugios prefabricados; todo ello proporciona una leve apariencia de entorno urbano. El campo también cuenta con 3.000 comercios informales gestionados por los refugiados y más de 1.200 personas que trabajan para las ONG del campamento. El agua llega al campo en camiones y todas las instalaciones cuentan con suministro eléctrico, aunque la electricidad es irregular y las alcantarillas suelen estar en mal estado.[26]

Si bien estas instalaciones constituyen la infraestructura pública esencial necesaria para mantener una comunidad urbana viable, lo que falta en la supervisión oficial son incentivos y los códigos de conducta que los acompañan, que permitan a los trabajadores no remunerados la libertad de participar en la creación de los elementos básicos de la vida pública que normalmente asociamos con una sociedad civil vibrante y con el apego al lugar. Desgraciadamente, en muchas ocasiones se desalienta a los habitantes y se les niega abiertamente la capacidad de modelar el entorno para crear un sentimiento de pertenencia, la característica más esencial del apego a un lugar. Una vez más, se debe a que el protocolo de todos los campos de refugiados es proporcionar asilo «temporal», cuando la realidad es que los habitantes y sus descendientes a menudo permanecen allí durante generaciones.

Lo más interesante, sin embargo, es el modo en que los refugiados transformaron, de manera informal, el campo de refugiados de Za'atari, creando una dinámica comunidad a pesar de estar confinados y de la cantidad de protocolos formales que rigen el funcionamiento del campo. Por ejemplo, este campamento, al igual que otros, está diseñado como una cuadrícula geométrica plana. Pero, con el tiempo, las interacciones sociales de los refugiados han transformado informalmente la cuadrícula por el modo en que socializan, van de compras, visitan a familiares, juegan y realizan otras actividades. Incluso pequeños detalles como cambiar el nombre de las calles, plantar árboles, cuidar pequeños jardines, crear una plaza pública para compartir cotilleos, pasear y escuchar música con los vecinos, fomentan una vida social informal y crean nuevas formas de transformar el espacio en un entorno vital con muchas de las características de una vigorosa sociedad civil y, junto con ella, una especie de gobernanza informal de los bienes comunales. Nunca se insistirá lo suficiente en el valor de estos espacios sociales. Estos entornos son esenciales para fomentar las relaciones y los recuerdos compartidos. Incluso las acciones más pequeñas, como cambiar el nombre de una calle, adquieren significado y crean un sentido de protagonismo que une a la gente. Por ejemplo, en el campo de Za'atari, los refugiados cambiaron el nombre de la calle más activa, donde la gente se reúne, se saluda y cotillea, por el de «Campos Elíseos», e hicieron allí su plaza pública.

Es importante que comprendamos cuál es la naturaleza y la duración de la crisis. Según un informe interno del Consejo de Derechos Humanos de las Naciones Unidas, «la media de tiempo que los refugiados pasan en los campos es de diecisiete años», durante los cuales no pueden regresar a su patria, ser aceptados por un país de acogida o reasentarse en otro lugar. A todos los efectos, son apátridas. Y, con cada año que pasa, debido al calentamiento climático, más personas pierden su hogar. Se calcula que, en el año 2050, «3.000 millones de personas vivirán sin acceso a una vivienda adecuada», lo que supone un aumento del 200 % en tres décadas.[27] Trata de imaginar la magnitud de la tragedia: millones y millones de seres humanos (comunidades enteras) huyendo de tierras devastadas por ríos atmosféricos, inundaciones, sequías, olas de calor, incendios forestales, huracanes y tifones, dirigiéndose a refugios desconocidos. La situación actual ya está obligando a los desposeídos de la Tierra a recoger sus pertenencias y echarse a la carretera o al mar, y cada vez más gente está de acuerdo en que habrá que poner en marcha planes a una escala antes inimaginable para que no nos enfrentemos a un Armagedón. Todo esto equivale a decir que tendremos que replantearnos cómo prepararnos para una migración masiva salpicada de periodos más largos de caminatas nómadas y periodos más cortos de vida sedentaria.

Es más que evidente que las comunidades potenciales que forman los campos de refugiados deberían ser consideradas como ciudades efímeras, aun valorando la supervisión humanitaria: estaciones de paso que se establecen gestionando los bienes comunales y que conceden una autoridad sustancial a los miles de individuos y familias que allí viven. Estas personas podrían pasar sus vidas en estos barrios o verse obligadas a emigrar en busca de hábitats más hospitalarios mientras se adaptan continuamente a una hidrosfera cada vez más resilvestrada.

Los campos de refugiados creados por culpa del clima nos demuestran que el nuevo nomadismo va a depender de un ciclo hidrológico impredecible. Así de sencillo. Sin embargo, lo que aún no hemos comprendido es que las fronteras políticas, las lealtades nacionales y los documentos de ciudadanía que atan a nuestra especie a dominios geográficos específicos serán cada vez menos relevantes a medida que franjas enteras del planeta se vuelvan inhabitables, obligando a cientos de millones e incluso miles de millones de seres humanos a ponerse en camino. Los climatólogos están trazando la dirección del viaje: nuestra especie se dirige hacia el norte, desde los subtrópicos y las latitudes medias hacia el polo norte. No se trata de una suposición ni de una predicción sobre un futuro lejano, sino que es algo que ya se está produciendo. A finales de siglo, la idea de estar encerrados dentro de fronteras políticas arbitrarias que se extienden a través de biomas y ecosistemas que ya no pueden mantener a nuestra especie parecerá un recuerdo lejano.

Si hablamos de arte efímero, ciudades efímeras y biorregiones efímeras, hay que tener en cuenta el papel que desempeñan las aguas efímeras a la hora de condicionar nuestras acciones en todo el planeta y, especialmente, hay que tener presente el impacto que causarán sobre los hábitats humanos y la vida urbana.

La expresión *aguas efímeras* no es muy conocida y tiene poco sentido más allá de las ciencias hidrológicas. Sin embargo, es un componente crítico de la hidrosfera del que depende la vida en nuestro planeta. Aunque, como ya he mencionado, una gran cantidad de agua está encerrada en el manto y el núcleo terrestres, el agua de la que dependemos fluye constantemente sobre la superficie. Muchos ríos, arroyos, estanques y lagos del planeta son intermitentes y efímeros, lo que significa que fluyen, fluctúan e incluso se secan durante un tiempo. Claro que, al menos hasta hace poco, hay ríos que fluyen permanentemente, pero incluso eso está cambiando, ya que los principales ríos del mundo (el Éufrates, el Tigris, el Nilo, el Amazonas, el Misisipi, el Yangtsé, el Rin, el Po, el Loira y el Danubio, por nombrar algunos), que han fluido desde que nuestra especie habita la Tierra, se están empezando a secar.

Cuando las aguas efímeras resurgen momentáneamente, dan vida a una vegetación que llevaba mucho tiempo aletargada, provocando un despliegue de color y esplendor, para desaparecer tan rápido como se secan esos ríos temporales. Arroyos, estanques, ríos y lagos efímeros suelen encontrarse en regiones semiáridas o áridas. Las lluvias torrenciales y repentinas caen sobre tierras resecas sin previo aviso, creando ríos y lagos efímeros que lo inundan todo a su paso y desaparecen en cuestión de días, semanas o meses.

Fijémonos, por ejemplo, en el valle de la Muerte, en California, posiblemente el lugar más caluroso de la Tierra. No cabría esperar que se produjera un diluvio en la región más seca del planeta. Sin embargo, ocurre cada vez con más frecuencia a medida que el clima se calienta. El ciclo hidrológico está azotando la región con aguaceros. En 2015, una repentina tormenta torrencial cayó sobre el reseco desierto y, en cuestión de pocos días, creó un lago efímero que serpenteaba a lo largo de dieciséis kilómetros del Parque del Valle de la Muerte. El suelo reseco del valle está tan compactado que es incapaz de absorber el agua, por lo que puede permanecer en la superficie durante un largo periodo de tiempo, originando lo que se denomina una *superfloración*, una erupción repentina de flores del desierto. El valle de la Muerte se transformó en el «valle de la Vida», con la aparición de campos de flores, incluidas prímulas amarillas y blancas, amapolas naranjas y alfombrillas púrpura de arena *(Abronia angustifolia)*. Pero el florecimiento de la vida, como la repentina crecida de las aguas, es un acontecimiento transitorio que desaparece tan rápido como llega.

En las próximas décadas, las aguas efímeras serán cada vez más la norma y no la excepción, lo que nos recordará la temporalidad de la propia vida.[28] Arroyos, estanques, ríos y lagos efímeros e intermitentes desempeñan un papel destacado en la dinámica de los ecosistemas, y su existencia cíclica es a la vez un recordatorio preocupante y también un signo esperanzador del poder que posee nuestra hidrosfera planetaria para nutrir de nuevo la vida. La inesperada aparición de un magnífico jardín en la cima de un árido desierto en el valle de la Muerte habla de la majestuosidad de la hidrosfera como motor principal de la vida en nuestro hogar en el universo.

Es duro darse cuenta de que el mundo en el que vivimos está patas arriba y del revés, y que muchos de los indicadores por los que hemos llegado a juzgar nuestros apegos no son más que cosas efímeras: ¿a qué nos aferramos entonces? Sin duda, el gran cambio de la vida sedentaria a la nómada asusta y desestabiliza, pero darse cuenta de que hemos juzgado mal la naturaleza de nuestra existencia también puede ser esclarecedor y reafirmante, sobre todo sabiendo que cada momento de nuestro viaje individual es como una ola que afecta a todo lo que viene después de nosotros. Es la naturaleza de la existencia. Lo que se deduce de todo esto es que la hidrosfera es ahora la que decide, y así ha sido a lo largo de la historia de nuestro planeta, tanto si se reconoce como si no. Toda la vida en la Tierra y todos los momentos intermedios son, en efecto, efímeros. La existencia, por su propia naturaleza, es fugaz y condicional, limitada y poderosa, y la hidrosfera terrestre ejerce su influencia en cada momento.

Las ciudades efímeras comparten un terreno común con las aguas efímeras. A finales de este siglo, habrá ciudades efímeras en todos los continentes. El urbanismo efímero ya está alzando el vuelo y cambiando la forma en que pensamos sobre el tiempo y el espacio en un planeta impredecible, y sobre dónde y cuándo nos paramos y sobre cuándo nos movemos. Curiosamente, nuestros primeros ejemplos de ciudades efímeras los encontramos en lugares poco habituales: las reuniones religiosas tradicionales y los festivales de música y arte. Estas peregrinaciones comunitarias atraen a cientos de miles e incluso millones de personas que constituyen una ciudad en pleno funcionamiento durante un periodo de varios días o semanas.

La más conocida y grande de las ciudades efímeras es Kumbh Mela, que cobra vida cada doce años. La ciudad efímera se encuentra a las afueras de la urbe india de Allahabad, en la confluencia de dos ríos sagrados, el Ganges y el Yamuna. Millones de personas peregrinan a este lugar religioso para bañarse en sus aguas sagradas. La ciudad efímera, situada en la llanura de inundación de los dos ríos, permanece allí durante cincuenta y cinco días y acoge a una población más o menos constante de siete millones de residentes. Durante el periodo del festival, hay entre 10 y 20 millones más de residentes transitorios. La ciudad efímera se levanta con la precisión de un reloj a lo largo de varias semanas, pero es el resultado de años de planificación y está equipada con carreteras, electricidad, agua corriente, puentes y tiendas de campaña de diversos tamaños. Las instalaciones están supervisadas por un sofisticado órgano de gobierno que organiza un rico menú de actividades culturales diseñadas para crear comunidad. Allí llegan millones de peregrinos que están en sintonía, no solo entre ellos, sino también con las aguas sagradas de los ríos Ganges y Yamuna. En las semanas posteriores al festival, la infraestructura se empaqueta, se retira y se envía a diversos lugares de la India para ser restaurada y almacenada en depósitos durante un paréntesis de doce años, a la espera de la próxima reunión urbana efímera.

Se dice que la peregrinación Kumbh Mela y muchas otras reuniones efímeras de este tipo, ya sean religiosas o laicas, como la famosa reunión Burning Man que tiene lugar durante nueve días del fin de semana del Día del Trabajo cada año en el desierto del noroeste de Nevada, poseen una segunda peculiaridad subyacente. Estas fugaces concentraciones masivas permiten que millones de personas se reúnan en un gran espacio común, despojadas de todas las superficialidades y distinciones que separan a unas de otras, y vivan en comunión apreciando profundamente la naturaleza transitoria de la existencia que nos une a la fuerza vital de la Tierra.

## UN NUEVO MODELO DE NEGOCIO: FABRICACIÓN ADITIVA Y REDES PROVEEDOR-USUARIO

Mientras que ciudades efímeras como la de Kumbh Mela se basan en materiales de construcción convencionales que pueden desmontarse, almacenarse y reutilizarse, una generación de arquitectos y urbanistas expertos en tecnología digital utilizan la nueva tecnología algorítmica de fabricación aditiva (impresión 3D) para construir viviendas, oficinas y otras estructuras comerciales en una fracción del tiempo que sería necesario si se construyera siguiendo el modo convencional. Luego las desmontan parcialmente y las reutilizan en otro lugar con poca antelación, a medida que nuestra especie se vuelve cada vez más nómada y menos sedentaria. El proceso de impresión aditiva 3D para la fabricación difiere tanto en grado como en estilo de lo que los arquitectos denominarían fabricación sustractiva, que fue el método dominante durante los siglos XIX y XX. «Los procesos de fabricación sustractiva eliminan material para crear piezas, mientras que la fabricación aditiva construye objetos añadiendo material capa a capa.»[29] La impresión 3D de una casa empieza con un programa informático que desarrolla un modelo digital de la vivienda. «A continuación, la impresora 3D [que es un robot] imprime capas de hormigón y estas capas se disponen en filas según el diseño del modelo. El proceso continúa hasta que se construyen todas las habitaciones, paredes y otras secciones de hormigón de la casa.»[30]

En 2021, Habitat for Humanity, que construye casas para familias con ingresos bajos y medios, se asoció con la empresa Alquist y construyó una casa impresa en 3D, la primera del estado de Virginia. Todas las paredes exteriores de la casa, de tres dormitorios y dos baños, se imprimieron capa por capa en veintiocho horas, reduciendo el tiempo de construcción convencional en más de un mes. Dado que la fabricación aditiva no recorta material en la construcción, como ocurriría con la madera, los ladrillos, las tejas y otros materiales, se calcula que ahorró un 15 % por metro cuadrado en el coste total de la obra.[31] La casa de Habitat for Humanity cuenta incluso con su propia impresora 3D personal, que permite a la familia imprimir los pomos de los armarios, las tomas de corriente y otros muchos componentes y elementos que deben sustituirse.[32] La casa también cuenta con la certificación EarthCraft, lo que significa que genera menos residuos en su construcción, utiliza menos energía para calentarse y enfriarse, es más eficiente en la conservación del agua, ahorra en los costes de servicios públicos y es más resistente a los desastres relacionados con el clima.[33]

El promotor, Alquist 3D, ha anunciado que construirá otras 200 viviendas asequibles impresas en 3D en Virginia, cuyo precio oscilará entre los 175.000 y los 350.000 dólares.[34] Zachary Mannheimer, consejero delegado de Alquist 3D, señala que las casas impresas en 3D, baratas, de rápido montaje y eficientes desde el punto de vista energético, se convertirán cada vez más en el estándar de la construcción de viviendas, especialmente «con los cambios en los patrones migratorios debidos a las pandemias, el clima y las preocupaciones económicas».[35]

Los edificios impresos en 3D son solo el principio de un cambio radical en la construcción. General Electric, por ejemplo, ha levantado la mayor instalación construida mediante fabricación aditiva para imprimir en 3D las bases de las turbinas eólicas.[36] En los Países Bajos, la impresión en 3D se ha utilizado para construir un puente y en otros lugares se ha empleado para imprimir marquesinas de paradas de autobús, baños públicos, componentes de motores de cohetes y depósitos de combustible, por nombrar solo algunas de las aplicaciones.[37] La empresa española Iberdrola, en colaboración con Hyperion Robotics, está utilizando la impresión en 3D para construir los cimientos de redes eléctricas que transmitirán energía verde a través de líneas eléctricas. Los bloques de cimentación impresos en 3D utilizan un 75 % menos de hormigón que la fabricación sustractiva convencional.[38]

Otros gigantes corporativos mundiales, como la empresa mexicana CEMEX, la quinta mayor empresa mundial de materiales, el gigante químico suizo Sika y Saint-Gobain, una de las mayores multinacionales de materiales de construcción del mundo, se están zambullendo en el mercado de la construcción impresa en 3D. La fabricación aditiva impresa en 3D recibió un impulso en Oriente Medio, cuando los Emiratos Árabes Unidos anunciaron su proyecto Visión 2030 y Arabia Saudí presentó su proyecto NEOM. Dubái pretende que, en 2030, el 25 % de sus edificios sean impresos en 3D, mientras que Arabia Saudí ha anunciado que dedicará 500.000 millones de dólares procedentes del Fondo de Inversión Pública del país y de inversores internacionales a la planificación y construcción mediante esta tecnología.[39]

Aunque la impresión 3D para estructuras de todo tipo utiliza mucho menos cemento, la industria cementera sigue contribuyendo con el 8 % de las emisiones mundiales de $CO_2$.[40] Los que ya se han pasado al campo de la impresión 3D, como Stephan Mansour, señalan que están apareciendo materiales de base alternativos que son más ecológicos, por ejemplo, «metacaolín, adobe, piedra caliza, residuos de construcción reciclados, residuos mineros, lutitas, etcétera. Del mismo modo, se probarán nuevos materiales de refuerzo, como el cáñamo y las barras de refuerzo igualmente de cáñamo, el grafeno, la fibra incrustada y los agregados de vidrio», que probablemente serán más viables en un futuro muy próximo, eliminando el cemento como materia prima. Incluso la tierra se está utilizando en experimentos como posible materia prima.[41]

En 2021, el arquitecto italiano Mario Cucinella construyó, mediante impresión 3D, la primera casa fabricada íntegramente con tierras arcillosas de origen local. La estructura ecosostenible fue creada por impresora en doscientas horas, con escasos residuos o desechos generados en la construcción. El arquitecto utilizó en la fabricación principios de diseño atemporales que se encuentran en estructuras antiguas resistentes al clima, combinados con la impresión digital de mayor calidad. Además de utilizar tierra arcillosa de origen local, la envolvente tipo colmena del edificio, con dos claraboyas circulares, es casi una estructura de emisiones cero, por lo que, además de reducir enormemente el coste de construcción, se consigue que las emisiones de carbono sean muy bajas.

Según Cucinella, el mobiliario del edificio, que incluye una sala de estar, una cocina y una zona de noche, está «diseñado, en parte, para ser reciclado y reutilizado», y cada elemento del diseño se adapta orgánicamente a las condiciones climáticas locales «para equilibrar la masa térmica, el aislamiento y la ventilación». En cuanto a la importancia de esta innovadora arquitectura resistente al clima, Cucinella afirma que lo que motivó a la empresa fue «la necesidad de disponer de viviendas sostenibles [...] y la gran cuestión global de la emergencia habitacional a la que habrá que hacer frente, sobre todo en el contexto de las crisis urgentes generadas, por ejemplo, por las grandes migraciones o las catástrofes naturales».[42]

El *software* para edificios impresos en 3D puede obtenerse a través de una «red proveedor-usuario» en lugar del tradicional «mercado vendedor-comprador», cargando y enviando instantáneamente las instrucciones del *software* a un coste marginal casi nulo a cualquier parte del mundo, lo que permite a los promotores *in situ* imprimir edificios justo a tiempo y cuando se necesitan, y pagar una tarifa al proveedor por cada construcción descargada. Este es un ejemplo de cómo la emergente sociedad efímera hace posible un nuevo paradigma de intercambio económico que lleva a la economía de la globalización a la conocida como glocalización, favoreciendo a las pymes de alta tecnología que participan en un rico entramado de intercambios económicos entre industrias. De esa forma, evitan el elevado coste del transporte marítimo o aéreo y la logística asociada.

Mientras la industria de la impresión 3D encuentra fuentes de materias primas cada vez más ecológicas para construir edificios resilientes junto con todas las demás estructuras necesarias para montar ciudades efímeras emergentes en un mundo devastado por el clima, la atención también se ha centrado en el segundo aspecto que es necesario para conseguir que las ciudades emergentes resilientes al clima sean hábitats efímeros viables. Habrá que prestar cada vez más atención a la facilidad de desmontar, restaurar, reciclar, transportar y reutilizar muchos de los componentes de los edificios en nuevos emplazamientos y ubicaciones. Una vez trasladados, los edificios impresos en 3D (comerciales y residenciales) se han de poder montar rápidamente. De esa forma, se crearán nuevas ciudades que darán cabida a una población cada vez más nómada en un mundo migratorio en constante evolución.

IKEA, el mayor minorista del mundo de muebles para el hogar, la oficina y la industria, lidera la introducción de lo efímero en sus más de nueve mil quinientas líneas de productos. El objetivo es fabricar productos que puedan desmontarse fácilmente, reacondicionarse, repararse, reciclarse y revenderse a otros usuarios, creando una economía totalmente circular con un mínimo de residuos. Con este nuevo enfoque económico, IKEA está empezando incluso a realizar una transición parcial de los mercados tradicionales (vendedor-comprador) a las redes de proveedor-usuario. Esta multinacional está cambiando la forma en que funciona la economía. En las redes de proveedores y usuarios, los mercados dan paso a los bienes comunales compartidos mediante el intercambio de bienes y servicios.[43] El enfoque de IKEA permite que prácticamente cualquier cosa dentro de un hogar, una oficina o una fábrica sea efímera y móvil, de modo que pueda desmontarse y montarse de nuevo fácilmente, y de esa forma se pueda utilizar en nuevos lugares por una población cada vez más nómada, que migra continuamente a nuevas regiones para adaptarse a los cambios del ciclo hidrológico del planeta provocados por un clima que se calienta rápidamente.

Lo efímero de la existencia no es una teoría, es cómo funciona el universo desde el *big bang*, hace 13.800 millones de años. La primera y la segunda ley de la termodinámica están vigentes en cualquier parte del cosmos, incluido nuestro pequeño oasis en la Tierra. Platón y todas las acotaciones a sus reflexiones filosóficas, que sobrevivieron y llegaron a la época de Immanuel Kant y los filósofos y científicos de la Ilustración europea, nos quieren hacer creer que la temporalidad de la existencia es un espejismo o, en el mejor de los casos, una mala imitación de las formas puras que se encuentran en el otro mundo, donde la racionalidad, situada por encima de la corporalidad, es una fuerza inmortal gobernada por las matemáticas y las formas puras que carecen de apariencia física. Así es como muchos de nuestros filósofos occidentales han definido la esencia de la existencia.

Sin embargo, nuestro sentido común, a lo largo de todo el tiempo que llevamos habitando la Tierra, nos ha estado diciendo que estas rarezas filosóficas son extrañas e incluso espeluznantes. En cierto sentido, hay una fuerte corriente, sobre todo en la filosofía y las tradiciones religiosas occidentales, que sigue enroscándose en torno a una realidad ficticia (una utópica existencia de otro mundo que menosprecia lo físico y lo efímero de la experiencia vivida), asustada ante la perspectiva de los comienzos, la transitoriedad, los finales y los renacimientos de vida en la Tierra. Pero por mucho que se empeñen en dar explicaciones cada vez más arcanas que priman el ser sobre el devenir, nuestras experiencias cotidianas nos dicen que toda la vida es efímera.

Una nueva generación de físicos, químicos, biólogos, ecólogos, artistas, sociólogos, psicólogos y antropólogos está redescubriendo la naturaleza efímera de la existencia y está empezando a interesarse por cómo percibían el mundo nuestros antepasados, pero a través de la lente de un nuevo animismo más sofisticado que va a la par con el colapso de la civilización hidráulica y el auge de la sociedad efímera. En nuestro planeta, al igual que en el universo, todo es efímero, y cada experiencia deja una huella indeleble que sigue afectando a todos los fenómenos que la siguen, lo que podría considerarse una inmortalidad efímera.

Ahora, la sexta extinción de la vida en la Tierra está acelerando los cambios en las grandes esferas del planeta (la hidrosfera, la litosfera, la atmósfera y la biosfera). Puede que con esta efímera marcha acelerada la vida florezca de diferentes maneras. Nuestra especie, al igual que todas las demás, está despertando a un nuevo viaje efímero en sintonía con las cuatro esferas de las que depende la existencia terrestre en el planeta. Estamos volviendo a nuestras raíces biológicas (nuestra herencia nómada) con una comprensión mucho más clara de cómo nuestra propia existencia es gestada y mantenida por las aguas de la Tierra, al igual que ocurre con el resto de las formas de vida. Ese despertar en forma de un neoanimismo consciente, astuto y científicamente respaldado ya se está expresando en las artes, en la arquitectura efímera y en la planificación urbana.

Este renacimiento viene acompañado de una nueva forma de ver nuestra relación con la hidrosfera. Las ciudades efímeras serán el núcleo del nuevo nomadismo. Este gran reajuste efímero ya está arrastrando a nuestra especie a una nueva forma de gobernanza y a una vida económica bien diferente. En conjunto, estamos comprendiendo con más claridad cómo debemos administrar la Tierra en lugar de simplemente gestionarla y saquearla, tratando a los otros poderosos organismos del planeta como un «bien comunal global». Este reajuste requerirá utilizar nuestras capacidades empática y biofílica, arraigadas en nuestros circuitos neuronales, para así gestionar los ecosistemas locales. Trazar nuestra nueva relación con los biomas y los ecosistemas del planeta empieza por replantearnos todos los aspectos de nuestra forma de habitar la Tierra junto a las demás agencias del planeta.

## Capítulo 10

# LLEVAR LA AGRICULTURA DE ALTA TECNOLOGÍA A LOS INTERIORES

Los efectos de la liberación de las aguas se notarán especialmente en la forma en que nuestra especie se alimenta. La ONU advierte de que la producción mundial de alimentos podría caer hasta un 30 % de aquí a 2050, lo que provocaría hambre, inanición y muchas muertes, acompañadas de una migración histórica de la población humana.[1]

Algunos de los principales países productores de alimentos (entre ellos Estados Unidos, China, la India, Australia y España) han alcanzado o están a punto de alcanzar su límite en la producción debido a la disminución de la cantidad de agua disponible. Un ejemplo: el mar de Aral, en Asia Central, antaño el cuarto mayor lago de agua dulce del mundo, perdió en tres décadas un volumen de agua equivalente al de todo el lago Míchigan porque gran parte de sus aguas se desviaron para regadío y generación de energía. Las tierras que emergían debido al descenso del nivel del mar estaban contaminadas. La población de la región estaba desamparada, los alimentos escaseaban, aumentaba la mortalidad infantil y disminuía la esperanza de vida.[2]

Desgraciadamente, Estados Unidos hizo la vista gorda ante la tragedia del mar de Aral, y ahora se enfrenta a una desgracia aún mayor. El gran río Colorado, que ha regado gran parte del oeste de Estados Unidos durante casi un siglo, ha perdido el 75 % de su caudal, y partes del lago Mead se están secando, dejando al descubierto los espeluznantes restos de cadáveres humanos y automóviles accidentados de décadas pasadas. Como ya he dicho en páginas anteriores, el río Colorado desemboca en el lago Mead y desde allí fluye hasta la presa Hoover.[3] La presa se está acercando a su obsolescencia. Tanto el río Colorado como el lago Mead están agonizando, amenazando la supervivencia del oeste de Estados Unidos, cuya población es de más de 40 millones de personas.

Según Abrahm Lustgarten, periodista medioambiental de *ProPublica*:

> El plan del Gobierno federal consiste en que los estados acuerden recortar entre 2 y 4 millones de acres-pies [de agua] en 2023. El acre-pie es [...] el volumen de agua que se utiliza para medir el flujo del río Colorado. Pero, solo para dar una idea de la escala, en la actualidad, por el río corren de 9 a 10 millones de acres-pies, e incluso en sus mejores días esa cifra ha llegado a los 13 millones de acres-pies. Por tanto, estamos hablando de reducir entre [...] el 40 y el 50 % del caudal del río Colorado que se utiliza actualmente.[4]

A medida que el Gobierno federal inicia el proceso de imposición de mandatos,[5] se irá reduciendo drásticamente la producción agrícola en California y el oeste estadounidense. También será mucho menor la cantidad de agua que se dedicará a la industria y al uso humano, forzando la mayor migración masiva de la historia de Estados Unidos.

A pesar de las terribles señales, la población del oeste sigue aumentando a medida que los jubilados e incluso una generación más joven de todo el país inundan la región, fijando su residencia en comunidades de condominios de nueva construcción en todo el desierto, con nombres como Desert Shore y The Lakes. Timothy Egan, columnista del *New York Times*, dijo que si «pensamos en el lago Mead como el monitor cardiaco más grande del mundo [...], está mostrando que el paciente sufre una agonía extrema».[6] El hecho de que el cambio climático esté provocando temperaturas récord en el árido Oeste debería ser suficiente para que abramos los ojos y actuemos en consecuencia, pero está claro que no es así, pues se siguen construyendo nuevos campos de golf.

Algunos residentes y empresas ya están presionando para que se establezca un oleoducto continental que pueda extraer agua dulce de los Grandes Lagos (la mayor masa de agua dulce de la Tierra) y transportarla por tuberías al oeste de Estados Unidos para mantener la viabilidad de los estados. Si todo esto no es suficiente para llegar a un acuerdo ante la amenaza que supone el cambio climático, el calentamiento del planeta y la revuelta de las aguas, es difícil saber lo que hará falta para agitar la conciencia pública a tiempo para iniciar la gran migración desde el oeste hacia el norte y el este del continente norteamericano siguiendo los pasos que marca el ciclo hidrológico. La lección que extraemos es que a pesar de todas las proezas que permitieron a nuestra humanidad colectiva creer que podría acorralar la hidrosfera del planeta, siempre ha sido una empresa descabellada.

Para hacernos una idea del uso tan indiscriminado que hacemos del agua, pensemos en lo siguiente. En Estados Unidos hay 40.500 kilómetros cuadrados de césped, que requieren unos 1.000 millones de metros cúbicos de agua cada siete días. Con esa agua, los 7.800 millones de habitantes de la Tierra podrían ducharse cuatro días a la semana.[7] Con la pérdida de la capa superficial del suelo, la menor disponibilidad de tierra cultivable, la escasez de agua y un ciclo hidrológico que está cambiando radicalmente la distribución del agua en el planeta, nuestra especie tendrá que replantearse cómo obtener y utilizar el agua.

## AGRICULTURA VERTICAL

Si queremos adaptarnos a la liberación de las aguas para que puedan seguir su curso, reverdecer las masas de tierra del planeta y provocar así el rejuvenecimiento de los suelos, la reforestación y el florecimiento de la vida, es más que probable que tengamos que cultivar una cantidad cada vez mayor de nuestros alimentos en el interior, utilizando una fracción del agua necesaria en la agricultura convencional al aire libre. Hasta hace poco, la idea de la agricultura de interior se consideraba descabellada, pero ya no.

Los asombrosos avances tecnológicos de la última década en el cultivo de alimentos en interiores están llevando a nuestra especie a una nueva era que redefine la forma en que concebimos la obtención de alimentos. Se trata de la agricultura vertical o de interior. Con la agricultura de interior, las plantas se apilan verticalmente en capas en gigantescas instalaciones tipo almacén equipadas con grandes estanterías. Lo primero que hay que saber sobre la agricultura vertical es que no utiliza tierra, sino productos químicos mezclados con agua para estimular el crecimiento. Lo segundo es que las plantas nunca están expuestas a la luz solar. La luz led sustituye al sol en el proceso de fotosíntesis, y la robótica, la vigilancia digitalizada y la gestión algorítmica determinan las necesidades nutricionales de las plantas para garantizar su crecimiento y maduración. El sistema está diseñado para conseguir un crecimiento óptimo controlando la temperatura, la humedad, el $CO_2$ y la luz. Como los cultivos se realizan en interiores, no requieren el uso de pesticidas. Y luego está la gran recompensa. Las plantas utilizan hasta un 2 % del agua que usa una explotación convencional al aire libre, y esa agua rica en nutrientes se recicla continuamente en un sistema de riego interno, lo que significa que se utiliza menos agua durante todo el proceso de crecimiento.[8]

Dado que las granjas verticales cultivan las plantas hacia arriba en instalaciones en lugar de en hileras horizontales en los campos, ocupan mucho menos espacio, lo que aumenta su productividad por metro cuadrado. Además, como se siembran en estructuras similares a almacenes, las granjas verticales pueden situarse cerca de los centros de población, lo que reduce los costes de transporte y garantiza que los productos puedan entregarse a los supermercados y restaurantes en cuestión de horas en lugar de días, semanas o meses, con el consiguiente ahorro de tiempo y combustible. Las granjas verticales también pueden producir hasta quince cosechas al año, en comparación con los cultivos convencionales al aire libre, que obtienen una o dos por temporada.[9] Un valor adicional de la agricultura vertical es que no requiere gestión e inspección *in situ*. La vigilancia a distancia, controlada por algoritmos, supervisa continuamente las plantas y se adapta a los cambios en tiempo real, lo que afecta a su crecimiento. Es probable que estas instalaciones sean el futuro de la agricultura de interior.

La agricultura vertical de interior, además, se está extendiendo rápidamente para incluir las carnes vegetales. Este tipo de producto se introdujo por primera vez en el mercado en el siglo XIX. Las actuales carnes de origen vegetal —que imitan las de vacuno, pollo, cerdo, etcétera— surgieron en la década de 1970 y han ido ganando popularidad desde entonces. Las hamburguesas vegetarianas son ya habituales y las comercializan los principales gigantes agrícolas del mundo, como Tyson y Nestlé.

Una generación más joven, preocupada por la enorme huella de carbono y de agua que conlleva el consumo de carne de vacuno, cerdo, pollo y otros productos animales, por no mencionar el terrible precio en crueldad animal y salud pública que supone consumir una dieta basada en la carne, se ha inclinado cada vez más por un régimen alimentario más vegano, sobre todo en los países más ricos del mundo y en las grandes urbes. Sin embargo, este nuevo enfoque de la cocina es más complejo de lo que parece a primera vista y requiere un conocimiento sofisticado de los ingredientes que componen las hamburguesas, los perritos calientes, los filetes con sabor a pollo y demás productos vegetales. Aunque los cereales convencionales (trigo, arroz, etcétera) son los preferidos para las alternativas cárnicas vegetales, su huella de carbono es más elevada. Las legumbres (garbanzos, guisantes, judías pintas y edamame) son igualmente ricas en proteínas, pero su huella de carbono y de agua virtual es menor y constituyen una alternativa más sana y respetuosa con el clima. Pero incluso en este caso, los consumidores deben tener en cuenta todos los ingredientes adicionales incluidos en las alternativas vegetales, como los azúcares del maíz y el igualmente problemático aceite de colza, que contiene grasas trans. A medida que aumenta la cuota de mercado de los cultivos verticales de interior, se espera que las carnes vegetales conquisten a una generación más joven en todo el mundo.

Mientras que el abastecimiento de alimentos convencionales en interiores generado por laboratorios de alta tecnología es un mercado en expansión que va a crecer exponencialmente y a extenderse por todo el mundo en las próximas décadas, se está produciendo un cambio aún más drástico en el abastecimiento de alimentos que probablemente altere los hábitos alimentarios durante milenios, a medida que la hidrosfera del planeta impulsa la resilvestración de la Tierra. En julio de 2021, el Foro Económico Mundial, la principal plataforma mundial, grupo de reflexión e incubadora de nuevas ideas para impulsar la economía, decidió publicar un artículo escrito por Antoine Hubert, presidente y consejero delegado de Ÿnsect. Su empresa promueve un cambio en la dieta para satisfacer las necesidades de una población humana que se encamina hacia los 9.700 millones de individuos en 2050, a pesar de que «solo queda un 4 % de tierra cultivable disponible en la superficie del planeta».[10]

El nuevo menú que propone son los insectos, no como algo ocasional, sino como parte central de la dieta humana. La verdad es que no es una idea tan novedosa. *Entomofagia* es el término utilizado para designar la ingesta de insectos como alimento para los humanos. En la actualidad, 2.000 millones de personas, principalmente en Asia, América Latina y África, ya incluyen insectos en su dieta. Esta práctica se remonta a los primeros días de nuestra especie en la Tierra.

Sin embargo, hasta ahora, la aportación de los insectos a la dieta humana ha sido, como mucho, complementaria y no principal. La explicación es que había otras fuentes de alimentos que eran más abundantes y más fáciles de encontrar, recolectar, almacenar y conservar en cantidad suficiente para satisfacer las necesidades alimentarias. Ahora todo eso ha cambiado por dos razones. Nos estamos quedando sin tierra cultivable para alimentar a nuestra población y estamos en medio de un proceso de extinción que ya está eliminando gran parte de la vida animal (tanto terrestre como acuática) que ha sido una pieza central de nuestra dieta.

La cría de insectos ha estado al margen de la producción de alimentos durante bastante tiempo. Sin embargo, cada año se producen en granjas más de un billón de insectos para consumo humano y alimentación animal. El problema ha sido que el proceso es manual y lento, y sus costes impiden ampliarlo para que se convierta en una parte central de la dieta humana. Pero esto está cambiando rápidamente. La introducción de la IA y el IdC está haciendo posible «industrializar la cría de insectos en un entorno controlado», al igual que la industria agrícola ha comenzado a introducir la agricultura de precisión mediante el IdC y, más recientemente, el cultivo de cosechas agrícolas verticales de alta tecnología en interiores.[11]

La empresa de Antoine Hubert, Ÿnsect, cuenta ya con más de trescientas patentes que cubren un proceso totalmente automatizado impulsado por IA que es capaz de producir cien mil toneladas de productos de insectos al año. Nos explica cómo funciona el proceso:

> Cada día se obtienen y almacenan más de 1.000 millones de datos (visión, peso, temperatura, desarrollo, velocidad, clima, composición) que se introducen en un modelo predictivo propio para optimizar las condiciones de cría y reproducción de los insectos. Gracias a la IA, con una sola imagen tomada en el momento adecuado se puede obtener hasta el 80 % de la información relacionada con el control de calidad para el cuidado diario de la cría de gusanos de la harina. [Por ejemplo,] la manipulación de los insectos *Tenebrio molitor* la realizan íntegramente robots programados. Las máquinas hacen el trabajo pesado: recogen los distintos contenedores de la granja vertical y los llevan a una zona para alimentarlos o a otra para recoger huevos y larvas que, una vez maduros, se llevan a la fase de procesado.

La Coalición Estadounidense para la Agricultura de Insectos se apresura a señalar las ventajas de incluir este tipo de organismos como parte central de la dieta humana. Según ellos, se consumen o se han consumido más de dos mil especies de insectos, lo que ofrece una variedad de nuevos cultivos alimentarios en comparación con las limitadísimas opciones dietéticas disponibles actualmente en el menú alimentario mundial. Entre estos insectos se encuentran grillos, escarabajos, polillas, abejas, hormigas, avispas, saltamontes y libélulas. Una revisión del valor nutricional de los insectos comestibles reveló que los saltamontes, los grillos, los gusanos de la harina y los gusanos búfalo tienen más hierro, cobre, magnesio, manganeso y zinc que el solomillo de ternera y, lógicamente, no contienen gluten y son compatibles con la dieta paleo. En cuanto a las proteínas, resulta que los grillos por sí solos «contienen más proteínas que la carne de vaca, pollo o cerdo». Los estudios llevados a cabo demuestran que «un gramo de proteína comestible [de carne de pollo] requiere dos o tres veces más tierra y un 50 % más de agua que la obtenida a partir de gusanos de la harina» y «un gramo de proteína comestible de carne de ternera requiere de ocho a catorce veces más tierra y aproximadamente cinco veces más agua que la que se obtiene con los gusanos de la harina».[12]

Además, los insectos emiten muchos menos gases de efecto invernadero que la mayoría del ganado. Resumiendo, los estudios demuestran que «los grillos son dos veces más eficientes que el pollo a la hora de convertir el pienso en carne, al menos cuatro veces más eficientes que el cerdo y doce veces más eficientes que el ganado vacuno si se tiene en cuenta la proteína comestible y digerible de cada animal». Y si estas razones no son suficientes para hacernos reflexionar, recordemos que todos estos bichos son de sangre fría, lo que significa que no malgastan energía convirtiendo el alimento en calor corporal.[13]

Aunque los insectos son desde hace mucho tiempo un elemento básico de las dietas de América Central y del Sur, Australia, África y Asia, la introducción de estos alimentos en las poblaciones de Europa, Estados Unidos, Canadá y otras naciones ha sido, en el mejor de los casos, irregular. Pero ahora algunos de los chefs más famosos del mundo están sembrando el terreno introduciendo la entomofagia en sus menús. René Redzepi, cocinero danés de fama mundial, ha tomado la iniciativa introduciendo platos como la *crème fraiche* salpicada de hormigas en su restaurante efímero de Londres, mientras que en Japón ha estrenado en el menú un plato de *sushi* francés repleto de diminutos insectos negros, y en México ha presentado una tostada con frijoles, espelones a la parrilla y cremosos escamoles (larvas de hormiga).[14] Aunque para los occidentales de clase media es algo novedoso, la entomofagia es, desde hace tiempo, un elemento básico de la cocina asiática. Los insectos fritos son un aperitivo habitual en Camboya, al igual que los rollitos de primavera rellenos de hormigas y la ensalada de papaya verde con escorpiones marinados a la parrilla y lima *kaffir*.[15]

Es probable que la cría de insectos a gran escala en interiores sea muy popular en las próximas décadas e incluso sustituya parcialmente a la ternera, el pollo, el cerdo y otros alimentos cárnicos, a medida que las próximas generaciones se inicien en la nueva cocina a una edad temprana, modificando el régimen dietético de nuestra especie para adaptarse tanto a un clima que se calienta globalmente como a un estilo de vida nómada más efímero. Al fin y al cabo, los insectos son omnipresentes y se encuentran en todas partes, por lo que esta fuente de alimentos cultivada en los emergentes laboratorios verticales de interior es adecuada para una población humana migratoria. Si este cambio drástico en la dieta nos provoca aprensión, no debemos olvidar que el *sushi* (con anguila, calamar, erizos de mar y vieiras crudas) se introdujo por primera vez en Estados Unidos en un único bar de Los Ángeles en 1966.[16] En la actualidad, el mercado del *sushi* en Estados Unidos está valorado en 26.600 millones de dólares y es especialmente popular entre millones de jóvenes.

La agricultura vertical de interior de alta tecnología presenta otras dos ventajas. Si un fenómeno climático grave derribara las líneas eléctricas e interrumpiera la logística y las cadenas de suministro a lo largo de distintas regiones, masas continentales e incluso océanos, las granjas verticales situadas cerca de los núcleos de población y equipadas con electricidad producida por energía solar y eólica *in situ* o cuyo origen se encuentre en las inmediaciones (tanto de servicios públicos como de microrredes) seguirían manteniendo el crecimiento de las plantas de interior según lo previsto. Si el empeoramiento de las catástrofes climáticas obligara a migraciones masivas de la población, las granjas verticales de interior podrían desmontarse en cualquier momento y volver a montarse a lo largo de los corredores migratorios, proporcionando alimentos de emergencia durante largos periodos de tiempo.

Nadie en el mundo de la agricultura vertical de interior cree que esta vaya a sustituir a la agricultura al aire libre, pero no cabe duda de que desempeñará un papel cada vez más importante en la resiliencia que necesitamos en un planeta cada vez más propenso a sufrir catástrofes climáticas.

## Capítulo 11

# EL ECLIPSE DE LOS ESTADOS NACIÓN SOBERANOS Y LA GESTACIÓN DE LA GOBERNANZA BIORREGIONAL

El calentamiento de nuestro clima nos obligará a replantearnos las fronteras políticas, la soberanía nacional y la nacionalidad. Deberíamos haberlo visto venir, al menos desde finales de la década de 1980, cuando el calentamiento del clima empezó a dejar su huella, con un fuerte aumento de inundaciones, sequías, olas de calor, incendios forestales, huracanes y tifones, desestabilizando ecosistemas enteros, causando estragos en las infraestructuras y cobrándose la vida no solo de miembros de nuestra especie, sino también de las demás con las que compartimos el planeta.

## MIGRACIÓN MASIVA Y EXPEDICIÓN DE PASAPORTES CLIMÁTICOS

El creciente interés por replantearse la importancia de los pasaportes, un documento al que la mayoría de nosotros presta poca atención salvo al planificar vacaciones y viajes de negocios al extranjero, demuestra que existe una preocupación subyacente. De repente, los pasaportes se han convertido en un salvavidas vital (tanto negativa como positivamente) dependiendo de la parte del globo a la que uno esté adscrito. Antes se consideraba un lujo agradable que nos permitía visitar a familiares y amigos en el extranjero y sumergirnos en culturas y experiencias diferentes, incluso disfrutar de la rica diversidad de los dones de la naturaleza. Hoy en día, los pasaportes se están convirtiendo cada vez más una identificación de refugios seguros o de nuevos entornos amenazadores.

En las próximas décadas, la migración masiva hacia los climas septentrionales va a hacer caer a algunos Gobiernos nacionales de los subtrópicos y las latitudes medias.[1] Nada podrá detener ni el caos ni el nomadismo transformista. Ya es un hecho. Esto no significa que la gobernanza vaya a desaparecer de la noche a la mañana en una batalla campal, mientras los humanos se dispersan y se dirigen principalmente hacia el norte. Pero los signos de una gran convulsión política ya están a la vista. No hay más que ver los drásticos cambios que se están produciendo en la expedición de pasaportes, que en su día fueron el sello ideológico de la soberanía de los Estados nación y la principal forma en que gran parte de la humanidad definió su propia existencia.

Hace un siglo, inmediatamente después de la Primera Guerra Mundial y el armisticio, se vivió una especie de anticipo de lo que está ocurriendo ahora. Aquello nos da una idea de lo que ocurrirá probablemente en las próximas décadas, a medida que las fronteras políticas nacionales se derrumben como consecuencia del calentamiento global, obligando a los refugiados climáticos a viajar hacia el norte. El armisticio firmado en 1918 para poner fin a la Primera Guerra Mundial sembró el caos en todas partes. La recién creada Unión Soviética revocó la ciudadanía a ochocientos mil rusos que huyeron de su país durante la guerra y vivían en el extranjero. El colapso de la dinastía Romanov y la llegada del Partido Comunista ruso al poder desencadenaron un efecto dominó, con colapsos similares en Alemania y los Imperios austrohúngaro y otomano, dejando un vacío político. De repente, millones de personas se vieron despojadas de su identidad política. El vacío se llenó apresuradamente con la creación de nuevos Estados nacionales y sus correspondientes fronteras. Esto desencadenó nuevas crisis, ya que los grupos étnicos minoritarios se encontraron bajo la tutela de entidades de gobierno poco acogedoras. Aisladas y apátridas, millones de familias se vieron arrinconadas y despojadas de sus anteriores filiaciones nacionales, incapaces de quedarse o marcharse porque ya no tenían una identidad política y se habían quedado sin país. En términos jurídicos, se convirtieron en invisibles.

Fue entonces cuando el famoso explorador polar noruego Fridtjof Nansen se convirtió en el nuevo director de la oficina del Alto Comisionado para los Refugiados de la entonces Sociedad de Naciones, encargado de ayudar a los apátridas de toda Europa. Nansen convocó una conferencia en la sede de la Sociedad de Naciones en Ginebra y obtuvo el consentimiento de los Estados miembros para que le permitieran expedir lo que se conoció como «pasaporte Nansen». Primero se expidió a los refugiados rusos y algún tiempo después a los refugiados armenios, que constituían el grueso de los apátridas de toda Europa. Dicho documento tenía una validez de doce meses y podía renovarse, lo que permitía a los beneficiarios viajar a través de las fronteras de los Estados nación y encontrar un hogar acogedor en alguno de los Estados miembros de la Sociedad de Naciones.

Hasta 1942, más de cuatrocientos cincuenta mil refugiados utilizaron pasaportes Nansen reconocidos por cincuenta y dos países. Las principales características del pasaporte quedaron reflejadas en la Convención sobre el Estatuto de los Refugiados de 1951. A partir de ese momento, tenían derecho legal a entrar en cualquier nación que aceptara su estatus, incorporando así el concepto en el derecho internacional de los refugiados. Aunque el pasaporte Nansen fue de gran ayuda, sobre todo para los refugiados rusos y armenios, los de los Balcanes y los de otros lugares nunca recibieron este derecho legal. Aun así, fue un precedente en el ordenamiento internacional, legitimando el derecho de los exiliados a buscar una nueva patria y ser aceptados.[2] Este documento provocó que se replanteara la naturaleza de los pasaportes y la idea de pertenecer a un solo país.

El camino que tenemos por delante es difícil, ya que empezamos a dejar atrás un mundo en el que se espera que, durante toda nuestra vida, pertenezcamos a un único espacio geográfico fijo bajo la tutela de una nación soberana, aunque con permiso para viajar al extranjero por negocios o placer, o simplemente emigrar a otro país y renunciar a nuestra ciudadanía original. En un planeta que se calienta y en el que regiones enteras del mundo se vuelven inhabitables, la vida sedentaria será menos sostenible, mientras que la vida nómada se convertirá cada vez más en la norma.

Gaia Vince, periodista británica especializada en medioambiente y autora de *El siglo nómada*, describe nuestro futuro viaje migratorio desde una perspectiva tranquilizadora y esperanzadora:

> Sin embargo, igual de difícil será superar la idea de que pertenecemos a una tierra determinada y de que esta nos pertenece. Tendremos que integrarnos en sociedades globalmente diversas que viven en nuevas ciudades polares. Tendremos que estar preparados para mudarnos de nuevo cuando sea necesario. Con cada grado de aumento de la temperatura, aproximadamente 1.000 millones de personas se verán empujadas fuera de la zona en la que los seres humanos han vivido durante miles de años. Nos estamos quedando sin tiempo para gestionar la agitación que se avecina antes de que sea abrumadora y letal.[3]

Aunque a primera vista podría sospecharse que los pasaportes apenas han cambiado, encerrados en un marco geopolítico anticuado diseñado para mantener encerrada a la ciudadanía, la verdad es que no es así. Al menos desde el final de la Segunda Guerra Mundial y la llegada de la globalización del comercio, acompañada de una actividad económica dotada de un denso entramado de interconexiones y ejercida por multinacionales y una mano de obra mundial de gran movilidad, los pasaportes se convirtieron en documentos más ágiles y menos restrictivos, permitiendo a empresarios y trabajadores operar en todo el mundo. La globalización de la economía y el comercio ha ido acompañada de nuevas instituciones mundiales de Gobierno, como la ONU, el Banco Mundial, el FMI y la OCDE, que han transformado la vida económica, convirtiéndola en un fenómeno planetario. La globalización de los vuelos permitió la creación de la industria de los viajes y el turismo, y convirtió el planeta en un gigantesco patio de recreo, al alcance de cientos de millones de personas.

Los pasaportes cambiaron con la nueva economía. Cada año, los pasaportes del mundo se clasifican de más poderosos a menos poderosos, en función del número de países que se pueden visitar sin necesidad de un visado, cuya obtención puede llevar semanas o incluso meses. Japón encabeza la lista. Los japoneses pueden visitar 193 naciones sin la aprobación del país de destino. Afganistán ocupa actualmente el último lugar, con solo veintisiete países de destino que no exigen visado.[4]

Aún más revelador es el número cada vez mayor de países que aceptan la doble nacionalidad, lo que permite a las personas ser ciudadanas de dos o incluso más países al mismo tiempo. La doble nacionalidad significa que una persona tiene todos los derechos de la ciudadanía, incluido el derecho a votar, buscar empleo, comprar una casa y recibir todos los servicios públicos, entre los que se comprenden la sanidad y la educación pública. Por supuesto, la doble nacionalidad también conlleva obligaciones, como pagar impuestos y servir en el Ejército si hay servicio militar obligatorio.

La doble nacionalidad también facilita la reunión de diásporas, ya que los grupos étnicos permanecen cada vez más conectados a través de internet, Zoom y los vuelos internacionales baratos. Vivir parte de la vida, tanto virtual como físicamente, en dos o más lugares es un signo del nuevo seminomadismo impulsado por la globalización, el comercio y los viajes baratos.

La simplificación de los visados de viaje y la concesión de la doble nacionalidad facilitan la ampliación de la ciudadanía. Con el cambio climático provocando migraciones masivas a una escala sin precedentes, los debates se están centrando rápidamente en la idea de expedir pasaportes climáticos globales que permitan a los migrantes climáticos cruzar las fronteras nacionales a lo largo de corredores designados, residiendo de forma sedentaria durante un breve periodo en estaciones de paso que les permita descansar, para luego seguir su viaje, recorriendo a veces miles de kilómetros a regiones más respetuosas con el clima.[5] A una escala aún mayor, está el ejemplo de la Unión Europea, compuesta por veintisiete naciones diferentes y 447 millones de ciudadanos, cada uno de los cuales considera que su hogar es tanto la Unión Europea como sus respectivos Estado y región. Todos los ciudadanos de la Unión Europea llevan un pasaporte comunitario.

Desde su creación en 1945, uno de los temas que más ha preocupado a la ONU es la difícil situación de los refugiados. De hecho, ha publicado voluminosos estudios e informes al respecto y ha creado tratados jurídicamente vinculantes para salvaguardar sus derechos. Sin embargo, hasta ahora el organismo internacional ha pasado de puntillas por la cuestión de cómo abordar el tema de los refugiados climáticos. Esos cientos de millones (que pronto serán miles de millones) de seres humanos amenazan con traspasar las fronteras políticas de su nación soberana y lanzarse a la carretera en una huida desesperada en busca de un clima hospitalario y una jurisdicción de Gobierno amistosa dispuesta a acogerlos.

En 2021, el Consejo Consultivo Científico Alemán para el Cambio Global (WBGU, por sus siglas en alemán), un organismo científico que asesora al Gobierno federal, dio un paso adelante (aunque solo superficialmente) publicando un informe que aborda la creciente crisis de los refugiados en el que incluía la cuestión de legitimar la difícil situación de los refugiados climáticos. En dicho documento hacían referencia al anterior pasaporte Nansen, que garantizó un paso seguro a los apátridas tras la Primera Guerra Mundial para que fueran recibidos por los países de acogida.

El WBGU ha presentado una propuesta audaz, pidiendo a las naciones del mundo que reconozcan los derechos de los refugiados climáticos mediante la expedición de pasaportes climáticos. Su recomendación podría cambiar las reglas del juego y, de llevarse a cabo, tendría consecuencias geopolíticas de gran alcance, entre las que destaca el debilitamiento del control que ejercen los Estados nación con fronteras cerradas. Dice así:

> Por ello, el WBGU propone un pasaporte climático para migrantes como instrumento clave de una política climática humana. Basado en el pasaporte Nansen, este documento ofrecería a las personas cuya vida se ve amenazada por el calentamiento global la opción de tener acceso a países en gran medida seguros y a derechos equivalentes a los de los ciudadanos nativos. En una primera fase, el pasaporte climático abriría vías de migración temprana, voluntaria y compasiva a las poblaciones de los pequeños Estados insulares cuyo territorio puede volverse inhabitable como consecuencia del cambio climático. A medio plazo, el pasaporte también debería estar disponible para las personas amenazadas en otros países, incluidas las personas desplazadas. Los Estados con importantes emisiones históricas y actuales de gases de efecto invernadero y, por tanto, con

una gran responsabilidad en el cambio climático, deberían ofrecer sus servicios como países de acogida.[6]

Por increíble que parezca, los pactos y protocolos de la ONU no reconocen a los refugiados climáticos, a pesar de que millones de migrantes climáticos ya están huyendo de sus países de origen en busca de otras regiones con mejor clima en las que vivir. Los pactos de la ONU solo ofrecen protección contra los abusos humanos (por ejemplo, la persecución gubernamental de sectas religiosas, minorías étnicas y partidos políticos), pero no a los refugiados que huyen de un clima que se calienta.

La Convención de Ginebra, también conocida como Convención sobre el Estatuto de los Refugiados de 1951, es un tratado multilateral de la ONU que define al refugiado y establece los derechos de las personas para recibir asilo en naciones distintas de su patria. El artículo 1 de la Convención define así al refugiado:

> [Quien], a consecuencia de acontecimientos [...] y debido a fundados temores de ser perseguido por motivos de raza, religión, nacionalidad, pertenencia a determinado grupo social u opiniones políticas, se encuentre fuera del país de su nacionalidad y no pueda o, a causa de dichos temores, no quiera acogerse a la protección de tal país; o que, careciendo de nacionalidad y hallándose, a consecuencia de tales acontecimientos, fuera del país donde antes tuviera su residencia habitual, no pueda o, a causa de dichos temores, no quiera regresar a él.[7]

Desgraciadamente, las recomendaciones del WBGU que proponen la emisión de pasaportes climáticos han caído en saco roto y han sido ignoradas por la ONU. El temor es que se produzca un éxodo masivo de los países de origen, con cientos de millones de refugiados climáticos vagando por continentes y océanos en busca de un país de acogida en un entorno climático más favorable. La ONU ha eludido la creciente crisis, afirmando que los países asolados por el cambio climático recibirán ayuda en forma de préstamos para reforzar su resistencia interna a los impactos climáticos. Eso es necesario, pero no es acorde a la realidad: regiones enteras del mundo ya se están volviendo inhabitables, y millones de refugiados climáticos se han puesto en camino en busca de climas más benignos.

Aunque la ONU no ha hecho caso de las recomendaciones del WBGU sobre la creación de un pasaporte climático, sí que puso sobre la mesa el Pacto Mundial para una Migración Segura, Ordenada y Regular. Si bien el pacto incluye el cambio climático entre las causas de la huida y aboga por la cooperación de los Estados miembros, incluso esta petición tan sencilla se quedó a medio camino, ya que las naciones soberanas temían que, si los pasaportes climáticos formaban parte del paquete, se produjera una migración masiva de refugiados climáticos de todo el mundo. Incluso el Gobierno alemán rechazó la recomendación de su propio consejo asesor, asegurando a los Estados miembros de la ONU que el Pacto Mundial para una Migración Segura, Ordenada y Regular no debería convertirse en un acuerdo jurídicamente vinculante, sino solo en una aspiración, o lo que eufemísticamente se denomina un *derecho indicativo*.[8]

La situación es muy diferente sobre el terreno. El éxodo climático ya está aquí y crece a pasos agigantados cada día que pasa. Fíjate en dos de los principales focos para hacerte una idea de la magnitud de la tragedia que se está produciendo: los millones de refugiados climáticos que huyen del reseco Oriente Medio, arriesgando sus vidas en desvencijadas embarcaciones con la esperanza de alcanzar las costas de la Unión Europea, y sus hermanos de América Central y del Sur, con familias enteras y niños a lomos de sus padres, caminando cientos de kilómetros por un terreno traicionero con la esperanza de colarse por la frontera de Estados Unidos.

Los nuevos estudios sobre el clima no son alentadores. Se calcula que para 2070, «las zonas extremadamente cálidas, como el Sáhara, que ahora representan menos del 1 % de la superficie terrestre, podrían cubrir casi una quinta parte de la tierra, lo que podría situar a una de cada tres personas fuera del nicho climático en el que los seres humanos han prosperado durante miles de años».[9] Un estudio de 2020 advierte de que «se prevé que la posición geográfica de este nicho de temperatura se desplace en los próximos cincuenta años más de lo que lo ha hecho en seis mil años», lo que provocará la mayor migración climática humana de toda la historia.[10] En otro estudio, publicado en la revista *Science*, se explicaba que, en 2100, las temperaturas en algunas partes del mundo, incluidas las densas poblaciones de la India y China, podrían ser tan altas que salir al exterior incluso durante unas pocas horas «provocará la muerte de los seres humanos más preparados».[11]

En amplias zonas de las latitudes medias y subtropicales ya ha comenzado «la gran migración»: el goteo de refugiados climáticos de hace apenas treinta años es ahora un tsunami. Millones, y dentro de unas décadas cientos de millones, de refugiados climáticos recorrerán el mundo en busca de refugios seguros. Las opciones son limitadas. O planificamos con antelación o nos arriesgamos al caos más absoluto. En el primer caso, los países de la ONU tendrán que tomar medidas y expedir pasaportes climáticos formales acompañados de reglamentos, códigos, normas y protocolos que garanticen un tránsito ordenado y seguro. Y es posible que muchas naciones de las zonas subtropicales y de las latitudes medias se marchiten o incluso dejen de existir. Ya lo estamos viendo en las naciones insulares del Pacífico, y pronto lo veremos en otros lugares. Por mucho que le demos vueltas, no lo conseguiremos. Habrá naciones que perduren y otras que se marchiten y decaigan, o incluso que desaparezcan en el transcurso de los próximos ciento cincuenta años, un breve plazo que separa el nacimiento de los abuelos de la muerte de sus nietos.

¿Cómo sabrán los emigrantes climáticos qué ruta seguir? Nuestras proyecciones climáticas ya señalan el camino y conduce desde las latitudes medias y subtropicales hasta las vastas tierras despobladas del extremo norte: Canadá, el Ártico, los países nórdicos, Rusia y Siberia. Gran parte de estas zonas terrestres vírgenes, cubiertas en su mayor parte por permafrost, actualmente en proceso de deshielo, constituyen el 25 % de la superficie terrestre del hemisferio norte y pueden acoger a un gran número de migrantes.[12] Aunque estas regiones septentrionales también se están calentando rápidamente, los climatólogos nos dicen que si, para mediados de siglo, logramos estabilizar el calentamiento del planeta en torno a 1,5 grados centígrados en lugar de dos grados centígrados, con un reverdecimiento concomitante de un tercio a un medio de la masa terrestre y los océanos de la Tierra en los próximos siglos, nuestra especie y muchas otras más podrían sobrevivir e incluso prosperar de nuevas formas. Pero el futuro está más cerca con cada década que pasa.

Será esencial preparar pasaportes climáticos para que las naciones cuyo riesgo es de moderado a alto y que se encuentran en plena agonía provocada por el cambio climático puedan reducir su población y aligerar su huella ecológica, resilvestrar su espacio ecológico y renovar sus ecosistemas. Esto permitirá que un número considerable de la población emigre al norte, a ecosistemas menos habitados, dispersando la huella ecológica de nuestra especie y disminuyendo nuestra carga sobre el planeta, lo que supone un enfoque pragmático para avanzar hacia un futuro desafiante.

La cuestión a la que se enfrentarán los migrantes climáticos será averiguar cómo trazar la mejor ruta medioambiental que les permita llegar con seguridad a países de acogida más compatibles con el cambio medioambiental y cuyo hábitat sea el adecuado para acoger a un gran número de personas. Los científicos ya están trazando las rutas que tendrán que seguir los refugiados climáticos para contar con unos servicios ecosistémicos sólidos en sus viajes y en las escalas de camino a nuevas biorregiones que puedan mantener a sus poblaciones. Y resulta que los guías del viaje son el resto de las especies con las que compartimos el planeta: mamíferos, aves, reptiles, anfibios, peces, etcétera. Al igual que nosotros, nuestros compañeros están atrapados en una hidrosfera que se está resilvestrando y causando estragos en los ecosistemas locales, razón por la cual se están convirtiendo rápidamente en migrantes climáticos. También ellos se desplazan en busca de entornos más hospitalarios que imiten aquellos a los que su biología está acostumbrada.

Los científicos han comenzado a rastrear las rutas migratorias de las especies y están cartografiando sus viajes a través de corredores de vida silvestre hacia nuevos destinos que les permitan sobrevivir y prosperar. Un estudio publicado en 2018 en la revista *Global Change Biology*, en el que se recurrió a la informática de alto rendimiento, fue el primero de este tipo que identificó «áreas de conectividad climática en Norteamérica, delineando rutas entre los tipos de clima actuales y sus análogos futuros que evitan zonas con climas no análogos. También fue el primero que utilizó métricas de centralidad para clasificar cómo contribuía cada lugar a la dispersión a través del paisaje».[13]

Aunque gran parte de la atención actual se centra en salvar y restaurar los ecosistemas más amenazados, el hecho es que la hidrosfera ya ha desplazado hacia el norte el clima al que estaban acostumbradas estas especies, por lo que es prioritario encontrar nuevas regiones de acogida cuyo clima sea similar al que han abandonado. Esto no significa que haya que renunciar a las zonas que se están calentando drásticamente, sino que la hidrosfera del planeta es un actor mucho más importante a la hora de determinar cómo se regenerarán, sobrevivirán y prosperarán estos ecosistemas actualmente en peligro. Los investigadores insisten en que «la persistencia de muchas poblaciones dependerá de su capacidad para dispersarse y colonizar hábitats que se hayan adaptado a sus necesidades climáticas».[14]

Este estudio y otros que se realicen en el futuro permitirán identificar los corredores de vida salvaje más prometedores para las especies. Basándose en esos estudios, los organismos gubernamentales y los científicos deberán localizar los puntos problemáticos del camino, donde los impedimentos bloquean las rutas migratorias (carreteras, vallas, embalses artificiales y otras infraestructuras humanas) y eliminarlos para permitir un paso seguro. La cartografía de estos corredores de vida salvaje incluye garantizar servicios ecosistémicos adecuados para ayudar a las especies a acelerar su viaje: por ejemplo, reforestar donde sea necesario para proporcionar sombra, cobertura y un efecto refrescante a lo largo de las rutas. También se está debatiendo la introducción de otros elementos que refuercen los servicios ecosistémicos de estos corredores y mejoren la seguridad del paso. Por ejemplo: la introducción de castores, que pueden establecer pequeñas presas para conectar las llanuras aluviales y permitir que el agua fluya más lentamente. Eso minimizará el impacto de las sequías y será fundamental para garantizar el bienestar de las numerosas especies que migran a lo largo de estas rutas hacia nuevos hábitats.[15]

El 21 de marzo de 2023, el Consejo de Calidad Ambiental, dentro de la Oficina Ejecutiva del presidente de Estados Unidos, emitió un memorando dirigido a los directores de todos los departamentos y las agencias federales sobre «el reconocimiento de la importancia de la conectividad ecológica y los corredores de vida salvaje a medida que el desarrollo humano degrada, elimina y fragmenta los hábitats y que el cambio climático altera las condiciones medioambientales». El memorando de la Casa Blanca subraya que la conectividad es:

> El grado en que los paisajes terrestres, marinos y acuáticos permiten que las especies se desplacen libremente y que los procesos ecológicos funcionen sin obstáculos. Los corredores son distintos componentes de un paisaje terrestre, acuático o marino que proporcionan conectividad. Son fundamentales porque facilitan el movimiento de especies entre hábitats, especialmente durante la migración estacional o en respuesta a condiciones cambiantes.[16]

La conectividad permite a la fauna acceder a los recursos necesarios y facilita los procesos ecológicos. Además, «promueve la adaptación al clima y la resiliencia, al permitir que la vida silvestre se adapte, disperse y ajuste a los cambios en la calidad y distribución de los hábitats, incluidas las transformaciones impulsadas por el clima en las áreas de distribución geográfica de las especies».[17] La directiva presidencial pide a todas las agencias federales que identifiquen «las acciones que se han tomado o se tomarán para avanzar en los objetivos establecidos en este documento».[18] Lo que resulta especialmente importante de los nuevos estudios científicos que cartografían los corredores de fauna y flora silvestres y del documento orientativo del presidente de Estados Unidos es que este país, y muchos otros, dispondrán de un nuevo y amplio enfoque topográfico para cartografiar la migración masiva de especies, incluida la nuestra, a nuevas ecorregiones hospitalarias.

El nuevo nomadismo consistirá en seguir el camino que siguen el resto de las especies a través de corredores migratorios, como hicieron nuestros antepasados durante el 95 % del tiempo que nuestra especie ha habitado la Tierra, pero con una salvedad. Nuestro camino tendrá que ser paralelo, pero a cierta distancia, para no interferir con las escalas de otras especies y su viaje seguro a nuevos microclimas. Estar al lado, pero a cierta distancia, es la nueva norma. Para acelerar el viaje, podremos utilizar sofisticadas infraestructuras científicas de cartografía y el IdC para trazar nuestro camino. Esas herramientas nos ayudarán a elegir el lugar en el que levantar nuestras ciudades efímeras emergentes temporales, cerca, pero a distancia, de las rutas migratorias.

Estos viajes compartidos a través de corredores migratorios y el asentamiento en ecosistemas más compatibles, al menos durante un periodo de tiempo, implican la existencia de una dinámica política diferente. Pero lo que aún no hemos asumido es lo que dejan tras de sí estos éxodos masivos y reasentamientos continuos. Regiones enteras, una vez bajo el Gobierno soberano de los Estados nación, se reducirán y quedarán vacías al volverse inhabitables, e incluso desaparecerán. Gran parte de lo que conocemos como civilización —sobre todo en las zonas subtropicales y las latitudes medias del planeta— será abandonado y un nuevo soberano, la hidrosfera, lo repoblará de nuevas formas. Si esto te parece chocante, recuerda que civilizaciones enteras han ido y venido en los últimos seis mil años, víctimas tanto del colapso entrópico como de cambios drásticos en el clima. Sin embargo, en cada ocasión, nuestra especie se dispersó y emigró a otros lugares y, en algunos de esos casos, regresó al cabo de un tiempo para reasentarse y reconstruir de nuevo.

Esta vez, la cronología es diferente. El calentamiento del planeta provocado por la emisión de gases de efecto invernadero nos está llevando, al menos parcialmente, a una extinción, limitada o no, y, con ella, a un nuevo régimen climático que probablemente dure milenios. En el Mediterráneo y en América Central ya se están desmoronando las naciones, pues el calentamiento del clima los hace inhabitables para la vida humana. Los indicadores climáticos sugieren que, para finales del siglo XXII, muchas regiones que ahora gozan de soberanía política se marchitarán o incluso desaparecerán por completo: eso es ya una realidad para cientos de naciones insulares del Pacífico.

A partir de ahora, es probable que la migración y el reasentamiento masivos estén cada vez más vinculados a los ecosistemas regionales, supervisados en parte como bienes comunales cuya gobernanza sea biorregional. Esta transformación ya ha comenzado. Como ya he mencionado en páginas anteriores, en la Unión Europea ya se ha establecido la primera gobernanza biorregional de este tipo, reuniendo a las regiones autónomas españolas de Cataluña y las Islas Baleares y la región francesa de Occitania, estableciendo la Eurorregión Pirineos Mediterráneos.

En 1991, cinco estados del noroeste del Pacífico de Estados Unidos y cinco provincias y territorios canadienses crearon la Región Económica del

Noroeste del Pacífico para gestionar conjuntamente como bienes comunales los ecosistemas que comparten. Entre 1983 y 2015, los ocho estados de Estados Unidos y las dos provincias canadienses que comparten el ecosistema de los Grandes Lagos crearon la Conferencia de Gobernadores y Primeros Ministros de los Grandes Lagos y del Río San Lorenzo para gestionar su biorregión como un bien comunal. Estos dos Gobiernos biorregionales colaboran legislativamente para supervisar su biorregión y garantizar que las nuevas oportunidades empresariales, el empleo y el desarrollo estén en consonancia con la prosperidad de sus ecosistemas. Estas dos biorregiones no serán una excepción. Al contrario, son las primeras en actuar. En las próximas décadas, los Gobiernos de los Estados nación serán cada vez más porosos y compartirán sus biorregiones comunes. Su propia supervivencia dependerá de ello.

## LA DEFENSA MILITAR DEJA PASO A LA RESISTENCIA CLIMÁTICA

Volvamos al nexo entre agua y energía, un fenómeno poco conocido que es el alma de la era del progreso, de toda la Revolución Industrial, del auge del capitalismo, de la gobernanza de los Estados nación y de la globalización del comercio. Recordemos que las centrales eléctricas utilizan carbón, petróleo y gas natural para hervir grandes cantidades de agua y producir vapor que hace girar las turbinas y genera electricidad. Recordemos que solo en Estados Unidos la generación de energía térmica representa un porcentaje significativo de las extracciones totales de agua.

Asegurar el nexo entre agua y energía requiere una enorme presencia militar para proteger y defender los depósitos de carbón, los yacimientos de petróleo y gas, supervisar las presas y embalses, proporcionar seguridad a los canales y rutas marítimas y proteger los oleoductos que mantienen «operativo» todo el sistema. Lo que no se dice es el extraordinario coste en vidas humanas asociado a la construcción de estas enormes infraestructuras. Alrededor de ciento veinte mil trabajadores murieron de disentería, viruela, hepatitis y tuberculosis durante los once años que se tardó en excavar y construir el canal de Suez, que conecta el mar Mediterráneo y el océano Índico. Treinta mil trabajadores murieron de fiebre amarilla y malaria mientras se excavaba el canal de Panamá para abrir una vía navegable entre el Atlántico y el Pacífico.[19]

Los historiadores europeos nos recuerdan que la Segunda Guerra Mundial se precipitó, al menos en parte, por la larga rivalidad existente entre Alemania y Francia por el control de los ricos yacimientos de carbón de la cuenca del Ruhr. Del mismo modo, en julio de 1941, Estados Unidos embargó todas las exportaciones de petróleo a Japón y, poco después, Gran Bretaña y las Indias Orientales Neerlandesas hicieron lo mismo, cerrando el acceso del país nipón al petróleo, sin el cual no tendría forma de asegurar su expansionismo militar a través de China, el sudeste asiático y el Pacífico, y ni siquiera de mantener su propia economía en pleno funcionamiento.[20] Cuatro meses después del embargo petrolero, Japón bombardeó Pearl Harbor y entró en la Segunda Guerra Mundial. Entre 70 millones y 85 millones de personas perecieron en la guerra, es decir, alrededor del 3 % de la población mundial de la época.[21] No es exagerado afirmar que millones de seres humanos han muerto construyendo la infraestructura asociada al nexo entre agua y energía y defendiendo los activos de combustibles fósiles en el transcurso de los dos últimos siglos, mientras trabajaban para asegurar la era industrial y cumplir la promesa de avanzar en la era del progreso.

Ahora, el nexo entre la infraestructura hidráulica y la de combustibles fósiles está llevando a la sociedad por dos caminos divergentes. El calentamiento global provocado por la quema de combustibles fósiles ha provocado que el ciclo hidrológico del planeta sufra una retroalimentación acelerada que está cambiando la forma en que el agua se distribuye por la Tierra, afectando a los ecosistemas y a las infraestructuras humanas de maneras que son contrarias a la forma en que se modela y gestiona la civilización. Al mismo tiempo, como ya he mencionado, el coste nivelado de la energía solar y eólica a escala comercial cayó en 2019 por debajo del de todos los demás combustibles convencionales (uranio, carbón, petróleo y gas natural) y sigue cayendo en picado, lo que ofrece la posibilidad de superar rápidamente la era de los combustibles fósiles. El mercado está hablando.

Sin embargo, para las superpotencias militares del mundo (Estados Unidos, la Unión Europea, Rusia y China) y para el resto de los ejércitos de todo el mundo, la seguridad de sus países sigue dependiendo de la protección y defensa de la infraestructura tradicional del nexo entre agua y energía de una civilización industrial basada en los combustibles fósiles, a pesar de que su desaparición de la escena mundial es irreversible. Sin embargo, en los últimos años, hemos empezado a ser conscientes de que dicho nexo se ha roto, y está surgiendo una nueva narrativa que nos lleva de la era del progreso a la era de la resiliencia, y de una infraestructura agua-energía altamente centralizada e integrada de forma vertical, a una plataforma agua-energía muy distribuida, compuesta por captaciones de agua locales y regionales, e impulsada por la energía del sol y del viento, que ahora son más baratas y seguras que la nuclear, el carbón, el petróleo y el gas natural. Y, a diferencia de los combustibles fósiles y del uranio, que solo se encuentran en unas pocas bolsas geográficas y son costosos de encontrar, extraer, refinar, transportar, consumir y eliminar, el sol y el viento están en todas partes y ahora son más baratos que todos los combustibles convencionales de la era industrial.

Ya he dicho en páginas anteriores que millones de propietarios de viviendas y cientos de miles de empresas, asociaciones de vecinos y comunidades urbanas y rurales están aprovechando la electricidad solar y eólica allí donde trabajan y viven. El excedente de energía que no utilizan se devuelve a un internet de la electricidad cada vez más digitalizado para compartirla entre regiones, husos horarios y continentes y, en la próxima década, a través de los océanos, lo que permitirá a miles de millones de seres humanos compartir energía renovable. El paso de la era del progreso a la era de la resiliencia viene acompañado de un replanteamiento total de la naturaleza de la seguridad, que pasa de capturar y encerrar el ciclo hidrológico, y extraer y proteger los combustibles fósiles, a adaptarse a una hidrosfera que se está resilvestrando y a usar, de forma compartida, la electricidad generada por el sol y por el viento.

Esta realidad ya la tenemos delante, y preocupa cada vez más a los ejércitos de todo el mundo. El 10 de octubre de 2018, la base aérea de Tyndall, en el mango de Florida, fue devastada por los vientos de doscientos cuarenta kilómetros por hora del huracán Michael, un huracán de categoría 5. El 95 % de los edificios resultaron gravemente dañados o destruidos. Tyndall es la base de los cazas a reacción F-22 Raptor de las Fuerzas Aéreas, que sufrieron graves daños en el huracán. Las pérdidas materiales y económicas de esta única base aérea fueron superiores a todas las pérdidas sufridas por Estados Unidos a causa de los ataques con misiles iraníes en Oriente Medio.[22]

La conclusión de un informe del Pentágono redactado en 2019 fue que setenta y nueve bases militares estadounidenses son actualmente vulnerables a sequías, escasez de agua, incendios forestales, inundaciones y huracanes. Además, hay más de mil setecientas instalaciones militares estadounidenses en todo el mundo situadas a lo largo de las costas que son potencialmente vulnerables al aumento del nivel del mar.[23] Por supuesto, la ironía de todo esto es que el Departamento de Defensa de Estados Unidos es el mayor generador institucional de gases de efecto invernadero de la Tierra.[24] Entre 2001 y 2017, el Ejército de Estados Unidos generó unos 766 millones de toneladas métricas de emisiones de $CO_2$. Esto supone más emisiones de gases de efecto invernadero que muchas naciones más pequeñas.[25] Esta situación se ve agravada por el hecho de que el Departamento de Defensa de Estados Unidos y las instituciones militares de otras superpotencias defienden una civilización basada en los combustibles fósiles que está desapareciendo rápidamente y cuyos activos varados (derechos de exploración, plataformas petrolíferas, oleoductos, refinerías, instalaciones de almacenamiento, edificios, líneas eléctricas, redes de telecomunicaciones, infraestructuras logísticas, presas y embalses artificiales, etcétera) se estima que ascienden a decenas de billones de dólares.[26]

En junio de 2021, el Consejo Militar Internacional sobre Clima y Seguridad realizó una encuesta entre las principales instituciones del mundo que se ocupan de los riesgos futuros para la sociedad, y llegó a la conclusión casi unánime de que la cuestión de la seguridad está empezando a pasar de centrarse en la defensa del territorio a hacerlo en el rescate y la recuperación de las poblaciones, el restablecimiento del orden cívico y la reconstrucción de las infraestructuras derrumbadas por las perturbaciones y catástrofes relacionadas con el clima. La conclusión del informe es la siguiente: «Los encuestados creen que la mayoría de los problemas climáticos suponen un riesgo entre elevado y catastrófico para la seguridad. Los encuestados prevén que dentro de entre diez y veinte años los niveles de riesgo asociados a todos los tipos de fenómenos climáticos serán muy altos».[27]

En otoño de 2021, el Departamento de Defensa de Estados Unidos dio un giro con respecto a las prioridades de sus misiones con la publicación de dos informes fundamentales. En uno de ellos, presentaba un análisis de riesgos para la seguridad cuyos resultados eran desalentadores. Su conclusión fue la siguiente:

> A medida que aumenten la frecuencia y la intensidad de los desastres climáticos, es probable que crezca igualmente la competencia por las regiones y los recursos, afectando a las demandas y la funcionalidad de las operaciones militares, y que se amplíen el número y la gravedad de las crisis humanitarias, amenazando, en algunas ocasiones, la estabilidad y la seguridad. Sin embargo, en el peor de los casos, los impactos relacionados con el cambio climático podrían agravar las condiciones económicas y sociales que contribuyen a eventos de migración masiva o crisis políticas, disturbios cívicos, cambios en el equilibrio regional de poder, o incluso el fracaso de los Estados. Esto puede afectar a los intereses nacionales de Estados Unidos directa o indirectamente, y puede que los aliados o socios de Estados Unidos soliciten la ayuda de nuestro país.[28]

En el segundo informe, el Departamento de Defensa de Estados Unidos publicó un plan de adaptación al clima que se esperaba desde hacía mucho tiempo y que, por fin, se centró en modificar parcialmente los objetivos. Ahora, se trataba de «identificar con antelación los problemas afectados por el clima» con el fin de «prepararse mejor para la asistencia humanitaria y la ayuda en caso de catástrofe» y «adaptar o reforzar los programas de compromiso militar para preparar a los socios a enfrentarse a posibles conflictos de origen climático». Desgraciadamente, el Departamento de Defensa racionalizó el cambio parcial de objetivos en términos centrados más en la geopolítica que en la biosfera, sugiriendo que eso «nos proporcionará una ventaja sobre adversarios y competidores para sobrevivir y operar mejor en entornos futuros».[29]

El Departamento de Defensa de Estados Unidos y los Ejércitos del resto de los países no están en absoluto preparados para encarar el reto que supone afrontar la mutación que sufre el ciclo hidrológico del planeta provocado por el cambio climático y, aunque participan en el rescate, la recuperación y la reconstrucción caso por caso, siguen pensando en la seguridad nacional casi exclusivamente en términos geopolíticos. La conclusión es que, en el mejor de los casos, los Ejércitos están pensando en los riesgos climáticos de forma más limitada en lo que respecta a sus propias instalaciones y a la forma de crear resiliencia frente a los desastres climáticos que podrían paralizar sus operaciones, pero no han logrado captar el panorama general del cambio de objetivo, es decir, la necesidad de pasar de la seguridad geopolítica a la resiliencia de la biosfera, ayudando a las poblaciones a sobrevivir, recuperarse y adaptarse a la rápida evolución del ciclo hidrológico de nuestro planeta.

Sin embargo, si la necesidad es la madre de la invención, la responsabilidad de hacer frente a los problemas cada vez mayores que el cambio climático y la transición del ciclo hidrológico causan a los ecosistemas y la sociedad recae, por defecto, sobre los hombros del Ejército estadounidense y las fuerzas armadas de todos los países. En Estados Unidos, las tropas federales y las guardias nacionales de los estados son los primeros que acuden a ayudar a la población cuando esta es golpeada por un desastre: luchan contra incendios forestales, rescatan a poblaciones enteras de inundaciones y huracanes, suministran agua, alimentos, medicinas y alojamiento temporal, e incluso reconstruyen infraestructuras. Solo en 2017, la temporada de huracanes en Estados Unidos (una de las más mortíferas de la historia) requirió que el Ejército hiciera un gran esfuerzo para ayudar a la población. Las consecuencias del desastre «afectaron a cuarenta y tres estados e hicieron necesaria la participación de más de cincuenta mil miembros de la Guardia Nacional».[30]

Las veteranas agencias del Departamento de Defensa de Estados Unidos podrían seguir el ejemplo de la rama más reciente de las fuerzas armadas estadounidenses, la Fuerza Espacial, creada en 2019 con la misión de organizar, entrenar y equipar a las fuerzas espaciales con el fin de proteger los intereses de Estados Unidos y sus aliados en el espacio, y preparar a la Fuerza Conjunta (tierra, mar y aire). Sin embargo, como parte de su misión, la Fuerza Espacial se está centrando, al menos parcialmente, en la vigilancia de los puntos calientes climáticos con el objetivo de anticiparse a los desastres. Comparten los datos con otros países para que puedan prepararse y afrontar mejor esos desastres y, de esa forma, es posible que no tengan que rescatarlos ni ayudarlos en una futura reconstrucción.[31]

CUARTA PARTE

# AGUAS SUBLIMES Y UNA NUEVA ONTOLOGÍA DE LA VIDA EN LA TIERRA

## Capítulo 12

# DOS FORMAS DE ESCUCHAR LAS AGUAS

Aprender a vivir en el planeta Aqua es una exégesis sobre el replanteamiento de la larga relación de la humanidad con la hidrosfera. En 1751, Edmund Burke publicó una obra titulada *Indagación filosófica sobre el origen de nuestras ideas acerca de lo sublime y de lo bello*, que tuvo un gran impacto ontológico tanto en la Ilustración europea como en el posterior Romanticismo y en las subsiguientes narrativas culturales arraigadas en la era del progreso. Hoy en día, con el espectro del cambio climático amenazando nuestro presente y nuestro futuro, la noción de *lo sublime* ha resurgido en los círculos académicos. Esta vez, sin embargo, lo que está en juego es mucho más importante, ni más ni menos que una extinción que se avecina en el horizonte. En el centro de la amenaza que se cierne sobre la Tierra y todas las formas de vida que la pueblan se encuentra el ciclo hidrológico, que cambia de formas insospechadas.

Burke describe el sentimiento de vulnerabilidad que siente nuestra especie cuando se enfrenta repentinamente a la abrumadora presencia de las agencias de la naturaleza, ya sea de forma pasiva, como ocurre con las grandes cordilleras que se ciernen sobre la tierra o los profundos cañones esculpidos por las aguas, o más a menudo de forma activa, por ejemplo, con las poderosas cataratas, las repentinas avalanchas, los terribles huracanes, las inundaciones torrenciales, los incendios forestales provocados por corrientes de aire y olas de calor, las erupciones volcánicas, los tornados, los terremotos devastadores y los tsunamis inesperados. Experimentar estos acontecimientos de cerca puede provocar terror, pero si se hace desde una distancia segura pueden evocar la sensación de puro asombro ante el poder y la majestuosidad de la fuerza de la Tierra. Esa sensación de sobrecogimiento a menudo da paso a un sentido de asombro y activa la imaginación humana. Es en este punto donde la imaginación puede seguir dos caminos muy diferentes.

El primero lo esbozó el filósofo Immanuel Kant, quien sugirió que, aunque esas experiencias sublimes provocan no solo una sensación de impotencia, sino también de asombro, admiración e imaginación ante la fuerza de la naturaleza, la mente racional (una fuerza no material inmune a la tempestad del mundo físico y más poderosa incluso que las fuerzas de la naturaleza) da un paso al frente con su sentido innato de la razón y analiza la experiencia sublime, la capta y la domina para reforzar la condición humana.

Otros, como la némesis de Kant, el filósofo Arthur Schopenhauer, propusieron una reacción diferente y opuesta a la experiencia sublime. Coincidía con Kant en que un momento sublime provoca una reacción inmediata de encogimiento e incluso de acobardamiento ante la fuerza de la naturaleza, dejando al observador momentáneamente entumecido. Pero, al recobrar la lucidez y percibir el asombro y la maravilla de la presencia de la naturaleza, Schopenhauer apuesta por una respuesta humana radicalmente distinta ante lo sublime, que lleva a nuestra especie a emprender un viaje divergente en su relación con nuestra morada terrenal.

Schopenhauer creía que la sensación de asombro, maravilla e imaginación que despierta lo sublime es probable que desencadene un sentimiento de percepción de la majestuosidad de la naturaleza y provoque un abrazo emocional y compasivo, es decir, un momento trascendente de identificación con el mundo natural con el que nosotros y nuestros parientes evolutivos estamos comprometidos al ser compañeros de viaje en un planeta vivificante. Al reflexionar sobre los sentimientos que suscita lo sublime, a Schopenhauer se le ocurrían dos reacciones. Por un lado, cuando se enfrenta a la presencia abrumadora de las fuerzas de la naturaleza, el individuo se siente pequeño e insignificante y de poca o ninguna importancia. Lo explica de la siguiente forma: «Él se siente a la vez como un individuo, como un frágil fenómeno de la voluntad que el menor golpe de aquellas fuerzas puede aniquilar, desamparado frente a la violenta naturaleza, dependiente, entregado al azar, una nada evanescente frente a poderes enormes». Por otra parte, «también se siente a sí mismo como el eterno y sereno sujeto de conocimiento puro, que, como condición de todo objeto, es el soporte de todo este mundo [...]. Esta es la completa impresión de lo sublime».[1] Para Schopenhauer, el sentimiento de lo sublime activa el sentido de unión íntima con las fuerzas que animan la vida, nos reconforta con el pensamiento de que cada uno de nosotros está en comunión con la vibrante Tierra.

El gran debate que entablaron hace dos siglos Kant y Schopenhauer sobre la naturaleza de lo sublime y la respuesta humana es ahora más actual que nunca, cuando nuestra humanidad colectiva se debate entre dos enfoques diferentes sobre la extinción masiva de la vida en la Tierra. Las aguas se agitan como reacción al calentamiento del planeta provocado por los gases de efecto invernadero, alterando el ciclo hidrológico del planeta. El futuro de nuestra especie depende de cómo decidamos relacionarnos con las aguas que nutren la vida.

Kant querría que ejerciéramos nuestro impulso racional y forzáramos a las aguas a adaptarse a los caprichos de nuestra especie, mientras que Schopenhauer querría que empatizáramos con la naturaleza vital de la existencia y encontráramos formas de amoldarnos a un ciclo hidrológico que cambia a toda velocidad. La humanidad tendrá que elegir entre estos dos enfoques muy diferentes para afrontar el futuro del planeta azul. Las decisiones que tomemos sobre qué narrativa seguir afectarán no solo a nuestro destino, sino al futuro de la vida misma en la Tierra.

## VENCER A LAS AGUAS O CABALGAR SOBRE LAS OLAS

Escuchar a las aguas y sentirse en casa mientras vivimos en un planeta acuático no será una transformación fácil, especialmente en el mundo occidental, donde hemos percibido el espacio como lugar y el lugar como suelo firme al que nuestro enjuto armazón bípedo está firmemente agarrado. Si bien es cierto que somos una de las especies de mamíferos que pueden trasladarse por el agua e incluso atravesar grandes extensiones oceánicas, nos consideramos parte de la tierra. Nuestras primas, las ballenas, han demostrado ser más versátiles. Empezaron siendo pequeños mamíferos terrestres parecidos a los ciervos y, por alguna razón desconocida, tomaron la decisión de abandonar la tierra y, con el tiempo, repoblar los océanos como ballenas.[2] Nuestra especie, mucho menos versátil, permaneció en la tierra y llegó a pensar en las aguas como el «gran otro», al menos en el mundo occidental.

Pero en un nivel cultural mucho más profundo, la mentalidad occidental ha sido preparada para pensar que las aguas son una fuerza alienígena, un vacío oscuro, un teatro del caos. En gran parte, nuestro miedo primario a las aguas yace enterrado en nuestro inconsciente y rara vez se piensa en ello, excepto en aquellos momentos en los que nos encontramos varados en los océanos y rodeados por las profundidades, o atrapados en un feroz huracán o tsunami, hallándonos de repente indefensos y a la deriva, aterrorizados por la sensación de ser tragados por el vacío y perdernos para siempre.

Resulta interesante que, con el alba de las civilizaciones hidráulicas y las grandes religiones axiales que las acompañaban, las civilizaciones occidentales y orientales adoptaron una relación diferente con las aguas.

Aunque tanto Occidente como Oriente compartían la pasión por controlar y dirigir la hidrosfera del planeta (adaptando las aguas a los antojos y caprichos de nuestra especie), las religiones axiales occidentales, es decir, el judaísmo y, más tarde, el cristianismo y el islam, diferían de las asiáticas en su forma de percibir las aguas: un cisma ontológico que llegaría a definir la diferente evolución cultural de las psiques occidental y oriental. Como ya he explicado en páginas anteriores, el relato abrahámico de la creación que aparece en las páginas iniciales del libro del Génesis comienza con las aguas que precedieron a la creación. Jehová quiso que hubiera luz, separando el día de la noche, y creó la tierra sobre las aguas, a lo que siguió la creación del jardín del Edén y la escultura de Adán a partir del polvo de la tierra. Las religiones axiales abrahámicas dieron prioridad a la tierra sobre las aguas, considerando estas últimas como el abismo. Su objetivo era ser elevados al cielo y llegar al otro mundo.

En el primer versículo del vigesimoprimer capítulo del Apocalipsis de san Juan el Divino, el profeta describe la llegada de un nuevo jardín del Edén tras el Apocalipsis: «Y vi un cielo nuevo y una tierra nueva, porque el primer cielo y la primera tierra habían dejado de existir, lo mismo que el mar».[3] La derrota del mar sería la victoria final de la luz sobre las tinieblas, la garantía de la prevalencia del orden sobre el caos y el triunfo de la vida eterna. Para no responsabilizar demasiado a la visión abrahámica de la lucha épica entre el cielo, la tierra y las oscuras profundidades, basta con recordar que ya se contaban historias similares de la creación en la primera civilización hidráulica de la antigua Mesopotamia. Mircea Eliade señala que la domesticación de las aguas en todas las culturas se concibió como una gran lucha entre el caos y el orden, el vacío y la estructura. Y eso ocurrió en todas las civilizaciones hidráulicas. La tradición abrahámica, sin embargo, fue única al hacer de la lucha entre la *terra firma* y el agua el eje de su cosmovisión. Christopher Connery, historiador de la Universidad de California en Santa Cruz, señala que, en este sentido, las civilizaciones hidráulicas de Occidente y Asia se separaron. Escribe que, en China:

> Rara vez el océano tenía el mismo estatus, tanto en sentido figurado como cosmogónico, que en Occidente. El discurso imperial chino sobre el océano, ya fuera durante la época en que dominaban los mares o durante su retirada de la actividad marítima en el siglo XV, no contenía nada parecido al carácter personificado o abstracto del océano como poder elemental, tan común en Occidente [...]. En ningún momento de la historia imperial el Gobierno chino apeló a la función hidráulica como su razón de ser: el control de las inundaciones era

uno de los deberes del Gobierno, pero no la función que lo definía. La China imperial carecía de una tradición literaria sobre la navegación oceánica, de un corpus poético significativo sobre el mar y, a pesar de poseer una de las tradiciones más antiguas y desarrolladas de la pintura paisajística, en ella escaseaban los paisajes marinos. En resumen: China, una de las grandes potencias marítimas del mundo premoderno, carecía de una sólida tradición de representación de los océanos.[4]

Las religiones y filosofías del daoísmo (o taoísmo), el budismo, el hinduismo, el sintoísmo, el confucianismo y otras mantenían una relación muy distinta con la naturaleza. Rechazaban que los seres humanos tuvieran privilegios sobre el conjunto del mundo natural. Aunque cuando se trata de creencias, y no de prácticas, China, la India, Corea, Japón, etcétera, ejercieron claramente un enfoque muy similar a la hora de domar las aguas, obligándolas a adaptarse a las necesidades de nuestra especie y no a la inversa, lo hicieron con sentimientos encontrados. El concepto de *armonización con la naturaleza* está tan entrelazado en las religiones y las tradiciones filosóficas orientales que atempera el fervor teológico occidental por dominar y vencer a las profundidades. Aunque las culturas asiáticas se desvían a menudo a la hora de poner en práctica sus ideales, nunca ven las aguas como el gran vacío que hay que vencer. Es probable que China, la India, Corea, Japón y gran parte de Asia tengan ventaja a la hora de pasar de la era del progreso a la era de la resiliencia y de la geopolítica a la política de la biosfera mientras buscan una reconciliación armoniosa con la hidrosfera.

En el decimoctavo Congreso Nacional del Partido Comunista Chino, celebrado en 2012, se introdujo una rara enmienda en la Constitución del partido, formalizando un cambio en la priorización de su desarrollo al comprometer a la nación a alinear estrictamente todo el desarrollo económico y social con los requisitos de la naturaleza, siendo el primer país del mundo en hacerlo e inaugurando la siguiente gran era en la historia de nuestra especie. En el decimonoveno Congreso Nacional del Partido Comunista, celebrado en 2017, los delegados revisaron y reforzaron el compromiso del país para dar paso a lo que denominaron una *civilización ecológica*.

En 2019, el presidente Xi Jinping redactó y publicó un documento histórico titulado *Impulsar el desarrollo de una civilización ecológica en China hacia una nueva etapa*, una novedosa y arrolladora visión que insta a China a liderar el mundo en un reencuentro histórico con la naturaleza. Su objetivo es conseguir que nuestra especie se adapte y esté en armonía con la naturaleza, en lugar de obligar a esta a adaptarse a nuestro estrecho y limitado enfoque de miras, basado en mercantilizar, apropiarse y consumir la plenitud del planeta para obtener beneficios a corto plazo, pero a costa de expoliar la Tierra. El ensayo filosófico de Jinping se diferencia claramente del enfoque occidental tradicional basado en afirmar la autoridad y el dominio. El presidente Xi Jinping escribió lo siguiente:

> A lo largo del proceso de desarrollo, debemos dar prioridad a la conservación y protección del medioambiente y anteponer la restauración de la naturaleza [...]. Sin embargo, debemos ser plenamente conscientes de que, en nuestros esfuerzos por construir una civilización ecológica, nos enfrentamos a graves retos, a una inmensa presión y a importantes contradicciones. La situación sigue siendo extremadamente grave [...]. Todavía hay muchos obstáculos difíciles que debemos superar, problemas complejos que debemos afrontar y resolver cuestiones que llevan mucho tiempo estancadas [...]. La protección del medioambiente es un reto y un deber que todos nosotros, en todo el mundo, debemos afrontar juntos.[5]

En 2022, China anunció que, en 2035, la suya sería una «sociedad adaptable y resiliente al clima». Esta iniciativa, dirigida por el Ministerio de Ecología y Medioambiente, y en la que participan otros dieciséis ministerios nacionales, supone un cambio sistémico en las prioridades de desarrollo económico y social del país. El nuevo plan da prioridad a la «adaptación al cambio climático», junto con su compromiso actual de «mitigar las emisiones de gases de efecto invernadero», reconociendo que ambas narrativas combinadas constituyen la base para establecer una civilización ecológica.[6]

El plan de la era de la resiliencia es extenso y reflexivo, e introduce un nuevo conjunto de prácticas económicas, sociales y políticas, incluida la adopción de nuevos niveles de gobernanza con la creación de ocho ecorregiones, que se suman a las biorregiones gobernadas por Estados Unidos y Canadá. China es también uno de los pocos países que han introducido un nuevo enfoque en la investigación científica. Se trata de la modelización de sistemas sociales y ecológicos adaptativos complejos, amoldados a una civilización ecológica en la que se acaba con la división entre cultura y naturaleza, y donde nuestra especie empieza a verse en sí misma como una más entre la multitud de especies y organismos terrestres que viven en un planeta autoorganizado y en constante evolución.

La apuesta de China por convertirse en una civilización ecológica que exija que la sociedad se adapte a la naturaleza, en lugar de que la naturaleza se adapte a la sociedad, es precursora del segundo gran reajuste que se ha de aplicar a la relación de nuestra especie con la naturaleza y, con suerte, una visión que las naciones, regiones y localidades de todo el mundo adoptarán formalmente en sus propias constituciones, leyes y programas de desarrollo en las próximas décadas.

Adaptarse a la naturaleza y liberar las aguas parece algo tan atractivo al principio que muchos dirán «¿por qué no?». Es una idea seductora. Sin embargo, esas aguas van a encontrar su propio camino de vuelta a las antiguas llanuras aluviales y los arroyos y ríos ocultos van a burbujear de nuevo, durante mucho tiempo, a través de las comunidades urbanas y suburbanas que una vez fueron sus dominios. Ya no es nuestra decisión. La hidrosfera dicta ahora las condiciones de la evolución futura del planeta: la intensificación de las nevadas, las inundaciones, las sequías, las olas de calor, las tormentas ígneas y los huracanes ya nos están obligando a actuar. Cientos de millones y probablemente varios miles de millones de miembros de nuestra familia humana se verán obligados a emigrar a refugios más seguros donde puedan encontrar hábitats en los que vivir adaptándose a las aguas.

Si de verdad queremos dejar atrás las ideas preconcebidas sobre nuestra capacidad para secuestrar las cuatro poderosas esferas del planeta, pensemos en los incendios forestales que están arrasando la litosfera. David von Drehle, columnista del *Washington Post*, escribió una columna provocativa a principios del otoño de 2022 titulada «How to Prevent Deadly Wildfires? Stop Fighting Wildfires» [¿Cómo prevenir los incendios forestales mortales? Deje de luchar contra ellos], que probablemente pilló desprevenidos a los lectores. Llamó la atención sobre un libro escrito hace un cuarto de siglo por Norman Mclean titulado *La montaña en llamas*, en el que el autor relataba un incidente ocurrido el 5 de agosto de 1949, cuando quince bomberos paracaidistas de élite del Servicio Forestal de Estados Unidos (los conocidos como *smoke jumpers*) se lanzaron sobre un remoto barranco de Montana compuesto por densos bosques de pinos y ondulantes campos de hierba. Horas después, un repentino cambio en la dirección del viento condujo el incendio hacia el lugar en el que se encontraban los bomberos, matando a doce de los quince hombres.[7]

De esta tragedia hemos aprendido una dura lección que nos lleva a plantearnos si debemos dejar que algunos incendios forestales sigan su curso, al menos si no suponen una amenaza para los núcleos de población. Incluso entonces, si comunidades enteras se encuentran en las proximidades o dentro de zonas de bosques densos, ¿no sería mejor planificar con antelación y hacer las paces con lo inevitable reubicando a esas comunidades en terrenos más seguros, en lugar de intentar ganar una batalla que no se puede ganar?

Von Drehle señala que la mayoría de nosotros no estamos dispuestos a aceptar la verdad sobre nuestras limitaciones:

> Durante más de un siglo, hemos perseguido la idea de que el único fuego bueno es un fuego extinguido, y por el camino nuestra naturaleza se ha llenado de combustibles inflamables. Los incendios crecen y avanzan más rápido cuando hay más que quemar. El fuego es, a menudo, la forma que tiene la naturaleza de renovar los espacios naturales eliminando el exceso de vegetación y los combustibles muertos.

Dejando que la naturaleza controle los incendios, o al menos permitiendo lo que los bomberos llaman *quemas controladas*, la sociedad limita el alcance de las pérdidas, pero también ayuda a la naturaleza a llevar a cabo su propia limpieza. Tenemos que aceptar que «frustrar artificialmente la necesaria labor de los incendios forestales no hace sino empeorar los incendios futuros al proporcionarles más combustible».[8]

Aunque, en teoría, la mayoría de nosotros podríamos pensar que esto tiene sentido, en la vida cotidiana estamos tan acostumbrados a controlar la naturaleza y forzarla a adaptarse a nuestras conveniencias y estilos de vida (por ejemplo, viviendo en llanuras aluviales pavimentadas o construyendo nuevas comunidades rodeadas de antiguos bosques, o estableciendo centros urbanos en áridos desiertos para satisfacer nuestros deseos estéticos), que prestamos poca atención a la dinámica de los ecosistemas de nuestro planeta.

El lujo que supone adaptar la naturaleza a las necesidades de nuestra especie se ha acabado para siempre. El cambio climático y la resilvestración de la hidrosfera son ahora los que están al mando. La cuestión es: ¿despertaremos de nuestro largo letargo y empezaremos de nuevo aprendiendo a adaptar nuestra especie a la resilvestración de la hidrosfera y sus esferas hermanas, que están cambiando rápidamente la dinámica ecológica de la vida en la Tierra?

Ya se ha iniciado el desmantelamiento de algunas presas y la liberación de arroyos y ríos para que sigan su curso natural, y se ha dejado que los océanos se lleven por delante regiones costeras. También se ha puesto en marcha una incipiente migración a nuevos terrenos más hospitalarios, y en las próximas décadas y siglos se hará cada vez más. Vamos a tener que adelantarnos a los acontecimientos y prepararnos para un nuevo modo de vida seminómada y efímero. Es inevitable. Nuestra especie ha sido bendecida con la capacidad cognitiva de evaluar lo que se avecina, con la sociabilidad empática incorporada en nuestros circuitos neuronales para unirnos y cooperar como especie y, por último, con la sensibilidad biofílica para actuar por el bien de todas las criaturas que habitan la Tierra (nuestra extensa familia evolutiva) y poder así coger el impulso que necesitamos y reiniciar nuestro viaje. Reaprender a adaptarnos a la llamada de la naturaleza utilizando toda la sofisticada perspicacia mental que tenemos a nuestra disposición es una característica esencial de la emergente era de resiliencia que está dejando atrás una desgastada era del progreso.

## REORIENTARSE EN EL TIEMPO Y EL ESPACIO EN UN ENTORNO LÍQUIDO

Fue el antiguo filósofo griego Heráclito quien dijo que «ningún hombre se baña dos veces en el mismo río». Si adoptamos un enfoque basado en la *terra firma* estamos dando más importancia al ser que al devenir, mientras que, si lo basamos en el agua, hacemos lo contrario. Son dos formas muy distintas de entender el significado del tiempo, del espacio y de la existencia.

Nuestros propios conceptos de *tiempo* y *espacio*, que se encuentran en el centro de todo debate filosófico y determinan la forma en que hemos llegado a concebir la realidad, están parcialmente condicionados por si adoptamos una forma de pensar centrada en la tierra o centrada en el agua. El enfoque centrado en la tierra que se adoptó durante toda la era industrial, e incluso antes, ha consistido en concebir la Tierra como si contuviera recursos pasivos en forma de objetos y estructuras que pueden ser fácilmente mercantilizados, apropiados, explotados y consumidos en un vacío atemporal. Según el enfoque centrado en las aguas, se trata de procesos, patrones y flujos. El agua no existe en un instante y no se puede pacificar, sujetar y asegurar fácilmente. Lo que es incontestable es que las aguas son, con mucho, los agentes más poderosos del planeta. Aun así, durante la larga historia de la civilización hidráulica, nuestra especie ha creído erróneamente que todas las aguas del planeta azul podían ser domadas y domesticadas, una ingenuidad que una y otra vez ha llevado a la inevitable destrucción de imperios hidráulicos enteros, todos derribados, en gran parte, por la factura entrópica consecuencia del encierro de las aguas.

Si hubo un momento decisivo en la relación de nuestra especie con el tiempo, el espacio y las aguas que dio lugar a la era industrial y a la globalización del comercio y los intercambios, fue el de la aparición de dos inventos más o menos al mismo tiempo en la historia. Recordemos que, a finales del siglo xv, España y Portugal firmaron un tratado por el que se repartían los océanos del mundo, reclamando cada uno de ellos la soberanía sobre aproximadamente la mitad de los océanos del planeta. Aunque su acuerdo fue audaz, a diferencia de la tierra, los océanos son más fluidos, siempre fluyen, siempre se expanden y se contraen, y a menudo cambian de rumbo. Sus corrientes son difíciles de navegar, y mucho más de controlar, todo lo cual hacía casi imposible secuestrarlos, dominarlos y privatizarlos. Los primeros navegantes surcaban los mares en busca de nuevas tierras, pero sin más orientación que confiar en leyendas, rumores y relatos subjetivos poco fiables de expediciones anteriores. Todo eso cambió con dos avances tecnológicos que llegarían a alterar el curso de la historia y conducirían a la apropiación de vastas extensiones de los océanos del planeta azul.

El primer invento fue la imprenta de Gutenberg, hacia 1440, que transformó la forma de comunicarse de nuestra especie y, en el caso de la navegación marítima, cambió el modo en que los exploradores oceánicos organizaban el espacio. Gracias a la imprenta, los nuevos descubrimientos de las demarcaciones costeras pudieron compararse, resumirse, estandarizarse e imprimirse, eliminando los prejuicios subjetivos y las descripciones inexactas, lo que permitió a los navegantes disponer de mapas de navegación mucho más precisos.

La estandarización de los mapas mejoró enormemente los viajes oceánicos y la exploración de nuevos continentes. Sin embargo, seguía existiendo un problema: en alta mar no podían calcular la longitud. El problema de la longitud tenía que ver con el cálculo del tiempo. Cuando Colón cruzó el Atlántico en 1492, pudo medir la latitud observando la estrella polar, pero seguía existiendo el problema de medir la longitud, sin la cual los viajes por mar y la apertura del Nuevo Mundo a la explotación y el cercamiento seguirían siendo una empresa quijotesca, y los mapas impresos tendrían un valor limitado.

La imposibilidad de medir la longitud impedía a los barcos determinar la ruta más directa o la que ofrecía los mejores vientos y corrientes, lo que retrasaba los viajes durante días e incluso semanas. Las demoras a menudo ponían en peligro a las tripulaciones, que se quedaban sin comida. Los errores en el cálculo de la posición también provocaban naufragios mortales en alta mar. Para encontrar una solución al problema, el Gobierno británico convocó en 1714 la Junta de Longitud y ofreció un premio a quien pudiera determinarla con más exactitud. La solución consistía en llevar un reloj mecánico a bordo del barco que pudiera mantener la hora correcta en un lugar de referencia. El problema era que no existía ningún reloj capaz de mantener la hora exacta en barcos que se balanceaban y cabeceaban. Finalmente, un tal John Harrison, tras muchas pruebas y errores, consiguió construir un cronómetro marino y en 1773 recibió un suculento premio económico por su hazaña.

El hecho de contar con mapas impresos estandarizados y un cronómetro para calcular la longitud en las aguas abrió la exploración oceánica, la colonización de nuevos continentes, el comercio mundial y la delimitación sistémica de los océanos y las masas de tierra. Hoy en día, una nueva revolución tecnológica está cambiando de nuevo la forma de medir y navegar por el tiempo y el espacio, y lo que la ha motivado es muy diferente a lo que impulsó a los primeros exploradores a atravesar los océanos, conquistar masas continentales y apropiarse de las aguas. La nueva tecnología se llama Gravity Recovery and Climate Experiment (GRACE). La NASA, el Laboratorio de Propulsión a Chorro y el Centro Aeroespacial Alemán lanzaron en 2002 dos satélites para medir el campo gravitatorio de la Tierra en busca de anomalías. La misión GRACE consiste en registrar las anomalías gravitatorias para determinar cómo se distribuye la masa terrestre a lo largo de la superficie del planeta y cómo cambia con el tiempo. Los mapas mensuales de anomalías gravitatorias son mil veces más precisos que los mapas anteriores, lo que permite a hidrólogos, oceanógrafos, glaciólogos y climatólogos estudiar en tiempo real los efectos del cambio climático en la hidrosfera, la litosfera, la atmósfera y la biosfera. Los conjuntos de datos registran el adelgazamiento de las capas de hielo, el flujo de agua en los acuíferos, las condiciones de sequía e incluso las corrientes de magma incrustado en el núcleo de la Tierra. La cartografía incluye también la comprobación del fondo oceánico y la detección de cambios en las corrientes oceánicas profundas.

La cartografía GRACE proporciona datos en tiempo real sobre el aumento del nivel del mar y si este se debe al deshielo de los glaciares, a una expansión térmica de las aguas que se calientan o incluso a cambios en la salinidad del océano. El análisis que hace GRACE de las aguas es tan fino que puede detectar exactamente cuánto hielo se pierde al año en lugares como Groenlandia y la Antártida, y cuánta agua se agota en tiempo real en la India. La cartografía GRACE proporciona incluso un ensamblaje de datos. Gracias al seguimiento y los datos obtenidos con la misión GRACE, la Universidad de California en Irvine publicó los hallazgos realizados entre 2003 y 2013 en treinta y siete de los mayores acuíferos del planeta, y descubrió que veintiuno de ellos «han superado los puntos de inflexión de sostenibilidad y se están agotando».[9] Los datos que recoge GRACE son informativos, y nos ofrecen una perspectiva inestimable sobre cómo el cambio climático está afectando al ciclo hidrológico y qué está ocurriendo en cada centímetro cuadrado del planeta para que podamos anticiparnos, prepararnos y adaptarnos a los rápidos cambios de las aguas de la Tierra.

El Instituto Global para la Seguridad Hídrica de la Universidad de Saskatchewan llevó a cabo un estudio exhaustivo analizando diez años de datos proporcionados por GRACE que resultó muy revelador. A grandes rasgos, los datos indican que tanto las latitudes altas, incluido Estados Unidos, como las bajas son cada vez más húmedas, y que las latitudes intermedias, que históricamente han sido semiáridas o áridas, son cada vez más secas, lo que confirma los datos recogidos en numerosos informes científicos publicados desde 1990 por el IPCC de la ONU. Sin embargo, a diferencia de los estudios del IPCC que preveían que estos cambios serían más evidentes hacia finales del siglo XXI, los datos de GRACE muestran que los cambios se están produciendo ahora mismo. Y lo que es aún más grave, los datos también muestran que, en 2025, más del 50 % de la población mundial vivirá en zonas con escasez de agua.

Otros estudios revelan que las temperaturas están aumentando más rápidamente en las regiones ártica y antártica, con un deshielo que ha cambiado la historia de los glaciares que quedaban de la última Edad de Hielo de hace once mil años.[10] La cartografía de los cambios temporales y espaciales en el ciclo hidrológico de la Tierra y sus impactos en tiempo real y a lo largo del tiempo permite a científicos, Gobiernos, industria y sociedad civil anticiparse, prepararse y adaptarse a los desastres climáticos en curso. La puesta en marcha de planes de resiliencia climática a corto y largo plazo, tanto *in situ* como a través de los corredores migratorios, que incluyan iniciativas de reasentamiento y de otros tipos, permitirá a nuestra especie estar preparada para el futuro, asegurar sus comunidades y, con suerte, prosperar en la era de la resiliencia.

Datos, análisis y algoritmos de GRACE representan un reinicio tecnológico de la experiencia del tiempo y del espacio de nuestra especie. La cartografía mensual que muestra cómo el calentamiento del clima está causando cambios sin precedentes en la geomorfología de la hidrosfera de nuestro planeta está reorientando la forma en que pensamos sobre la historia de la Tierra y la forma en que recordamos en nuestros calendarios determinados acontecimientos y, en particular, los acontecimientos climáticos trascendentales que no solo remodelan nuestro planeta, sino también nuestra adaptación a él.

Recordemos que, para los cazadores recolectores, las fechas importantes para conmemorar eran el solsticio de invierno y el de verano, que marcaban la celebración del día más corto y más largo del año. El solsticio de invierno marca el final del año viejo, y el comienzo del nuevo y el renacimiento cíclico de la vida. Se creía que el objetivo de algunos monumentos neolíticos como los de Stonehenge en Inglaterra, Newgrange en Irlanda y Maeshowe en Escocia era captar el sol en el día más corto del año para garantizar que iluminaría de nuevo el mundo con el renacimiento de la vida en el nuevo ciclo anual.[11] Los pueblos neolíticos (las sociedades eslavas, germánicas y celtas) celebraban el solsticio de verano con cánticos y bailes rituales y encendiendo hogueras, con la esperanza de que «aumentase la fuerza del sol para el resto de la temporada de cultivos y asegurar así una cosecha saludable».[12]

La creación de los grandes imperios hidráulicos en los siglos anteriores a la era cristiana marcó el inicio de la «civilización», pero también una transición parcial de las conmemoraciones rituales de los cambios de estación a la marcación calendárica de los acontecimientos en pictogramas y, posteriormente, en escritura cuneiforme. Sumeria, la primera civilización hidráulica conocida de Oriente Próximo, situada a orillas de los ríos Tigris y Éufrates, no solo contó con los primeros asentamientos urbanos y el primer lenguaje escrito. También albergó a los primeros protocientíficos, sacerdotes de palacio que estudiaban los cambios de las constelaciones en el cielo nocturno a lo largo del año para determinar con más precisión cuándo se producirían las inundaciones primaverales, tan cruciales para el funcionamiento de las civilizaciones hidráulicas. La viabilidad misma de estas sociedades dependía de la predicción precisa de los cambios en el ciclo del agua a lo largo de un año, con el fin de organizar las numerosas etapas implicadas en la gestión de la infraestructura hidráulica de estas primeras culturas urbanas.

El denominador común de la estructuración del tiempo basada en el calendario y, por extensión, del espacio, en todas las culturas, es que está determinada por el viaje anual de la Tierra alrededor del Sol (calendarios solares), o por los ciclos mensuales de la Luna (calendarios lunares), o por una combinación de ambos, los denominados calendarios solares/lunares. Pero, sin excepción, estos calendarios solares y lunares también han servido para modelar las narrativas religiosas, políticas y económicas de las culturas gobernantes.

Por ejemplo, en los calendarios pictográficos se incluían acontecimientos históricos asociados a menudo con las hazañas de los dioses del cielo. Otras civilizaciones hidráulicas del mundo funcionaban de forma similar y elaboraban calendarios parecidos. La aparición de las grandes religiones axiales y su vinculación a culturas calendáricas ha seguido siendo el punto central alrededor del cual se ha organizado la actividad económica, la vida social y el gobierno durante la mayor parte de la historia documentada. Cada una de las religiones axiales marcaba días sagrados especiales para el arrepentimiento, la acción de gracias, la confirmación religiosa y el oficio religioso, lo que permitía a la población de los densos organismos sociales hidráulicos adherirse a una comprensión común del mundo que los rodeaba y, de paso, saber qué se esperaba de ellos en el tiempo y el espacio. En este sentido, los calendarios suelen ser famosos por reorganizar momentos y fechas históricas para promover los fines políticos de sus regímenes gobernantes.

Antes de la aparición del calendario cristiano, entre el 25 de diciembre y el 6 de enero se celebraban los ritos del solsticio de invierno. La Iglesia estaba decidida a enfrentarse a estos ritos paganos imponiendo la Navidad y la Epifanía esos mismos días.[13] Asimismo, a los padres de la Iglesia les escandalizaba que la Pascua, el día más sagrado del calendario cristiano, que marca la resurrección de Cristo, coincidiera con la Pascua judía, la más sagrada de las fiestas, que se celebra durante la luna llena. Preocupados por si la estrecha afinidad de estos dos acontecimientos religiosos socavaba los esfuerzos por establecer el cristianismo como religión separada, los dirigentes de la Iglesia se reunieron en un concilio ecuménico, celebrado el año 325 en Nicea, y aprobaron una resolución que establecía que la Pascua debía celebrarse «el primer domingo que sigue a la primera luna llena que sigue al equinoccio vernal». Esta reforma del calendario aseguraba que los dos días santos nunca coincidirían. El emperador romano Constantino envió una carta a la comunidad cristiana después de que se aprobara la reforma calendárica, en la que señalaba: «Parecía indigno que en la celebración de esta santísima fiesta siguiéramos la práctica de los judíos [...], porque tenemos en nuestro poder, si abandonamos su costumbre, prolongar la debida observancia de esta ordenanza hasta épocas futuras [...]. No tengamos entonces nada en común con la detestable muchedumbre judía».[14]

A lo largo de la historia de la civilización, los calendarios, que a menudo se dan por sentados, son los ejes en torno a los cuales se organiza la sociedad. Establecen nuevas formas de reimaginar la memoria colectiva para adaptarla a las nuevas ideas, normas, comportamientos y prácticas que rigen la sociedad. Eviatar Zerubavel, profesor de Sociología de la Universidad Rutgers, señala que «el calendario ayuda a solidificar los sentimientos del grupo y, por tanto, constituye una poderosa base para la solidaridad automática con los demás. Al mismo tiempo, también contribuye al establecimiento de fronteras intergrupales que distinguen y separan a los miembros del grupo de los forasteros».[15]

La reforma de un calendario suele acarrear problemas. Por ejemplo, los arquitectos de la Revolución francesa estaban decididos a librar a la civilización occidental de lo que consideraban superstición religiosa, crueldad, ignorancia y opresión del reinado de la Iglesia y del Estado de la era anterior. Concibieron una nueva imagen del futuro en la que la razón reinaría como virtud cardinal y marcaría el comienzo de una visión utópica del porvenir. Con ese fin, la Convención Nacional de la Francia revolucionaria el 24 de noviembre de 1793 puso en marcha un nuevo sistema calendárico radical que reflejaba los principios científicos de la Ilustración francesa.

Su nuevo calendario descristianizó el tiempo para eliminar la influencia de la Iglesia sobre el pueblo francés. Este calendario empezó cambiando la versión cristiana de las dos épocas de toda la historia, que se demarcaban con un «antes de Cristo» (a. C.) y un *anno domini* o «año de Nuestro Señor» (A. D.), y situaba el nacimiento de Cristo en el año 1. El nuevo calendario francés borró estas demarcaciones y estableció como año 1 el de 1792, fecha de nacimiento de la República francesa, en consonancia con su deseo de disponer de un calendario que fuera a la vez racional y científico y compatible con el nuevo espíritu de la época.

Deseoso de orientar al público francés hacia un enfoque más racional y científico de la vida, acorde con una naciente era del progreso, el Gobierno republicano introdujo un sistema decimal compuesto por doce meses, cada uno de los cuales contenía treinta días. Cada uno de los meses se dividía en ciclos de diez días llamados décadas, y cada día se dividía a su vez en diez horas, y cada hora se dividía a su vez en cien minutos decimales, y cada minuto, en cien segundos decimales, todo ello en consonancia con el recién ideado sistema métrico decimal de medidas.[16] La República francesa también introdujo formalmente el sistema métrico decimal en 1799 como un medio más científico y práctico de gestionar el comercio y los intercambios.

Por si fuera poco, los reformadores del calendario eliminaron todas las festividades cristianas, incluidos cincuenta y dos domingos, noventa días de descanso y treinta y ocho días festivos, dejando a los franceses con un agotador calendario laboral sin apenas tregua. En su lugar, el calendario incluía un puñado de días de descanso señalados con títulos como «Día de la Raza Humana», «Día de la Libertad y la Igualdad», «Día del Pueblo Francés», «Día de los Benefactores de la Humanidad», «Día del Patriotismo», «Día de la Justicia», «Día de la República», «Día de la Fidelidad Conyugal», «Día del Afecto Filial» y «Día de la Amistad». En total, el nuevo calendario redujo el número de días libres a treinta y seis, lo que enfureció a la opinión pública francesa. Solo duró trece años. En 1806, Napoleón reinstauró el calendario gregoriano para apaciguar al público francés y al papa.[17]

La influencia del calendario penetra aún más en el inconsciente y es, sin saberlo, uno de los instrumentos utilizados para organizar a un pueblo. El politólogo Tom Darby señala que el calendario de la República francesa sirvió como «un método sutil diseñado para erradicar de la conciencia popular todas las asociaciones, lealtades y hábitos anteriores, y sustituirlos por otros nuevos que hicieran hincapié en la ideología revolucionaria».[18] El efecto que causó fue doble. En primer lugar, instituir un estado de «olvido masivo» y, en segundo lugar, inaugurar la creación de una «nueva memoria popular». Lo mismo puede decirse de todos los calendarios creados a lo largo de la historia.

Aunque el experimento calendárico de la República francesa fue abandonado rápidamente, en las décadas siguientes del siglo XIX empezaron a aparecer nuevos días conmemorativos al compás de la Revolución Industrial, los mercados capitalistas y el auge del Gobierno de los Estados nación. Los nuevos marcadores calendáricos rendían cada vez más homenaje a batallas famosas, mártires políticos, descubrimientos técnicos y, sobre todo, al establecimiento de fiestas comerciales. Las pocas fiestas religiosas que quedaban en el calendario garantizaban que el público pudiera aferrarse a su pasado religioso al tiempo que se adaptaba a la nueva era comercial. El calendario solo incluía un número ínfimo de referencias al mundo natural y a temas medioambientales, lo que indica claramente la priorización de las asociaciones ideológicas y comerciales sobre las afiliaciones naturales y medioambientales en la forma en que nos identificamos a lo largo del tiempo y del espacio y concebimos el significado de nuestra existencia en el planeta.

Pero si la historia, al menos en la Tierra, es una experiencia «vivida», ¿cómo es posible que sepamos tan poco sobre la hidrosfera que nutre la vida, ese don tan especial que tal vez solo esté presente en nuestro planeta? Y, si nuestros científicos tienen razón y la hidrosfera, la litosfera, la atmósfera y la biosfera que la acompañan son las principales agencias de las que emana y depende toda forma de vida, ¿por qué nos quedamos en blanco cuando intentamos imaginar su historia en el espacio y el tiempo? Introducir la historia de las aguas y las esferas que las acompañan en nuestro registro calendárico, incluyendo importantes puntos de referencia históricos, reajustes e incluso su secuestro y uso por parte de nuestra especie, sería un primer paso que nos serviría para replantearnos nuestro viaje en el planeta Aqua.

Solo en las últimas décadas, con el inicio del calentamiento global y la dramática resilvestración de la hidrosfera planetaria, científicos de todas las disciplinas académicas se han embarcado en una profunda investigación sobre la historia y la antropología de la hidrosfera (la recolección de datos sobre el clima no comenzó hasta 1880). Lo que los investigadores están descubriendo es fascinante y constituye un primer paso para comprender el planeta de agua que habitamos. Los nuevos datos hidrológicos serán importantes para establecer marcadores calendáricos totalmente nuevos, a los que tendremos que adaptarnos si queremos volver a aprender a vivir y prosperar en el planeta Aqua.

Por ejemplo, los científicos han averiguado cuál es el ciclo vital real, en el tiempo y el espacio, que sigue cada molécula de agua, pero solo un puñado de científicos, técnicos, ecologistas e intelectuales dispersos saben de su existencia. Para empezar, en una gota de agua hay más de 1.500 trillones de moléculas. También hay 5.000 trillones de átomos por gota.[19] Con muy pocas excepciones, la mayor parte del agua del planeta ha estado aquí desde los inicios de la Tierra. Una sola molécula de agua es impresionante, sobre todo porque durante su viaje intervienen tanto el ciclo vital de la litosfera como los cambios en la cantidad de oxígeno presente en la atmósfera, al tiempo que se protege la viabilidad de la biosfera.

Los científicos utilizan dos expresiones para describir el tiempo que una molécula de agua permanece en un sistema determinado: *tiempo de residencia* y *tiempo de tránsito*. Una molécula de agua permanece en la atmósfera unos nueve días y, cuando desciende a la Tierra, se queda en el suelo uno o dos meses. Algunas de las moléculas de agua se filtran en las aguas subterráneas poco profundas y permanecen en el suelo entre doscientos y trescientos años. Una molécula de agua subterránea profunda puede permanecer hasta diez mil años. Si desciende desde la atmósfera al suelo en forma de nieve, puede permanecer de dos a seis meses allí, hasta el deshielo primaveral, mientras que una molécula que desciende de la atmósfera al suelo y queda atrapada en los glaciares puede permanecer allí de veinte a cien años. Si la molécula de agua cae de la atmósfera a los océanos, permanecerá allí más de tres mil años. Y, si desciende de la atmósfera y queda atrapada en una capa de hielo de la Antártida, podría permanecer allí durante novecientos mil años o más.[20]

A lo largo de su viaje, la molécula de agua se evapora de los océanos, lagos y ríos, así como de las hojas de las plantas a través de la transpiración, y viaja hacia la atmósfera, donde se acumula en forma de nubes. A continuación, vuelve a caer sobre la superficie terrestre y sobre los ríos, lagos y océanos del mundo, donde se queda y, finalmente, vuelve a transitar una y otra vez a lo largo del ciclo hidrológico, beneficiando al suelo, a las plantas y a los bosques, alimentando a todas las especies de la Tierra, y permitiendo así la existencia de la vida en todas sus diversas formas.

El funcionamiento del planeta Aqua debe formar parte del núcleo de nuestro sistema educativo, de nuestra tradición cultural, de nuestras formas de gobierno, de nuestro enfoque de la economía, de nuestra identidad y de la forma en que experimentamos la vida misma. Somos del planeta Aqua, es algo que nos define y, sin embargo, no sabemos casi nada de esta fuerza tan necesaria para toda forma de vida. Qué mejor lugar para replantearnos nuestras nociones de tiempo, espacio y agencia que incorporar los temas relacionados con el agua a nuestra vida calendárica. Eso significa ir más allá de la noción simplista según la cual el agua es una ofrenda sagrada de los dioses o, como en la época contemporánea, un recurso comercial pasivo consumido por el sistema capitalista.

Puede que a todos aquellos que no están relacionados con el estudio y la gestión de las aguas les resulte sorprendente que, en la comunidad científica, exista lo que se conoce como *año hidrológico*, no como un ejercicio de popularidad, sino como una herramienta conceptual sistémica para seguir la trayectoria anual del ciclo hidrológico. En sus informes oficiales, el Servicio Geológico de Estados Unidos define el año hidrológico como un periodo de doce meses que comienza el 1 de octubre y acaba el 30 de septiembre del año siguiente. Aunque el Servicio Geológico de Estados Unidos pretende que el año hidrológico sea una norma aceptada por todos, la fecha exacta puede variar en función de cada ecorregión. Por ejemplo, el año hidrológico de Florida empieza el 1 de mayo y finaliza el 30 de abril. Para la mayoría de las regiones de Estados Unidos, el 1 de octubre es el momento en que el agua está generalmente en su punto más bajo del año hasta la primavera siguiente, cuando la nieve se derrite y el agua fluye. Todos los escolares están familiarizados con el refrán: «Las lluvias de abril traen las flores de mayo».

La combinación de los datos hidrológicos aportados por la misión GRACE y los datos del año hidrológico proporciona una evaluación en tiempo real de los impactos del ciclo hidrológico en todas las regiones de la Tierra. Estos datos, junto con los procedentes de la OMM y otros organismos como el Servicio Geológico de Estados Unidos y sus homólogos de otros países, deberían incorporarse a los calendarios hidrológicos mundiales y regionales, y se tendrían que poder actualizar fácilmente en línea, de modo que el público pueda estar al día no solo de las previsiones meteorológicas a diez días vista, sino también de lo que ocurre en tiempo real y a lo largo de todo el ciclo hidrológico y en todos los ecosistemas regionales, así como de lo que ocurre en todo el planeta.

Ya en 1993, la ONU abrió el camino introduciendo una referencia al ciclo hidrológico en su calendario mundial, instaurando el Día Mundial del

Agua el 22 de marzo. De esa forma, todas las naciones podían celebrar, conmemorar y reafirmar la obligación de nuestra especie de administrar las aguas del planeta Aqua. También se están introduciendo otras conmemoraciones hidrológicas en los calendarios regionales y mundiales, como la Semana Nacional de las Aguas Subterráneas de Estados Unidos, el Mes Nacional de los Ríos de Estados Unidos, el Día Mundial de los Océanos, el Mes de Apreciación de los Lagos y la Semana del Agua Limpia.

Capítulo 13

# ENGULLIDOS POR EL METAVERSO O IMPULSADOS POR EL ACUAVERSO

Encontrar nuestro camino de vuelta a la naturaleza no será fácil. En 2022, el estadounidense medio pasaba el 92 % del día en interiores y más de siete horas mirando una pantalla. Los estadounidenses no son una excepción. En todo el mundo, cada persona pasa una media de seis horas y cincuenta y siete minutos al día mirando una pantalla, ya sea un *smartphone*, un iPad, un ordenador de sobremesa o la televisión. Algunos países superan esa cifra. Sudáfrica encabeza la lista, con diez horas y cuarenta y seis minutos al día frente a una pantalla. Durante la reciente pandemia de COVID-19, investigadores estadounidenses descubrieron que los niños de doce a trece años habían duplicado «el tiempo no relacionado con tareas de la escuela que pasaban delante de una pantalla, llegando este a 7,7 horas».[1]

Y ahora que Facebook se ha rebautizado como Meta y que el mundo tecnológico se apresura a crear mundos virtuales que permitan a toda la raza humana participar virtualmente en la vida social y el comercio, e incluso en nuevas formas de gobierno, parece que nuestra especie, intencionadamente o no, se está acurrucando en un tecnoentorno virtual muy alejado de la reconexión íntima con el mundo natural. No hay precedentes de que haya ocurrido algo así en la historia de nuestra especie en el planeta. El mundo natural del que formamos parte se ha convertido en «el otro» alienígena. O, para invertir la ecuación, nuestra especie se está convirtiendo en el otro alienígena, que elige separarse y aislarse de la Tierra, encerrarse tras una puerta cerrada para ser arrastrada a múltiples mundos virtuales interactuando con nuestro segundo yo, el avatar que nos representa, incluso ampliando nuestros sentidos virtuales para incluir el tacto y el olfato junto con la vista y el oído.

Cuando salimos al exterior, cada vez llevamos más dispositivos de realidad virtual aumentada que pueden superponer datos, anécdotas y mensajes al entorno físico, convirtiéndolo en un escenario lleno de imágenes virtuales y datos que no dejan de fluir. Gracias a ellos, adaptamos inconscientemente todo el mundo exterior a nuestras necesidades, tratando más o menos el entorno natural como un telón de fondo que hay que realzar o ensuciar, según se mire.

## UNA VISIÓN ECOLÓGICA O UNA PESADILLA DISTÓPICA: DOS CAMINOS HACIA EL FUTURO

El metaverso, que es poco más que un universo generado por ordenador, se presenta como el sueño utópico definitivo, un mundo alternativo cuyo fin es la singularidad, un espacio inmortal ideado por los gurús de la tecnología que reside más allá de la carne y la sangre de la existencia. Sus arquitectos lo llaman *realidad virtual.* Ray Kurzweil, exdirector de ingeniería de Google, cree que los humanos trascenderemos «las limitaciones de nuestros cuerpos y cerebros biológicos» y que «las máquinas del futuro serán humanas, aunque no sean biológicas».[2] ¿Cuándo? Según Kurzweil, «la singularidad llegará en 2045».[3]

¿A qué se debe este repentino frenesí por escapar a mundos virtuales y sueños de singularidad? Puede que tenga algo que ver con el hecho de que nos hemos dado cuenta de que se está produciendo la sexta extinción de la vida en la Tierra y buscamos desesperadamente la salvación, pero esta vez de una forma más tecnológica. Y es la resilvestración de las aguas planetarias lo que ha acobardado a nuestra especie. La fuerza de la hidrosfera evoca el terror de lo sublime. Cada uno de nosotros es testigo de las nevadas invernales, las inundaciones torrenciales de primavera, las insoportables sequías, las olas de calor, los incendios forestales del verano y los devastadores huracanes del otoño. Los ecosistemas de nuestro planeta están colapsando, nuestro entorno construido se está desmoronando y cada vez son más los miembros de nuestra familia humana que mueren. Se nos dice que la situación va a empeorar, y no durante poco tiempo, sino quizá durante milenios.

Si lo que nos da miedo es presenciar de cerca el poder arrollador desatado por los elementos que forman parte de la Tierra, hay que recordar que son precisamente las aguas las que desatan la furia y doblegan a su voluntad las demás grandes esferas. Pero nos cuesta asumir que es nuestra especie la que encendió la cerilla desenterrando los cementerios del Carbonífero, de 350 millones de años de antigüedad, y la que exhumó los cadáveres de plantas y animales que se habían transformado en carbón, petróleo y gas natural. Con estos combustibles se impulsó la era industrial. Esta exhumación ha acabado provocando el calentamiento del clima y la extinción, acompañados de la resilvestración de la hidrosfera. ¿Cómo reaccionar ante la resilvestración de la hidrosfera de nuestro planeta acuático?

Si Immanuel Kant viviera en esta época, diría que las aguas en pleno proceso de resilvestración son un anatema que habría que acordonar y muy probablemente elogiaría el metaverso como el triunfo definitivo de la «razón desapegada» sobre lo sublime, una fuerza independiente y superior a un mundo físico defectuoso compuesto por una dimensión física y unas emociones transitorias. Sus seguidores, los magos de la tecnología del metaverso, nos invitan a todos a sumergirnos en una utopía virtual libre de la naturaleza efímera de la existencia terrenal. Consideran la singularidad como la metamorfosis final, más allá de nuestras miserables limitaciones físicas, invitando a nuestra especie a dejar de lado la angustia de la mortalidad. Si, por otra parte, el que volviera a visitar a la familia humana en esta hora tardía fuera Arthur Schopenhauer, probablemente consideraría este momento como un triunfo, pero de una forma completamente diferente. Es decir, una reconciliación con lo sublime al reconocer que nuestra propia dimensión física está arraigada eternamente, aunque nuestra vida sea efímera. Cada uno de nosotros forma parte del universo.

Cada vez que respiramos, modificamos el universo, aunque sea ínfimamente. El matemático y meteorólogo Edward Norton Lorenz fue uno de los primeros científicos en reconocer que incluso la más leve fluctuación (por ejemplo, el aleteo de una mariposa varias semanas antes, por minúscula que fuera la perturbación), afectaría al momento exacto de formación de un tornado y a la trayectoria que este seguiría posteriormente.

Aunque la descripción que hizo Lorenz en 1972 del efecto mariposa cautivó la imaginación del público, otros eruditos y matemáticos anteriores ya se habían pronunciado sobre el tema. En su ensayo *El destino del hombre* (1800), Johann Gottlieb Fichte afirmaba que «no se puede sacar un solo grano de arena de su sitio sin que cambie [...] algo en todas las partes del todo inconmensurable». En 1950, Alan Turing, el padre de la inteligencia artificial, cuyo trabajo pionero estableció las directrices operativas de la teoría de la información, la computación y, en última instancia, el trabajo que condujo a la aparición de la realidad virtual, señaló que «el desplazamiento de un único electrón por una milmillonésima de centímetro en un momento dado puede suponer la diferencia entre que un hombre muera a causa de una avalancha un año después o escape de ella».[4]

Cada momento de nuestra experiencia vital (cómo vivimos, qué hacemos, cómo actuamos e incluso los pensamientos que compartimos), al igual que las acciones de cualquier otra criatura, se expande y afecta a cualquier otro fenómeno en un planeta autoorganizado y en constante evolución. La totalidad de nuestra existencia personal se «inmortaliza» en la vida de la Tierra. Se trata de un tipo diferente de ser eterno, que vive y afecta a toda la vida que viene después de nosotros en un planeta vivo.

O, si profundizamos un poco, nuestra genética y nuestras experiencias vitales individuales están precondicionadas por la huella vital de cada uno de nuestros antepasados, ya sean lejanos en el tiempo y el espacio o estén más directamente vinculados a nuestro árbol genealógico particular. Y todavía podemos profundizar más. Dado que cada cuerpo humano tiene más de $4 \times 10^{27}$ átomos de hidrógeno y $2 \times 10^{27}$ átomos de oxígeno, es seguro que algunos de ellos estuvieron en algún momento en los cuerpos de otros seres humanos y otras criaturas que nos precedieron a lo largo de la historia. Del mismo modo, es probable que algunos de esos átomos de hidrógeno y oxígeno que una vez estuvieron en nuestros cuerpos se encuentren en otros seres humanos y otras criaturas que vendrán después de nosotros.[5]

Desde un punto de vista científico, nuestros cuerpos no son agentes autónomos relativamente cerrados, sino sistemas disipativos abiertos. Todo cuerpo humano está envuelto en una membrana semipermeable, que permite el paso selectivo de elementos químicos y minerales (oxígeno, hidrógeno, nitrógeno, carbono, calcio, fósforo, potasio, azufre, sodio, cloro, etcétera) procedentes de la biosfera.[6] Por tanto, nuestros cuerpos son tan solo una de las muchas formas en que almacenan los elementos y los minerales de la tierra.

Tanto las religiones abrahámicas como la filosofía occidental clásica percibían la inmortalidad de forma muy distinta, como un fenómeno inmaterial que existe en un reino atemporal alejado de la dimensión física asociada a la vida. En la época moderna, Immanuel Kant, siguiendo el guion trazado por Platón y los demás filósofos griegos, creía que el pensamiento y la razón puros no se ven afectados por los sentimientos, las emociones, las sensibilidades y las experiencias de la vida cotidiana.

Los arquitectos actuales del metaverso (un reino virtual cada vez más alejado del carácter físico de la existencia vivida) están representando la reencarnación más reciente de antiguas tradiciones religiosas y filosóficas ligadas a la creencia en una existencia no material independiente de cualquier cosa que pudiera definirse como mundo natural. Su finalidad es eludir la muerte obviando la fenomenología asociada a vivir en tiempo real y en el espacio físico, y experimentar las vulnerabilidades y fragilidades, las alegrías y el sufrimiento, el asombro y la maravilla, la empatía y la compasión, la imaginación y la trascendencia, y las muchas serendipias que acompañan al hecho de estar vivo.

Alfred North Whitehead se alejó de los filósofos y matemáticos del pasado, argumentando que la existencia no se encuentra ni en los cielos ni en los recovecos racionales de la mente, sino en el proceso de la experiencia vivida. Tanto el cielo como la razón pura restan credibilidad a la experiencia vivida y existen puramente en un reino atemporal. Piénsalo: ¿por qué habría de transcurrir el tiempo en el cielo, donde la vida es eterna? Recordemos que el tiempo no está presente en las tres leyes de la gravedad de Newton. La flecha del tiempo no aparece por ningún lado. Ser inmortal y divino (el sueño de todo discípulo de la singularidad) sería eclipsar el tiempo y el espacio por completo. Pensar en Dios como un ser espaciotemporal sería ridículo.

Lo que se pasa por alto en todos los debates sobre la singularidad y el transhumanismo es qué hacer con el impulso empático. ¿Cómo encaja la superación del tiempo, del espacio y de la fenomenología de la experiencia vivida con el impulso empático integrado en los circuitos neuronales de nuestra especie, que los neurocientíficos empiezan a sospechar que es uno de nuestros atributos definitorios y que nos convierte en una de las especies más adaptables? Abandonar la corporeidad, es decir, la experiencia vivida en el tiempo y el espacio, es abandonar la empatía. Los neurobiólogos están llegando a comprender la compleja fisiología del impulso empático y el papel fundamental que desempeña en la capacidad de socialización de nuestra especie y en nuestra extraordinaria capacidad para adaptarnos a un planeta en constante evolución.

En 1837, la Real Sociedad Danesa celebró la vida de Immanuel Kant ofreciendo un premio al mejor ensayo sobre la cuestión:

> ¿Hay que buscar la fuente y el fundamento de la moral en una idea de moralidad que yace justo en la conciencia (o consciencia) y en el análisis de los demás conceptos morales fundamentales que se desprenden de esa idea, o hay que buscarlos en un campo de conocimiento diferente?[7]

Schopenhauer envió su propuesta en 1839. La suya fue la única. Sin embargo, se le denegó el premio. La Real Sociedad Danesa dijo que no había entendido la pregunta. Pero era una treta. La verdadera razón por la que le negaron el premio quedó clara más adelante en su explicación. Schopenhauer se había atrevido a sugerir, en contra de toda la sabiduría convencional de la época, que la compasión, y no la razón pura, era la base de la moralidad y que las emociones y los sentimientos nutrían el instinto compasivo. Pura herejía. En una última pero mordaz reprimenda, los miembros del jurado expresaron su desagrado por la forma abusiva en que Schopenhauer trató a «varios filósofos distinguidos de los últimos tiempos».[8] Aunque no mencionaron nombres concretos, tenían en mente a Immanuel Kant. Schopenhauer se ensañó con Kant, menospreciando su ética puramente racional y preceptiva como una fantasía intelectual, muy alejada de la forma en que el comportamiento moral se desarrolla en el mundo real. Al igual que Hume, Schopenhauer creía que la razón es esclava de las pasiones.

Para Schopenhauer, la idea de Kant de que las leyes morales existen *a priori* y se pueden conocer «independientemente de toda experiencia interior y exterior "basándose simplemente en conceptos de la razón pura"» carecía de base empírica.[9] Señaló que Kant rechazaba la idea de que la moralidad pudiera ser un aspecto elemental de la conciencia y que estuviera conectada con sentimientos naturales «peculiares de la naturaleza humana», lo que daría a la moralidad un fundamento empírico. Kant es muy claro a este respecto. En *Fundamentación de la metafísica de las costumbres*, escribe que la ley moral...

> ... no debe buscarse en la naturaleza del hombre (lo subjetivo) o en las circunstancias del mundo (lo objetivo) [...], aquí no puede tomarse prestado nada del conocimiento relativo al hombre, es decir, de la antropología [...]. En efecto, a nadie se le debe ocurrir derivar la realidad de nuestro principio moral de las propiedades particulares de la naturaleza humana.[10]

Lo que nos queda, argumentaba Schopenhauer, es una ética que existe *a priori* y fuera de la experiencia humana y que es «completamente abstracta, enteramente insustancial, y que asimismo flota enteramente en el aire».[11]

Entonces, si la moralidad no es un rasgo inherente a la naturaleza humana, sino que existe *a priori* y es independiente, ¿qué obliga a alguien a ser moral? Kant sugiere que uno actúa de manera moralmente responsable debido al «sentimiento según el cual incumbe al hombre obedecer la ley moral [...] por sentido del deber, no por inclinación voluntaria». Kant descarta de plano a los sentimientos como base de la moralidad:

> Los sentimientos de compasión y de tierna simpatía serían incluso una molestia para los que piensan correctamente, porque confundirían sus bien meditadas máximas y provocarían el deseo de liberarse de ellas y estar sujetos únicamente a la razón legislativa.[12]

La cuestión que se plantea entonces es si existe alguna otra fuente dentro del propio animal humano que pueda ser la base de la moralidad.

Schopenhauer contraataca con una descripción detallada del comportamiento moral que, según él, está arraigado en la propia naturaleza humana, con la salvedad de que, para que se lleve a cabo en toda su plenitud, debe ser sacado a la luz y alimentado por la sociedad. Afirma que la «compasión» es un aspecto fundamental de nuestra naturaleza humana. Explica el fenómeno de la siguiente manera. Al sentir compasión por otro:

> Sufro directamente con él, siento su dolor del mismo modo que de ordinario solo siento el mío; y deseo directamente que tenga buena salud del mismo modo que lo deseo para mí [...]. En todo momento tenemos clara conciencia de que él es el que sufre, no nosotros; y es precisamente en su persona, no en la nuestra, donde sentimos el sufrimiento, para nuestra pena. Sufrimos con él y, por tanto, en él; sentimos su dolor como suyo, y no imaginamos que es nuestro.[13]

Con esa única afirmación, Schopenhauer se convierte en la primera persona de la historia que define concisamente el proceso empático. Solo le falta hallar el propio término. Pero va más allá. Describe no solo la acrobacia mental implicada en la empatía, sino también el marco moral y la acción que naturalmente se derivan de ella. Para Schopenhauer, la predisposición compasiva, cuando se fija en la situación apremiante de alguien, conduce a «la participación inmediata, independiente de toda consideración ulterior, en el sufrimiento del otro y, por tanto, en la prevención o eliminación del mismo; pues toda satisfacción y todo bienestar y felicidad consisten en esto».[14]

En un plano más profundo, el abrazo empático (la experiencia del sufrimiento ajeno o incluso de su alegría como si los viviéramos en la médula de nuestro propio ser) se hace presente en esos momentos especiales en los que trascendemos más allá del tiempo y del espacio y existimos en un reino totalmente distinto. Es durante estos interludios cuando nos despojamos de nuestra corporeidad y sentimos el asombro de la existencia. Los momentos de empatía eliminan al *otro*. Nos sentimos *uno* durante un breve instante, frágiles y vulnerables, y nos tendemos la mano para reforzar la búsqueda que hace el otro para vivir, prosperar, florecer y ser. En esos momentos, no hay sujetos ni objetos, sino un enredo de vidas unidas que se experimentan como una sola y, por extensión, se convierten en una sola cosa en comunión con toda la existencia. Es incuestionable que estos momentos trascendentales de abrazo empático son las experiencias más vívidas de nuestras vidas.

Cuando echamos la vista atrás, es probable que recordemos esos interludios como las experiencias más preciadas, duraderas e intensas. Esto es lo sublime para Schopenhauer.

¿Qué ocurre entonces con esos otros mundos que hemos creado? ¿Qué ocurre con los cielos, las utopías y la singularidad? Ninguna de estas existencias imaginarias tiene cabida en el impulso empático. ¿Por qué habría necesidad de empatía en estos reinos ficticios, donde la vulnerabilidad, el sufrimiento y los estallidos de alegría están ausentes? En estos mundos ficticios, la fragilidad y la finitud de la existencia se han eliminado, al igual que los momentos de dolor y exuberancia, las expresiones de consuelo y los actos de compasión, es decir, todas las condiciones que acompañan al hecho de estar vivo. Estas experiencias carecerían de sentido en los cielos, en las utopías o en la singularidad. ¿Qué sentido tendría un sentimiento de asombro, de maravilla, de imaginación o de trascendencia en esos mundos perfectos, intemporales e inmaculados?

En cuanto a la IA, incluso sus defensores más acérrimos carecen de una explicación de cómo encaja la empatía en un mundo de ceros y unos, píxeles omnipresentes y el flujo interminable de computación de datos, retroalimentación robótica y actuaciones impulsadas por algoritmos. En todo caso, estos mundos alternativos suprimen el asombro, sofocan la imaginación, eliminan la trascendencia, aplastan lo sublime y roban a nuestra especie la majestuosidad de respirar en la existencia.

¿Cuán tenue es entonces la explicación de Kant sobre lo sublime? La idea es que, a la sombra de lo sublime, atrapados en el terror y asombrados ante la existencia, debemos recurrir a una razón distante, alejada de la fenomenología de la experiencia vivida, para someter, domesticar y doblegar las fuerzas planetarias a la acción humana, algo que parece totalmente ingenuo.

Por si fuera poco, como dice el refrán, «nada sale gratis». La IA viene con su propia factura de entropía, y es probable que sea descomunal. Al igual que la intensa huella de carbono de la minería de bitcóin, recientemente ha salido a la luz que la IA tiene una huella endémica de agua que va a tener un impacto significativo en el agotamiento de su disponibilidad mundial. Cualquier idea de que la IA lleve a nuestra especie a la singularidad ya se está viendo atenuada por las señales de alarma que están lanzando los científicos del clima sobre la huella hídrica que probablemente frene la rapidez y el alcance con que la computación por IA puede llevarnos a la utopía.

Los resultados de un estudio realizado en 2023 por científicos de la Universidad de California en Riverside son asombrosos. Por todos es sabido que los servidores de IA de los grandes centros de datos son «devoradores» que consumen enormes cantidades de energía para alimentar sus ordenadores y que ya representan más del 2 % del consumo mundial de electricidad, y eso que la industria acaba de emerger. Sin embargo, hasta hace poco se había ignorado su huella hídrica. Ahora ya no. Por ejemplo, los centros de datos de Google «extrajeron 25.000 millones de litros [de agua] y consumieron casi 20.000 millones de litros de agua de alcance 1 para la refrigeración *in situ* en 2022, la mayor parte de los cuales eran de agua potable». Ese mismo año, el agua utilizada por Microsoft (tanto la extracción como el consumo) aumentó un 34 % en comparación con 2021.[15]

El estudio prevé que, en 2027, el consumo total de agua para el funcionamiento de la IA en todo el mundo será de entre 4.200 y 6.600 millones de metros cúbicos, lo que equivale a la mitad del consumo total de agua del Reino Unido, un país que experimenta una sequía creciente año tras año (y el Reino Unido es la sexta economía mundial). Estas cifras ni siquiera empiezan a incluir la extracción de agua utilizada para la fabricación de chips informáticos.[16]

Para fabricar un solo chip hacen falta casi treinta litros de agua. He aquí el dilema. En 2021, se distribuyeron 1,15 billones de chips en todo el mundo y solo estamos en las primeras fases de despegue de la revolución de la IA, lo que plantea la pregunta de la que nadie quiere hablar. ¿Qué cantidad de agua dulce, cada vez más escasa, dedicamos al crecimiento del metaverso a costa de reducir aún más la ya escasa reserva de agua disponible para nuestra especie y las demás? ¿Alguien nos escucha?[17]

Al hablar de casos concretos, el estudio descubrió que ChatGPT 3 consume una botella de quinientos mililitros de agua por entre diez y cincuenta respuestas en una conversación de chat. Imagina a cientos de millones de personas y, con el tiempo, a gran parte de la humanidad, conectándose a su chatbot favorito las veinticuatro horas del día, los siete días de la semana, como se hace hoy en internet, especialmente en un mundo en el que la cantidad de agua disponible por persona ahora es la mitad de la que había hace tan solo cincuenta años.[18]

Esto no significa que la IA sea una causa perdida, pero es muy probable que se utilice de forma general, pero con moderación, en la implementación y gestión de la emergente infraestructura de la era de la resiliencia, supervisando y gestionando el internet de las comunicaciones, el internet de las energías renovables, el internet de la movilidad y la logística, el internet del agua y las redes de sensores del IdC que permiten a nuestra especie adaptarse a los vaivenes cada vez más impredecibles de la hidrosfera, la litosfera, la atmósfera y la biosfera del planeta.

En cuanto al metaverso, la encarnación más reciente de la felicidad utópica..., me resulta bastante triste. La mera perspectiva de sacar a la raza humana del mundo natural y llevarla a un facsímil virtual de la realidad es incomprensible. Al final, el retroceso ante el latido vital de la existencia está condenado al fracaso. Nuestro propio ser físico está íntimamente entrelazado con todas las esferas del planeta: la hidrosfera, la litosfera, la atmósfera y la biosfera. Como ya he mencionado, nuestros innumerables relojes biológicos internos de cada célula, tejido y órgano están vinculados a los ritmos circadianos, mareales, estacionales y anuales de la Tierra. Además, los campos electromagnéticos inmersivos atraviesan células, órganos y tejidos de nuestro cuerpo y ayudan a establecer los procesos y patrones por los que nuestro ADN se alinea y se expresa.

Esto no quiere decir que abandonemos los mundos virtuales, sino que no los convirtamos en nuestro único mundo. Los mundos virtuales serán muy necesarios como lugares de recreo y experimentación y, en ocasiones, como puertos seguros para capear tormentas, sequías, olas de calor, incendios forestales y huracanes que se avecinan en un planeta en plena resilvestración. Pero si el metaverso se convierte en nuestro mundo sustituto, nos habremos encerrado en una prisión autoimpuesta por nosotros mismos, encontrándonos solos y, en última instancia, exiliados y sin los medios para sobrevivir, y no digamos prosperar, en un planeta que se transforma incontroladamente.

Sin duda, el clima seguirá calentándose y los organismos de la Tierra seguirán transformándose de formas totalmente nuevas, impulsados por el ciclo hidrológico, lo que nos llevará a una nueva época. Pero abandonar la naturaleza y escondernos es abandonarnos a nosotros mismos. Somos de este planeta, y somos una prolongación de la hidrosfera, la litosfera, la atmósfera y la biosfera, de los biomas y ecosistemas, y de los ritmos temporales y espaciales que dan vida al planeta azul.

En las últimas décadas, los biólogos y la comunidad médica han prestado atención, de forma tardía y escasa, a cómo la falta de exposición física al entorno natural, que interactúa con todas las funciones corporales, afecta a la salud física y mental. Aun así, gran parte de este tipo de investigaciones (y sus implicaciones) son ignoradas, cuando no se descartan por completo. Al vivir en recintos urbanos, a menudo no somos conscientes de cómo nuestro estado de ánimo, nuestro comportamiento y nuestras funciones corporales se ven afectados inconscientemente por nuestra relación fisiológica con el entorno, especialmente nuestro bienestar mental y físico. Consideremos, por ejemplo, un paseo por un bosque frente a un paseo por un entorno urbano. El paseo por el bosque reduce, por término medio, el cortisol salival, que es una medida del estrés, en un 13,4 % al ver el bosque y en un 15,8 % después del paseo. La frecuencia del pulso se reduce en un 6 % al ver el bosque y en un 3,9 % después del paseo, al tiempo que disminuye la presión arterial sistólica. La actividad nerviosa parasimpática (la sensación de relajación) aumenta un 102 % después de caminar, mientras que la sensación de estrés disminuye un 19,4 % después de hacerlo. Todos estos cambios que se producen en nuestro propio cuerpo son el resultado de dar un paseo por el bosque.[19]

En cuanto a la cuestión, mucho más amplia, del contacto con la naturaleza y los grados de felicidad, un gigantesco estudio publicado en *Annual Review of Environment and Resources* descubrió que, en general, una mayor inmersión en la naturaleza se correlacionaba con la reducción del estrés, la mejora de la salud física y mental, la prolongación de la capacidad de atención, la mejora del aprendizaje, una mayor imaginación y una sensación de mayor conexión.[20] El famoso biólogo E. O. Wilson, de la Universidad de Harvard, fue el primero en popularizar el término *biofilia* para describir la afinidad biológica inherente que nuestra especie siente por otras especies de nuestra extensa familia evolutiva, y estableció la conexión con el rasgo biológico heredado de empatía por todo lo que está vivo (y codificado en nuestros neurocircuitos), así como el comportamiento de apego entre las figuras parentales y la descendencia.[21]

Desgraciadamente, a los niños de hoy, sobre todo en las comunidades urbanas y suburbanas, aislados de la interacción con el resto de las especies y el entorno natural, sus padres les enseñan a menudo a tener miedo de otros seres vivos y a mantener la distancia, aprendiendo desde pequeños que la naturaleza es un otro extraño. Richard Louv, autor de *Los últimos niños en el bosque*, relata una conversación con un niño en la que le preguntaba por qué prefería jugar dentro de casa en vez de al aire libre. El niño le respondió: «Ahí es donde están todos los enchufes».[22]

Hemos de ser muy claros sobre el papel que deben desempeñar los mundos virtuales en un planeta lleno de vida. Los mundos virtuales pueden ayudarnos a comprender mejor cómo adaptarnos a un ciclo hidrológico que se está resilvestrando, pero la cuestión es si seguiremos obligando al planeta a adaptarse a nuestra especie o si volveremos a aprender a adaptarnos a los requisitos de la naturaleza con la empatía, la atención plena y el pensamiento crítico que nos han caracterizado durante nuestra prolongada existencia entre el resto de las especies.

Teniendo en cuenta esta advertencia, hay otra vertiente de los mundos virtuales a la que se da poca publicidad, pero que, en última instancia, será importante para garantizar el futuro de nuestra especie. Es decir, necesitaremos emplear infraestructuras digitales inteligentes (algunas de las cuales serán virtuales) para recopilar datos en tiempo real y utilizar la analítica, el GPS y la vigilancia del IdC para supervisar, modelar y adaptarnos a la resilvestración de la hidrosfera, la litosfera, la atmósfera y la biosfera, y para evaluar su impacto en la miríada de criaturas que habitan la Tierra. Estas tecnologías digitales inteligentes y las infraestructuras que las acompañan serán decisivas para que la investigación científica adopte un nuevo enfoque que sustituya al desgastado método científico convencional basado en el razonamiento inductivo, deductivo y desapegado, diseñado para captar y adaptar la naturaleza a nuestra especie. En su lugar, hay que adoptar un razonamiento abductivo, entrelazado con la nueva modelación integrada de sistemas socioecológicos adaptativos complejos, diseñada para adaptar nuestra especie a la llamada de la naturaleza. Si lo hacemos, quizá tengamos una oportunidad de sobrevivir a una Tierra que se está resilvestrando y aclimatarnos de nuevas formas.

Si de lo que se trata es de asegurar nuestro bienestar durante el tumultuoso cambio climático de la Tierra, tendremos que reconocer que habrá largos periodos en los que necesitaremos llevar a cabo nuestra vida cotidiana, al menos en parte, en mundos virtuales. Eso es un hecho. Pero también es cierto que tendremos que enfrentarnos a lo anormal en el exterior con una férrea determinación y un sentido biofílico que nos guíe a la hora de relacionarnos con el entorno natural.

Entonces, ¿hacia dónde nos dirigimos? ¿Nos deslizamos por la madriguera kantiana de la razón desapegada para domar la Tierra o elegimos el camino que abrazaron Schopenhauer, Goethe y otros: una biofilia empática y compasiva con todo lo que está vivo para que la vida pueda recuperarse? Uno de los muchos atributos de nuestra especie es que estamos genéticamente predispuestos a un modo de vida nómada y hemos vivido así durante el 95 % del tiempo que llevamos en el planeta, sobreviviendo en regímenes climáticos extremos. Aprender a vivir en parte en mundos virtuales, mientras nos reincorporamos a las esferas terrestres, los biomas y los ecosistemas, y en particular a las aguas, determinará si nuestra especie sobrevivirá y prosperará en el planeta azul y en qué condiciones lo hará. Vivimos en el planeta Aqua. Esa es la pura realidad. El ciclo hidrológico es el motor principal que mueve todo lo demás. Las aguas de las que surgió toda la vida y a las que toda criatura viviente está sujeta son la realidad implacable de la existencia en nuestro planeta. Ese reconocimiento es la tabla de salvación que nos permitirá, con suerte, prosperar en un futuro lejano.

## PLANETA AQUA: CAMBIAR EL NOMBRE DE NUESTRO HOGAR

Cambiar el nombre de nuestro planeta y pasar a llamarlo Aqua no es solo un ejercicio retórico, sino un cambio en el sentido de la orientación planetaria de nuestra especie. Asimilar que el agua es la fuerza impulsora de la vida en el planeta plantea la cuestión de su estatuto jurídico. Si empezamos a dejar de pensar en el agua como un «recurso comercial» y la vemos como la «fuente de vida» del planeta, habría que replantearse por completo su estatuto jurídico. Eso ya está empezando a ocurrir. En todo el mundo está surgiendo un movimiento para reconocer ríos, lagos, mares e incluso océanos como personas jurídicas, con derecho a existir sin sufrir la intervención humana.

Si esto suena un poco exagerado, hay que recordar que, en el siglo XIX, en Estados Unidos y en virtud de la decimocuarta enmienda de la Constitución, se concedió a las empresas un estatus cuasi legal como persona. Estados Unidos no es el único país que ha hecho algo así. El Reino Unido y Canadá también han concedido a las empresas muchos de los mismos derechos que a las personas.

Ecuador fue el primer país en incorporar los derechos de la naturaleza a su Constitución en 2008. México, Colombia y Bolivia han introducido cambios jurídicos similares. Bangladés, Australia y Nueva Zelanda han ido aún más lejos en lo que respecta a los derechos legales de los ríos. En 2017, Nueva Zelanda concedió al río Whanganui derechos como entidad independiente, salvaguardando su derecho a existir como «un todo indivisible desde el nacimiento hasta el mar», lo que supone un cambio extraordinario respecto a la forma en que los ríos han sido confiscados, desviados o se les ha impedido seguir su curso natural. Incluso se nombraron guardianes para actuar en nombre del río y hacer valer, ante los tribunales, su derecho a fluir libremente.[23]

En la India, un tribunal superior estatal intentó recientemente en 2017 otorgar personalidad jurídica a los ríos Ganges y Yamuna. El Tribunal Supremo dictaminó poco después que los ríos no pueden considerarse personas jurídicas. En 2021, las autoridades locales de Quebec (Canadá) hicieron lo mismo con el río Magpie, incluido el «derecho a fluir, el derecho a estar a salvo de la contaminación y el derecho a demandar» ante los tribunales. Australia ha llevado la cuestión del estatus de las aguas un paso más allá, reconociendo al río Yarra como «una entidad viva integrada», todo lo cual tiene sentido desde el momento en que existe un consenso cada vez mayor en la comunidad científica de que las aguas son la fuerza vital primordial que genera y mantiene a todas las criaturas vivas del planeta.[24]

La extensión de los derechos legales a las aguas pone en entredicho la base misma de la civilización moderna y del sistema capitalista, que considera la usurpación, la mercantilización y el consumo de toda la naturaleza como el más fundamental de todos los derechos. Ha sido un legado transmitido a lo largo de los siglos por el Dios abrahámico que concedió a Adán y a sus herederos el dominio sobre todas las criaturas que habitan la Tierra y sobre todo el mundo natural.

El reconocimiento de las aguas como generadoras de toda vida y, por tanto, merecedoras de un reconocimiento jurídico integrado en las constituciones, leyes, códigos, reglamentos y actividades cotidianas de todas las jurisdicciones y culturas gobernantes, marca el cambio más importante en la relación de nuestra especie con la Tierra desde el comienzo de la civilización. Tras la última Edad de Hielo y el inicio de un régimen climático templado suave, encontramos innumerables formas de forzar a las aguas a adaptarse casi exclusivamente a nuestras necesidades humanas, empezando por el surgimiento de las grandes civilizaciones hidráulicas urbanas hace seis mil años, y culminando con el nexo entre agua, energía y alimentos de la economía basada en los combustibles fósiles de la era industrial y del progreso. Ahora, debido al cambio climático que sufre el planeta, las aguas se están resilvestrando y destruyen el tejido mismo de la civilización, obligando a nuestra especie a cambiar de rumbo y dar un gran giro, reaprendiendo a adaptarnos al planeta Aqua. Rehacer la sociedad significa volver a consagrar nuestro vínculo íntimo con las aguas de la vida. Tanto en nuestro planeta como probablemente en todo el universo, el agua es la generadora de toda la vida.

Sin embargo, el tiempo apremia. Nuestro planeta es un soporte vital y que sobrevivamos o pasemos a formar parte del registro fósil dependerá de que reconozcamos y nos identifiquemos con las aguas de la vida. Nos guste o no, la hidrosfera del planeta busca una nueva normalidad, y todas las especies están atrapadas en este alboroto. Si hay un único cambio que aumente nuestras posibilidades de sobrevivir en la época venidera consiste en reunir la voluntad colectiva para rebautizar nuestro hogar como planeta Aqua y ayudar a la hidrosfera a buscar un nuevo ciclo. El hecho de ser conscientes de que cada uno de nosotros y cada una de las especies que habitan este planeta somos de las aguas nos ayudará a mantenernos firmes en el largo viaje que tenemos por delante. Reconocer que vivimos y prosperamos en el planeta Aqua cambiará la metanarrativa de nuestra especie en todos los ámbitos y nos preparará para adaptarnos a un segundo advenimiento de la vida en el planeta azul. Se debería presionar a todas las jurisdicciones gubernamentales para que incluyan en sus constituciones, pactos y estatutos una segunda denominación oficial de nuestro mundo como planeta Aqua. Nuestros sistemas educativos también tendrán que incorporar la idea de que vivimos en el planeta Aqua en la pedagogía y en los planes de estudio, haciendo hincapié en todo lo relacionado con las sublimes aguas de un planeta animado.

El juego está llegando a su fin, tanto para nuestra especie como para la continuidad de la vida en la Tierra. En el peor de los casos, estamos dormidos y, en el mejor, sumidos en una profunda niebla, esperando un milagro, algún tipo de cambio drástico y milagroso imprevisto que nunca se haya tenido en cuenta en los numerosos estudios e informes de nuestros científicos del clima. Esta esperanza cándida es una receta para la inacción. Tampoco podemos seguir escondiéndonos detrás de las iniciativas climáticas sumisas y apresuradamente improvisadas que han demostrado ser demasiado escasas para abordar la enorme crisis planetaria que tenemos ante nosotros.

Tanto hoy como en el futuro lejano, el cambio climático regirá las reglas del juego. Cada momento evocará lo sublime de muchas formas, y tanto nosotros como el resto de las especies tendremos que adaptarnos continuamente. Y en cada coyuntura que se nos presente, será la hidrosfera la que condicione nuestras elecciones. Nuestro destino y probablemente el del resto de las especies que forman nuestra familia evolutiva dependerá de si abrazamos lo sublime y nos readaptamos a las aguas con un sentido de asombro, maravilla, imaginación y apego empático o, en cambio, nos refugiamos en el miedo y nos aislamos. Resistir y acobardarse o cabalgar sobre las olas dondequiera que nos lleven en el planeta Aqua.

Me gustaría dar las gracias a Claudia Salvador y Daniel Christensen por su entusiasta edición de *Planeta Aqua*. Su perspicacia intelectual, su dominio del idioma y su dedicación al proyecto han sido inestimables. También me gustaría dar las gracias a nuestro director de investigación, Michael Ricciardi, por poner en orden la ingente cantidad de datos con los que hemos trabajado para asegurar que nuestro proyecto iba por buen camino. Juntos componen un equipo excelente y entregado.

También me gustaría dar las gracias a John Thompson y Elise Heslinga, de Polity Press, por involucrarse en el proyecto y acelerar la publicación del manuscrito final. Su entusiasmo, sus agudas sugerencias editoriales y su profundo compromiso con el libro mantuvieron elevado nuestro ánimo.

# NOTAS

## Introducción

1. «Biologists Think 50 % of Species Will Be Facing Extinction by the End of the Century», *Guardian*, 25 de febrero de 2017, <https://www.theguardian.com/environment/2017/feb/25/half-all-species-extinct-end-century-vatican-conference>.
2. K. E. Trenberth, «Changes in Precipitation with Climate Change», *Climate Research*, vol. 47, n.° 1, 31 de marzo de 2011, págs. 123-138, <https://doi.org/10.3354/cr00953>.
3. *Ecological Threat Register 2020: Understanding Ecological Threats, Resilience and Peace*, Sídney: The Institute for Economics & Peace, vol. 38, 9 de septiembre de 2020, <https://reliefweb.int/report/world/ecological-threat-register-2020-understanding-ecological-threats-resilience-and-peace>.
4. *Ibidem*, pág. 2.
5. *Ibid.*, pág. 4.
6. *Ibid.*, pág. 2.
7. *Ibid.*, págs. 3-52.
8. «State of the Climate: Monthly Drought Report for May 2022», National Centers for Environmental Information, junio de 2022, <https://www.ncei.noaa.gov/access/monitoring/monthly-report/drought/202205>.
9. «International Drought Resilience Alliance: UNCCD», IDRA, <https://idralliance.global/>; Sengupta, Somini, «Drought Touches a Quarter of Humanity, U.N. Says, Disrupting Lives Globally», *The New York Times*, 11 de enero de 2024, <https://www.nytimes.com/2024/01/11/climate/global-drought-food-hunger.html>.
10. Jeff Masters, «Death Valley, California, Breaks the All-Time World Heat Record for the Second Year in a Row», *Yale Climate Connections*, 12 de julio de 2021, <https://yaleclimateconnections.org/2021/07/death-valley-

california-breaks-the-all-time-world-heat-record-for-the-second-year-in-a-row>.

11. «Eight Climate Change Records the World Smashed in 2021», *World Economic Forum*, 18 de mayo de 2022, <https://www.weforum.org/agenda/2022/05/8-climate-change-records-world-2021/>.
12. Margaret Osborne, «Earth Faces Hottest Day Ever Recorded — Three Days in a Row», Smithsonian.com, 6 de julio de 2023, <https://www.smithsonian-mag.com/smart-news/earth-faces-hottest-day-ever-recorded-three-days-in-a-row-180982493/>.
13. «National Fire News», *National Interagency Fire Center*, septiembre de 2023, <https://www.nifc.gov/fire-information/nfn>.
14. Rebecca Falconer, «Canada's Historic Wildfire Season Abates after 45.7 Million Acres Razed», *Axios*, 20 de octubre de 2023, <https://www.axios.com/2023/10/20/canada-record-2023-wildfire-season-end>.
15. «Wildfire Graphs», CIFFC Canadian Interagency Forest Fire Center Inc., <https://ciffc.net/statistics>; «Giant Carbon Shield», *Boreal Conservation*, <https://www.borealconservation.org/giant-carbon-shield>.
16. *Ecological Threat Register 2020*, *op. cit.*, pág. 13.
17. *Ecological Threat Report 2021: Understanding Ecological Threats, Resilience, and Peace*, Sídney: The Institute for Economics & Peace, octubre de 2021, vol. 4, <https://www.economicsandpeace.org/wp-content/uploads/2021/10/ETR-2021-web.pdf>.
18. Aylin Woodward y Marianne Guenot, «The Earth Has Tilted on its Axis Differently over the Last Few Decades Due to Melting Ice Caps», *Business Insider*, 21 de marzo de 2023, <https://www.businessinsider.com/earth-axis-shifted-melting-ice-climate-change-2021-4>.
19. Laura Poppick, «The Ocean Is Running out of Breath, Scientists Warn», *Scientific American*, 20 de marzo de 2019, <https://www.scientificamerican.com/article/the-ocean-is-running-out-of-breath-scientists-warn/>.
20. «New Study: U.S. Hydropower Threatened by Increasing Droughts Due to Climate Change», *WWF*, 24 de febrero de 2022, <https://www.worldwildlife.org/press-releases/new-study-us-hydropower-threatened-by-increasing-droughts-due-to-climate-change#:~:text=The%20study%20finds%20that%20by,from%201%20in%2025%20today>.
21. «Learn about Our Great Lakes», SOM, Department Learn About our Great Lakes, <https://www.michigan.gov/egle/public/learn/great-lakes#:~:text=The%20%20combined%20%20lakes%20%20contain%20%20the,economy%20%2C%20%20society%20%2C%20%20and%20%20environment>.
22. Antonio Zapata-Sierra, Mila Cascajares, Alfredo Alcayde y Francisco Manza-

no-Agugliaro, «Worldwide Research Trends on Desalination», *Desalination*, 2021, <https://doi.org/10.1016/j.desal.2021.115305>.

23. Stephanie Rost, «Navigating the Ancient Tigris — Insights into Water Management in an Early State», *Journal of Anthropological Archaeology*, vol. 54, 2019, págs. 31-47, SSN 0278-4165; también «Water Management in Mesopotamia from the Sixth till the First Millennium BCE», *WIREs Water*, pág. e1230, 2017, doi:10.1002/wat2.1230; S. Mantellini, V. Picotti, A. al-Hussainy, N. Marchett y F. Zaina, «Development of Water Management Strategies in Southern Mesopotamia during the Fourth and Third Millennium BCE», *Geoarchaeology*, 2024, págs. 1-32, <https://doi.org/10.1002/gea.21992>.
24. Karl W. Butzer, «Early Hydraulic Civilization in Egypt: A Study in Cultural Ecology», *University of Chicago*, 1976, <https://isac.uchicago.edu/sites/default/files/uploads/shared/docs/early_hydraulic.pdf>.
25. Pushpendra Kuma Singh, Pankaj Dey, Sharad Kumar Jain y Pradeep P. Mujumdar, «Hydrology and Water Resources Management in Ancient India», *Hydrology and Earth System Sciences*, vol. 24, 2020, págs. 4691-4707, <https://doi.org/10.5194/hess-24-4691-2020>.
26. Bin Liu, Ningyuan Wang, Minghui Chen, Xiaohong Wu, Duowen Mo, Jianguo Liu, *et al.* «Earliest Hydraulic Enterprise in China, 5100 Years Ago», *Proceedings of the National Academy of Sciences of the United States of America*, vol. 114, n.º 52, 2017, págs. 13637-13642, <https://doi.org/10.1073/pnas.1710516114>.
27. Andrew Wilson, «Water, Power and Culture in the Roman and Byzantine Worlds: An Introduction», *Water History*, vol. 4, n.º 1, 28 de marzo de 2012, págs. 1-9, <https://doi.org/10.1007/s12685-012-0050-2>; Christer Bruun, «Roman Emperors and Legislation on Public Water Use in the Roman Empire: Clarifications and Problems», *Water History*, vol. 4, n.º 1, 28 de marzo de 2012, págs. 11-33, <https://doi.org/10.1007/s12685-012-0051-1>; Edmund Thomas, «Water and the Display of Power in Augustan Rome: The So-Called "Villa Claudia" at Anguillara Sabazia», *Water History*, vol. 4, n.º 1, 28 de marzo de 2012, págs. 57-78, <https://doi.org/10.1007/s12685-012-0055-x>.
28. Alessandro F. Loria Rotta, «The Silent Impact of Underground Climate Change on Civil Infrastructure», *Communications Engineering*, vol. 2, n.º 44, 2023, <https://doi.org/10.1038/s44172-023-00092-1>.
29. Adam Zewe, «From Seawater to Drinking Water, with the Push of a Button», *MIT News*, Massachusetts Institute of Technology, <https://news.mit.edu/2022/portable-desalination-drinking-water-0428>.

## 1. Primero existieron las aguas

1. Warren Zev Harvey, «Creation from Primordial Matter: Did Rashi Read Plato's Timaeus?», Thetorah.com, 2019, <https://www.thetorah.com/article/creation-from-primordial-matter-did-rashi-read-platos-timaeus>.
2. *Ibidem.*
3. Damien Carrington, «Climate Crisis Has Shifted the Earth's Axis, Study Shows», *Guardian*, 23 de abril de 2021, <https://www.theguardian.com/environment/2021/apr/23/climate-crisis-has-shifted-the-earths-axis-study-shows>.
4. Aylin Woodward, «The Earth Has Tilted on its Axis Differently over the Last Few Decades Due to Melting Ice Caps», 23 de marzo de 2023, <https://africa.businessinsider.com/science/the-earth-has-tilted-on-its-axis-differently-over-the-last-few-decades-due-to-melting/jntq86j>.
5. Stephanie Pappas, «Climate Change Has Been Altering Earth's Axis for at Least 30 Years», *Live Science*, 28 de abril de 2021, <https://www.livescience.com/climate-change-shifts-poles.html>.
6. Hoai-Tran Bui, «Water Discovered Deep beneath Earth's Surface», *USA Today*, 12 de junio de 2014, <https://www.usatoday.com/story/news/nation/2014/06/12/water-earth-reservoir-science-geology-magma-mantle/10368943/>.
7. Juan Siliezar, «Harvard Scientists Determine Early Earth May Have Been a Water World», *Harvard Gazette*, 9 de noviembre de 2023, <https://news.harvard.edu/gazette/story/2021/04/harvard-scientists-determine-early-earth-may-have-been-a-water-world/>.
8. Water Science School, «The Water in You: Water and the Human Body», *U.S. Geological Survey*, 22 de mayo de 2019, <https://www.usgs.gov/special-topic/water-science-school/science/water-you-water-and-human-body?qt-science_center_objects=0#qt-science_center_objects>.
9. H. H. Mitchell, T. S. Hamilton, F. R. Steggerda y H. W. Bean, «The Chemical Composition of the Adult Human Body and Its Bearing on the Biochemistry of Growth», *Journal of Biological Chemistry*, vol. 158, n.º 3, 1 de mayo de 1945, págs. 625-637, <https://www.jbc.org/article/S0021-9258(19)51339-4/pdf>.
10. «What Does Blood Do?», Institute for Quality and Efficiency in Health Care, InformedHealth.org, U.S. National Library of Medicine, 29 de agosto de 2019, <https://www.ncbi.nlm.nih.gov/books/NBK279392/>.
11. *Ibidem*; Water Science School, «The Water in You», art. cit., véase nota 8.
12. «Biologists Think 50 % of Species Will Be Facing Extinction by the End of the Century», *Guardian*, 25 de febrero de 2017, <https://www.theguardian.com/environment/2017/feb/25/half-all-species-extinct-end-century-vatican-conference>.

13. Vivek V. Venkataraman, Thomas S. Kraft, Nathaniel J. Dominy y Kirk M. Endicott, «Hunter Gatherer Residential Mobility and the Marginal Value of Rainforest Patches», *Proceedings of the National Academy of Sciences*, vol. 114, n.º 12, 6 de marzo de 2017, pág. 3097, <https://www.pnas.org/doi/10.1073/pnas.1617542114>.
14. Kat So y Sally Hardin, «Extreme Weather Cost U.S. Taxpayers $99 Billion Last Year, and It Is Getting Worse», Center for American Progress, 1 de septiembre de 2021, <https://www.americanprogress.org/article/extreme-weather-cost-u-s-taxpayers-99-billion-last-year-getting-worse/>; National Oceanic and Atmospheric Administration, «Billion-Dollar Weather and Climate Disasters: Events», <https://www.ncdc.noaa.gov/billions/events/US/2020>.
15. Adam B. Smith, «2021 U.S. Billion-Dollar Weather and Climate Disasters in Historical Context», 23 de enero de 2022, <https://www.climate.gov/news-features/blogs/beyond-data/2021-us-billion-dollar-weather-and-climate-disasters-historical>.
16. Sarah Kaplan, y Andrew Ba Tran, «Over 40 % of Americans Live in Counties Hit by Climate Disasters in 2021», *Washington Post*, 5 de enero de 2022, <https://www.washingtonpost.com/climate-environment/2022/01/05/climate-disasters-2021-fires/>; Alicia Adamczyk, «Here's What's in the Democrats' $1.75 Trillion Build Back Better Plan», CNBC, 28 de octubre de 2021, <https://www.cnbc.com/2021/10/28/whats-in-the-democrats-1point85-trillion-dollar-build-back-better-plan.html>.
17. «Dams Sector», Cybersecurity and Infrastructure Security Agency, <https://www.cisa.gov/topics/critical-infrastructure-security-and-resilience/critical-infrastructure-sectors/dams-sector>; «Dams», ASCE's 2021 Infrastructure Report Card, 12 de julio de 2022, <https://infrastructurereportcard.org/cat-item/dams-infrastructure/>; «Levees», ASCE's 2021 Infrastructure Report Card, 12 de julio de 2022, <https://infrastructurereportcard.org/cat-item/levees-infrastructure/>.
18. Jeffrey J. Opperman, Rafael R. Camargo, Ariane Laporte-Bisquit, Christiane Zarfl y Alexis J. Morgan, «Using the WWF Water Risk Filter to Screen Existing and Projected Hydropower Projects for Climate and Biodiversity Risks», *Water*, vol. 14, n.º 5, 2022, pág. 721, <https://doi.org/10.3390/w14050721>.
19. Mateo Jasmine Munoz, «Lawrence Joseph Henderson: Bridging Laboratory and Social Life», *DASH Home*, 2014, <https://dash.harvard.edu/handle/1/12274511>.
20. Editors of Encyclopedia Britannica, «Gaia hypothesis», *Encyclopedia Britannica*, 20 de abril de 2023, <https://www.britannica.com/science/Gaia-hypothesis>.
21. Madeleine Nash, «Our Cousin the Fishapod», *TIME Magazine*, 10 de abril de

2006, <http://content.time.com/time/magazine/article/0,9171,1181611,00.html>.

22. *Ibidem.*
23. Xupeng Bi, Kun Wang, Liandong Yang, Hailin Pan, Haifeng Jiang, Qiwei Wei *et al.*, «Tracing the Genetic Footprints of Vertebrate Landing in Non-Teleost Ray-Finned Fishes», *Cell*, vol. 184, n.º 5, 4 de febrero de 2021, págs. 1377-1391, <https://doi.org/10.1016/j.cell.2021.01.046>.
24. *Ibidem.*
25. Xiao-yan Sha, Zheng-fang Xiong, Hui-shu Liu, Xiao-dan Di, y Tong-hui Ma, «Maternal-Fetal Fluid Balance and Aquaporins: From Molecule to Physiology», *Acta Pharmacologica Sinica*, vol. 32, n.º 6, 2011, págs. 716-720, <https://doi.org/10.1038/aps.2011.59>.
26. Sobre la *Epopeya de Gilgamesh*, <https://www.cs.utexas.edu/~vl/notes/gilgamesh.html> (trad. cast.: *La epopeya de Gilgamesh*, Madrid, Akal, 2015).
27. Mircea Eliade, *Patterns in Comparative Religion*, Lincoln, University of Nebraska Press, 1996, págs. 188-189.
28. Ivan Illich, *H2O and the Waters of Forgetfulness*, Nueva York, Marion Boyars, 1986, págs. 24-25.
29. Naciones Unidas, «Fact Sheet», *The Ocean Conference*, 5-9 de junio de 2017, <https://sustainabledevelopment.un.org/content/documents/Ocean_Factsheet_People.pdf>.
30. Matti Kummu, Hans de Moel, Philip J. Ward y Olli Varis, «How Close Do We Live to Water? A Global Analysis of Population Distance to Freshwater Bodies», *PLOS ONE*, vol. 6, n.º 6, 2011, pág. e20578, <https://doi.org/10.1371/journal.pone.0020578>.
31. Sebastian Volker y Thomas Kistemann, «The Impact of Blue Space on Human Health and Well-Being — Salutogenetic Health Effects of Inland Surface Waters: A Review», *International Journal of Hygiene and Environmental Health*, vol. 214, n.º 6, 2011, págs. 449-460, <https://doi.org/10.1016/j.ijheh.2011.05.001>.
32. Upali Nanda, Sarajane L. Eisen y Veerabhadran Baladandayuthapani, «Undertaking an Art Survey to Compare Patient Versus Student Art Preferences», *Environment and Behavior*, vol. 40, n.º 2, 2008, págs. 269-301, <https://doi.org/10.1177/0013916507311552>.
33. Jenna Karjeski, «This is Water», *The New Yorker*, 19 de septiembre de 2008, <https://www.newyorker.com/books/page-turner/this-is-water>.
34. Shmuel Burmil, Terry C. Daniel y John D. Hetherington, «Human Values and Perceptions of Water in Arid Landscapes», *Landscape and Urban Planning*, vol. 44, n.º 2-3, 1999, págs. 99-109, <https://doi.org/10.1016/S0169-2046(99)00007-9>.

35. *Ibidem*, pág. 100.
36. Eugene C. Robertson, *The Interior of the Earth*, Geological Survey Circular 532, 1966, <https://pubs.usgs.gov/gip/interior/>.
37. Megan Fellman, «New Evidence for Oceans of Water Deep in the Earth», *Northwestern Now*, 12 de junio de 2014, <https://news.northwestern.edu/stories/2014/06/new-evidence-for-oceans-of-water-deep-in-the-earth/>.
38. Steve Nadis, «The Search for Earth's Underground Oceans», *Discover Magazine*, 13 de junio de 2020, <https://www.discovermagazine.com/planet-earth/the-search-for-earths-underground-oceans>.
39. Megan Fellman, «New Evidence for Oceans of Water Deep in the Earth», art. cit., véase nota 37.
40. Steve Nadis, «The Search for Earth's Underground Oceans», art. cit., véase nota 38.
41. *Ibidem*.
42. *Ibid*.

## 2. La domesticación de las aguas

1. Demetris Koutsoyiannis y Andreas Angelakis, «Agricultural Hydraulic Works in Ancient Greece», *Encyclopedia of Water Science*, 2004, <https://www.researchgate.net/publication/242255192_Agricultural_hydraulic_works_in_ancient_Greece>; Damian Evans, «Hydraulic Engineering at Angkor», *Encyclopaedia of the History of Science, Technology, and Medicine in Non-Western Cultures*, 2016, págs. 2215-2219, <https://doi.org/10.1007/978-94-007-7747-7_9842>; Yolanda López-Maldonado, «Little Has Been Done to Recognise Ancient Mayan Practices in Groundwater Management», Unesco.org, 3 de mayo de 2023, <https://www.unesco.org/en/articles/little-has-been-done-recognise-ancient-mayan-practices-groundwater-management>. *UN-Water Summit on Groundwater*, París, IGRAC; Luis F. Mazadiego, Octavio Puche y Ana María Hervás, «Water and Inca Cosmogony: Myths, Geology and Engineering in the Peruvian Andes», *Geological Society, London, Special Publications*, vol. 310, n.° 1, enero de 2009, págs. 17-24, <https://doi.org/10.1144/sp310.3>.
2. Sinclair Hood, *The Minoans: Crete in the Bronze Age*, Londres, Thames and Hudson, 1971; Mark Cartwright, «Food and Agriculture in Ancient Greece», *World History Encyclopedia*, 4 de febrero de 2024, <https://www.worldhistory.org/article/113/food-agriculture-in-ancient-greece/>; «Ancient Egyptian Agriculture», FAO, <https://www.fao.org/country-showcase/item-detail/en/c/1287824/#:~:text=The%20Egyptians%20grew%20a%20variety,wheat

%2C%20grown%20t%20make%20bread>; «Maize: The Epicenter of Maya Culture», Trama Textiles, Women's Weaving Cooperative, 1 de febrero de 2019, <https://tramatextiles.org/blogs/trama-blog/maize-the-epicenter-of-maya-culture>; «Angkor», Unesco World Heritage Centre, <https://whc.unesco.org/en/list/668/>.

3. Robert K. Logan, *The Alphabet Effect: The Impact of the Phonetic Alphabet on the Development of Western Civilization*, Nueva York, William Morrow, 1986, págs. 60-61.
4. David Diringer, *The Alphabet: A Key to the History of Mankind*, 2.ª edición, Nueva York, Philosophical Library, 1953; Ignace Gelb, *A Study of Writing*, edición revisada, Chicago, University of Chicago Press, 1963 (trad. cast.: *Historia de la escritura*, Madrid, Alianza, 1995).
5. Logan, *The Alphabet Effect*, *op. cit.*, págs. 67-69.
6. L. A. White, *The Evolution of Culture: The Development of Civilization to the Fall of Rome*, Walnut Creek, CA, Left Coast Press, 2007, pág. 356.
7. Logan, *The Alphabet Effect*, *op. cit.*, pág. 70.
8. *Ibidem*, pág. 32.
9. *Ibid.*, pág. 78.
10. Jean-Claude Debeir, Jean-Paul Deléage y Daniel Hémery, *In the Servitude of Power: Energy and Civilization Through the Ages*, Londres, Zed Books, 1991, pág. 21.
11. Lewis Mumford, *The Transformations of Man*, Gloucester, MA, Peter Smith, 1978, pág. 40 (trad. cast.: *Las transformaciones del hombre*, Buenos Aires, Editorial Sur, 1960).
12. Karl A. Wittfogel, *Oriental Despotism: A Comparative Study of Total Power*, Nueva York, Vintage Books, 1981, págs. 254-255 (trad. cast.: *Despotismo oriental: estudio comparativo del poder totalitario*, Barcelona, Guadarrama, 1966).
13. *Ibidem*, pág. 37.
14. Hannah Ritchie y Max Roser, «Urbanization», Our World in Data. Global Change Data Lab, 13 de junio de 2018, <https://ourworldindata.org/urbanization>.
15. Department of Economic and Social Affair, *Rep. World Population Prospects: The 2014 Revision*, Nueva York, ONU, 2015, <https://population.un.org/wup/publications/files/wup2014-report.pdf>.
16. Joram Mayshar, Omer Moav y Luigi Pascali. «The Origin of the State: Land Productivity or Appropriability?», *Journal of Political Economy*, vol. 130, n.º 4, 1 de abril de 2022, <https://doi.org/10.1086/718372>.
17. *Ibidem*, pág. 2.
18. *Ibid.*, pág. 27.
19. *Ibid.*, pág. 37.

20. S. Sunitha, A. U. Akash, M. N. Sheela, y J. Suresh Kumar, «The Water Footprint of Root and Tuber Crops», *Environment, Development and Sustainability*, 26 de enero de 2023, <https://doi.org/10.1007/s10668-023-02955-1>.
21. Cynthia Bannon, *Gardens and Neighbors: Private Water Rights in Roman Italy*, Míchigan, University of Michigan Press, 2009, págs. 65-73; Andrew Wilson, «Water, Power and Culture in the Roman and Byzantine Worlds: An Introduction», *Water History*, vol. 4, n.º 1, 28 de marzo de 2012, págs. 1-9, <https://doi.org/10.1007/s12685-012-0050-2>; Christer Bruun, «Roman Emperors and Legislation on Public Water Use in the Roman Empire: Clarifications and Problems», *Water History*, vol. 4, n.º 1, 28 de marzo de 2012, págs. 11-33, <https://doi.org/10.1007/s12685-012-0051-1>; Edmund Thomas, «Water and the Display of Power in Augustan Rome: The So-Called "Villa Claudia" at Anguillara Sabazia», *Water History*, vol. 4, n.º 1, 28 de marzo de 2012, págs. 57-78, <https://doi.org/10.1007/s12685-012-0055-x>.
22. David Graeber y Dávid Wengrow, *The Dawn of Everything: A New History of Humanity*, Nueva York, Picador/Farrar, Straus and Giroux, 2023 (trad. cast.: *El amanecer de todo: una nueva historia de la humanidad*, Barcelona, Ariel, 2022).
23. Karl A. Wittfogel, *Oriental Despotism: A Comparative Study of Total Power*, Nueva York, Vintage Books, 1981 (trad. cast.: *Despotismo oriental: estudio comparativo del poder totalitario*, Barcelona, Guadarrama, 1966).
24. Robert L. Carneiro, *A Theory of the Origin of the State,* Menlo, Institute for Human Studies, 1977.
25. Margaret T. Hodgen, «Domesday Water Mills», *Antiquity*, vol. 13, n.º 51, septiembre de 1939, pág. 266.
26. Jean-Claude Debeir, Jean-Paul Deléage y Daniel Hémery. *In the Servitude of Power: Energy and Civilization through the Ages*, Londres: Zed Books, 1991, p. 75.
27. *Ibidem*, pág. 76.
28. *Ibid.*, pág. 90.
29. Lynn White, *Medieval Technology and Social Change*, Londres, Oxford University Press, 1962, págs. 128-129 (trad. cast.: *Tecnología medieval y cambio social*, Barcelona, Paidós, 1990).
30. Piotr Steinkeller, *Labor in the Early States: An Early Mesopotamian Perspective*, Institute for the Study of Long-term Economic Trends and the International Scholars Conference on Ancient Near Eastern Economies, 2005, <https://www.academia.edu/35603966/Labor_in_the_Early_States_An_Early_Meso potamian_Perspective>.
31. *Ibidem*, capítulo 1.
32. *Ibid.*, capítulo 2; «Early History to 17th Century: History of Accounting, A

Resource Guide», <https://guides.loc.gov/history-of-accounting/practice/early-history>.

33. *Ibid.,* capítulo 13.
34. Fridolin Krausmann, Karl-Heinz Erb, Simone Gingrich, Helmut Haberl, Alberte Bondeau, Veronika Gaube *et al.*, «Global Human Appropriation of Net Primary Production Doubled in the 20th Century», *PNAS*, vol. 110, n.º 25, junio de 2013, págs. 10324-10329, <https://doi.org/10.1073/pnas.1211349110>; «What Is Net Primary Productivity for Earth?», Earth How, 24 de septiembre de 2023, <https://earthhow.com/net-primary-productivity/>.
35. Lena Hommes, Jaime Hoogesteger y Rutgerd Boelens, «(Re)Making Hydrosocial Territories: Materializing and Contesting Imaginaries and Subjectivities through Hydraulic Infrastructure», *Political Geography*, ScienceDirect, 1 de julio de 2022, <https://www.sciencedirect.com/science/article/pii/S0962629822001123>.
36. *Ibidem*, apartado 4.
37. *Ibid.*
38. *Ibid.*, apartado 5.
39. *Ibid.*, apartado 6.
40. Alice Tianbo Zhang, Johannes Urpelainen y Wolfram Schlenker, «Power of the River: Introducing the Global Dam Tracker (GDAT)», Center on Global Energy Policy at Columbia University, SIPA, noviembre de 2018, <https://www.energypolicy.columbia.edu/sites/default/files/pictures/GlobalDams_CGEP_2018.pdf>.
41. *Ibidem*, apartado 2.
42. Robyn White, «Lake Mead: Where Does It Get Its Water and Is It Filling up?», *Newsweek*, 24 de febrero de 2023, <https://www.newsweek.com/lake-mead-water-filling-colorado-explained-reservoir-1783553>.
43. William E. Smithe, *The Conquest of Arid America*, Washington, D. C., Library of Congress, 1900.
44. A. R. Turton, R. Meissner, P. M. Mampane, y O. Seremo, *A Hydropolitical History of South Africa's International River Basin*, informe de la Water Research Commission, Pretoria, African Water Issues Research Unit (AWIRU), Universidad de Pretoria, 2004.
45. «In Memoriam A. H. H. OBIIT MDCCCXXXIII», Representative Poetry Online, Bibliotecas de la Universidad de Toronto, 1908, <https://rpo.library.utoronto.ca/content/memoriam-h-h-obiit-mdcccxxxiii-all-133-poems>.
46. Christopher Bertram, «Jean-Jacques Rousseau», *Stanford Encyclopedia of Philosophy*, 26 de mayo de 2017, <https://plato.stanford.edu/entries/rousseau/>.
47. Nicolas de Condorcet, «The Progress of the Human Mind», <https://wwnorton.com/college/history/ralph/workbook/ralprs24d.htm>.

48. Brett Bowden, «Civilization and Its Consequences», Oxford Academic, 11 de febrero de 2016, <https://doi.org/10.1093/oxfordhb/9780199935307.013.30>.
49. *Ibidem*, apartado 5; John Stuart Mill, *Essays on Politics and Society*, The Online Library of Liberty, 1977, <https://competitionandappropriation.econ.ucla.edu/wp-content/uploads/sites/95/2016/06/EssaysPolSoc1OnLiberty.pdf>.
50. *Ibid.*, apartado 7; François Guizot, *The History of Civilization in Europe*, Londres, Penguin, 1997 (trad. cast.: *Historia de la civilización en Europa*, Valladolid, Maxtor, 2023).
51. «Franklin Delano Roosevelt, Boulder Dam Dedication Speech, September 30, 1935», *Energy History*, Universidad de Yale, 30 de septiembre de 1935, <https://energyhistory.yale.edu/library-item/franklin-delano-roosevelt-boulder-dam-dedication-speech-sept-30-1935>.
52. «Annual Freshwater Withdrawals, Agriculture (% of Total Freshwater Withdrawal)», World Bank Open Data, <https://data.worldbank.org/indicator/er.h2o.fwag.zs>; Dave Berndtson, «As Global Groundwater Disappears, Rice, Wheat and Other International Crops May Start to Vanish», *PBS*, 17 de abril de 2017, <https://www.pbs.org/newshour/science/global-groundwater-disappears-rice-wheat-international-crops-may-start-vanish>.
53. *Ibidem.*
54. Charles Killinger, *The History of Italy*, Westport, CT, Greenwood Press, 2002, pág. 1; Massimo d'Azeglio, *I miei Ricordi*, Roma, Universidad de Roma La Sapienza, 1891, pág. 5 (trad. cast.: *Mis recuerdos*, 2 vols., Barcelona, Calpe, 1919) .
55. Johann Wolfgang von Goethe, *Werke, Briefe und Gespräche*, 24 vols., *Naturwissenschaftliche Schriften*, vols. 16-17, Zúrich, Artemis, 1948-1953, págs. 921-923.
56. *Ibidem.*
57. Goethe, *Werke, Briefe und Gespräche:* vol. 10, *Dichtung und Wahrheit, op. cit.*, pág. 425.
58. *Ibidem.*

## 3. Guerra de géneros

1. Carol P. Christ, «Women Invented Agriculture, Pottery, and Weaving and Created Neolithic Religion», 18 de mayo de 2020, <https://feminismandreligion.com/2020/05/11/women-invented-agriculture-pottery-and-weaving-by-carol-p-christ/>.
2. W. J. MacLennan y W. I. Sellers, «Ageing through the Ages», *Proceedings of the Royal College of Physicians*, Edimburgo, 1999, 29: 71.
3. Veronica Strang, «Lording It over the Goddess: Water, Gender, and Human-

Environmental Relations», *Journal of Feminist Studies in Religion*, vol. 30, n.º 1, 2014, págs. 85-109.

4. *Ibidem*.
5. Mina Nakatani, «The Myth of Typhon Explained», *Grunge*, 9 de noviembre de 2021, <https://www.grunge.com/655559/the-myth-of-typhon-explained/>.
6. William Young y L. DeCosta, «Water Imagery in Dreams and Fantasies», *Dynamic Psychotherapy*, vol. 5, n.º 1, primavera/verano, 1987, págs. 67-76.
7. Veronica Strang, *The Meaning of Water*, Londres, Routledge, 2014, pág. 86.
8. Veronica Strang, «Taking the Waters: Cosmology, Gender and Material Culture in the Appropriation of Water Resource», en A. Coles y T. Wallace (comps.), *Water, Gender and Development*, Oxford/Nueva York, Berg, 2005, pág. 24.
9. *Ibidem*, págs. 31-32.
10. Charles Sprawson, *Haunts of the Black Masseur: The Swimmer as Hero*, Londres, Vintage Classic, 2018 (trad. cast.: Vicente Wenceslao Querol y Teodoro Llorente, <https://www.cervantesvirtual.com/obra-visor/el-corsario--0/html/fefee926-82b1-11df-acc7-002185ce6064_1.htm>).
11. *Ibidem*, capítulo 9.
12. *Ibid*.
13. *Ibid*., capítulo 15.
14. *Ibid*.
15. «The Gods and Goddesses of Ancient Rome», *National Geographic*, 19 de octubre de 2023, <https://education.nationalgeographic.org/resource/gods-and-goddesses-ancient-rome/>.
16. Emily Holt, *Water and Power in Past Societies*, Nueva York, Suny Press, 2018, págs. 118-119.
17. *Ibidem*.
18. «The Roman Empire: Why Men Just Can't Stop Thinking About It», *Guardian*, 19 de septiembre de 2023, <https://www.theguardian.com/lifeandstyle/2023/sep/19/the-roman-empire-why-men-just-cant-stop-thinking-about-it>.
19. Charles Sprawson, *Haunts of the Black Masseur: The Swimmer as Hero*, *op. cit.*, ver nota 10.
20. *Ibidem*.
21. Claire Colebrook, «Blake and Feminism: Romanticism and the Question of the Other», *Blake/An Illustrated Quarterly*, vol. 34, n.º 1, 2000, págs. 4-13, <https://bq.blakearchive.org/34.1.colebrook>.
22. *Ibidem*.
23. Donald Worster, *Nature's Economy*, Cambridge, Cambridge University Press, 1977, pág. 30.
24. Claire Colebrook, «Blake and Feminism», art. cit., véase nota 21.

25. Samuel Baker, *Written on the Water: British Romanticism and the Maritime Empire of Culture*, Charlottesville, University of Virginia Press, 2010, pág. 14.
26. *Ibidem*.
27. Béatrice Laurent, «Essay», en *Water and Women in the Victorian Imagination*, Oxford, Peter Lang Ltd., 2021, págs. 72-73.
28. *Ibidem*.
29. Elaine Showalter, *The Female Malady: Women, Madness, and English Culture, 1830-1980*, Londres, Virago Press, 1985.
30. «2.1 Billion People Lack Safe Drinking Water at Home, More than Twice as Many Lack Safe Sanitation», OMS, 12 de julio de 2017, <https://www.who.int/news/item/12-07-2017-2-1-billion-people-lack-safe-drinking-water-at-home-more-than-twice-as-many-lack-safe-sanitation>.
31. Bethany Caruso, «Women Still Carry Most of the World's Water», *The Conversation* U.S., Inc., 16 de julio de 2017, <https://theconversation.com/women-still-carry-most-of-the-worlds-water-81054>.
32. Jody Ellis, «When Women Got the Right to Vote in 50 Countries», *Stacker*, 15 de septiembre de 2022, <https://stacker.com/world/when-women-got-right-vote-50-countries>.
33. Margreet Zwarteveen, «Men, Masculinities and Water Powers in Irrigation», *Water Alternatives*, vol. 1, n.º 1, 2008, pág. 114, <https://www.water-alternatives.org/index.php/allabs/19-a-1-1-7/file>.
34. Judy Wajcman, «Feminism Confronts Technology», Wiley.com, 2 de septiembre de 1991, <https://www.wiley.com/en-us/Feminism+Confronts+Technology-p-9780745607788>.
35. Margreet Zwarteveen, «Men, Masculinities and Water Powers in Irrigation», art. cit., véase nota 33.
36. Kuntala Lahiri-Dutt, *Fluid Bonds: Views on Gender and Water*, Calcuta, Stree Books, 2006, pág. 44.
37. *Ibidem*, pág. 30.

## 4. La transformación paradigmática del capitalismo en hidroísmo

1. Martín A. Delgado, «Water for Thermal Power Plants: Understanding a Piece of the Water-Energy Nexus», *Global Water Forum*, 22 de junio de 2015, <https://globalwaterforum.org/2015/06/22/water-for-thermal-power-plants-understanding-a-piece-of-the-water-energy-nexus/>; Martín A. Delgado, «Water Footprint of Electric Power Generation: Modeling its Use and Analyzing Options for a Water-Scarce Future», Cambridge, MA, MIT, 2012.

2. «Summary of Estimated Water Use in the United States in 2015», Fact Sheet 2018-3035, U.S. Department of the Interior, junio de 2018, <https://pubs.usgs.gov/fs/2018/3035/fs20183035.pdf>.
3. James Kanter, «Climate Change Puts Nuclear Energy into Hot Water», *New York Times*, 20 de mayo de 2007, <https://www.nytimes.com/2007/05/20/health/20iht-nuke.1.5788480.html>; «Cooling Power Plants: Power Plant Water Use for Cooling World Nuclear Association», septiembre de 2020, <https://world-nuclear.org/information-library/current-and-future-generation/cooling-power-plants.aspx>; «Nuclear Power Plants Generated 68 % of France's Electricity in 2021», página web de la U.S. Energy Information Administration (EIA), <https://www.eia.gov/todayinenergy/detail.php?id=55259>.
4. Forrest Crellin, «High River Temperatures to Limit French Nuclear Power Production», Reuters, 12 de julio de 2023, <https://www.reuters.com/business/energy/high-river-temperatures-limit-french-nuclear-power-production-2023-07-12/>.
5. «Water in Agriculture», Banco Mundial, 5 de octubre de 2022, <https://www.worldbank.org/en/topic/water-in-agriculture», «Water Scarcity», World Wildlife Fund (WWF), <https://www.worldwildlife.org/threats/water-scarcity>; «Farms Waste Much of World's Water», *Wired*, Condé Nast, 19 de marzo de 2006, <https://www.wired.com/2006/03/farms-waste-much-of-worlds-water/>.
6. Martin C. Heller y Gregory A. Keoleian, *Life Cycle-Based Sustainability Indicators for Assessment of the U.S. Food System*, Ann Arbor, MI, Center for Sustainable Systems, Universidad de Míchigan, 2000, pág. 42.
7. Alena Lohrmann, Javier Farfan, Upeksha Caldera, Christoph Lohrmann, y Christian Breyer, «Global Scenarios for Significant Water Use Reduction in Thermal Power Plants Based on Cooling Water Demand Estimation Using Satellite Imagery», Universidad Politécnica de Lappeenranta, 2019, doi: 10.1038/s41560-019-0501-4.
8. «All Renewable Power Could Mean 95 Percent Cut in Water Consumption», Water Footprint Calculator, 9 de septiembre de 2022, <https://www.watercalculator.org/news/news-briefs/renewable-power-95-percent-water-cut/>.
9. John Locke, *Two Treatises of Government*, Londres, Phoenix, Everyman, 1993 (trad. cast.: *Dos ensayos sobre el gobierno civil*, Madrid, Espasa, 1997).
10. *Ibidem.*
11. «Photosynthesis», *National Geographic*, 22 de enero de 2024, <https://education.nationalgeographic.org/resource/photosynthesis/>.
12. «Soil Composition», Universidad de Hawái en Manoa, 2023, <https://www.ctahr.hawaii.edu/mauisoil/a_comp.aspx>, Smithsonian National Museum of

Natural History, «¡Dig It! The Secrets of Soil», <https://forces.si.edu/soils/04_00_13.html>.

13. J. Gordon Betts, Peter DeSaix, Eddie Johnson, Jody E. Johnson, Oksana Korol, Dean H. Kruse, *et al.*, *Anatomy and Physiology*, Houston, OpenStax College, Universidad de Rice, 2013, pág. 43; Curt Stager, *Your Atomic Self, op. cit.*, pág. 197.
14. «How Much Oxygen Comes from the Ocean?», NOAA's National Ocean Service, <https://oceanservice.noaa.gov/facts/ocean-oxygen.html#:~:text=Scientists%20estimate%20that%20roughly%20half,smallest%20photosynthetic%20organism%20on%20Earth>.
15. Graham P. Harris, *Phytoplankton Ecology: Structure, Function and Fluctuation*, Londres, Chapman and Hall, 1986; Yadigar Sekerci y Sergei Petrovskii, «Global Warming Can Lead to Depletion of Oxygen by Disrupting Phytoplankton Photosynthesis: A Mathematical Modelling Approach», *Geosciences*, vol. 8, n.° 6, 3 de junio de 2018, doi:10.3390/geosciences8060201.
16. Tony Allan, «The Virtual Water Concept», *We World Energy, Water Stories*, marzo de 2020, <https://www.eni.com/static/en-IT/world-energy-magazine/water-stories/We_WorldEnergy_46_eng.pdf>.
17. Andrew Farmer, Samuela Bassi, y Malcolm Fergusson, «Water Scarcity and Droughts», *Study*, Parlamento Europeo, febrero de 2008, pág. 35.
18. «Water Use: Virtual Water», Water Education Foundation, <https://www.watereducation.org/post/water-use-virtual-water>; «Virtual Water», *Econation*, 21 de diciembre de 2020, <https://econation.one/virtual-water/>; Thomas M. Kostigen, *The Green Blue Book: The Simple Water-Savings Guide to Everything in Your Life*, Nueva York, Rodale Books, 2010.
19. Nicholas Kristof, «When One Almond Gulps 3.2 Gallons of Water», *New York Times*, 13 de mayo de 2023, <https://www.nytimes.com/2023/05/13/opinion/water-shortage-west.html>; Julian Fulton, Michael Norton y Fraser Shilling, «Water-indexed Benefits and Impacts of California Almonds», *Ecological Indicators*, vol. 96, n.° 1, 2019, págs. 711-717, <https://www.sciencedirect.com/science/article/pii/S1470160X17308592>.
20. Arjen Hoekstra y Ashok Chapagain, «Water Footprints of Nations: Water Use by People as a Function of Their Consumption Pattern», *Integrated Assessment of Water Resources and Global Change*, vol. 21, n.° 1, abril de 2007, pág. 35-48, <https://doi.org/10.1007/978-1-4020-5591-1_3>.
21. Tony Allan, «The Virtual Water Concept», art. cit., véase nota 16.
22. W. Z. Yang, L. Xu, Y. L. Zhao, L. Y. Chen y T. A. McAllister, «Impact of Hard vs. Soft Wheat and Monensin Level on Rumen Acidosis in Feedlot Heifers», *Journal of Animal Science*, vol. 92, n.° 11, noviembre de 2014, págs. 5088-5098, doi: 10.2527/jas.2014-8092.

23. Anjuli Jain Figueroa, «How Much Water Did You Eat Today?», MIT J-WAFS, 7 de agosto de 2018, <https://jwafs.mit.edu/news/2018/j-wafs-news letter- highlight-how-much-water-did-you-eat-today>.
24. Tony Allan, «The Virtual Water Concept», art. cit., véase nota 16.
25. *Ibidem.*
26. Mahima Shanker, «Virtual Water Trade», Maithri AquaTech, 25 de mayo de 2022, <https://www.maithriaqua.com/post/virtual-water-trade>.
27. Erick Burgueño Salas, «Water Company Market Value Worldwide 2022», *Statista*, 17 de mayo de 2023, <https://www.statista.com/statistics/1182423/leading-wa ter-utilities-companies-by-market-value-worldwide/#:~:text=The%20water%20 company%20with%20the,than%2029.4%20billion%20U.S.%20dollars>.
28. Scott Lincicome, «Examining America's Farm Subsidy Problem», Instituto Cato, 18 de diciembre de 2020, <https://www.cato.org/commentary/examining-americas-farm-subsidy-problem>.
29. Tony Allan, «The Virtual Water Concept», art. cit., véase nota 16.
30. «America Is Using up its Groundwater», *New York Times*, <https://www.nytimes.com/interactive/2023/08/28/climate/groundwater-drying-climate-change.html?action=click&module=Well&pgtype=Homepage&section=Climate%20 and%20Environment>.
31. *Ibidem.*
32. *Ibid.*
33. Michele Thieme, «We Have Undervalued Freshwater; We Have Also Undervalued How Much It Matters», WWF, 16 de octubre de 2023, <https://www.worldwildlife.org/blogs/sustainabilityworks/posts/we-have-undervalued-fresh water-we-have-also-undervalued-how-much-it-matters#:~:text=When%20 considering%20the%20total%20footprint,%2C%20Japan%2C%20Germany %20and%20India>.
34. Drew Swainston, «12 Drought-Tolerant Vegetables That Will Grow Well in Dry Conditions», *Homes & Gardens*, 1 de junio de 2023, <https://www.homes andgardens.com/gardens/best-drought-tolerant-vegetables>.
35. Tyler Ziton, «30 Best Drought-Tolerant Fruit and Nut Trees (Ranked)», Couch to Homestead, 28 de octubre de 2021, <https://couchtohomestead.com/drought-tolerant-fruit-and-nut-trees/>.
36. George Steinmetz, «A Five-Step Plan to Feed the World», Feeding 9 Billion, *National Geographic*, <https://www.nationalgeographic.com/foodfeatures/feed ing-9-billion/>.
37. Will Henley, «Will We Ever See Water Footprint Labels on Consumer Products?», *Guardian*, 23 de agosto de 2013, <https://www.theguardian.com/sus tainable-business/water-footprint-labels-consumer-products>.

38. Cynthia Larson, «Evidence of Shared Aspects of Complexity Science and Quantum Phenomena», *Cosmos and History: Journal of Natural and Social Philosophy*, vol. 12, n.º 2, 2016.
39. David Wallace Wells, «Can We Put A Price on Climate Damages?», *New York Times*, 20 de septiembre de 2023, <https://www.nytimes.com/2023/09/20/opinion/can-we-put-a-price-on-climate-damages.html>.
40. Abrahm Lustgarten y Meridith Kohut, «Climate Change Will Force a New American Migration», *ProPublica*, 15 de septiembre de 2020, <https://www.propublica.org/article/climate-change-will-force-a-new-american-migration>.
41. Laura Lightbody y Brian Watts, «Repeatedly Flooded Properties Will Continue to Cost Taxpayers Billions of Dollars», *The Pew Charitable Trusts*, 1 de octubre de 2020, <https://www.pewtrusts.org/en/research-and-analysis/articles/2020/10/01/repeatedly-flooded-properties-will-continue-to-cost-taxpayers-billions-of-dollars>.
42. Abrahm Lustgarten y Meridith Kohut, «Climate Change Will Force a New American Migration», art. cit., véase nota 40.
43. Christopher Flavelleer, Rick Rojas, Jim Tankersley y Jack Healy, «Mississippi Crisis Highlights Climate Threat to Drinking Water Nationwide», *New York Times*, 1 de septiembre de 2022, <https://www.nytimes.com/2022/09/01/us/mississippi-water-climate-change.html?smid=nytcore-ios-share&referringSource=articleShare>.
44. *Ibidem.*
45. *Ibid.*
46. *Ibid.*
47. *Ibid.*
48. Aubri Juhasz, «Philadelphia Schools Close Due to High Temperatures and No Air Conditioning», *NPR*, 31 de agosto de 2022, <https://www.npr.org/2022/08/31/1120355494/philadelphia-schools-close-due-to-high-temperatures-and-no-air-conditioning>.
49. *Ibidem.*
50. *Ibid.*
51. *Ibid.*

## 5. La agonía y el renacimiento del Mediterráneo

1. Patrick J. Kiger, «How Mesopotamia Became the Cradle of Civilization», *History*, 10 de noviembre de 2020, <https://www.history.com/news/how-mesopotamia-became-the-cradle-of-civilization>.
2. *Ibidem.*
3. N. S. Gill, «The Tigris River: Cradle of the Mesopotamian Civilization», *ThoughtCo.*, 30 de mayo de 2019, <https://www.thoughtco.com/the-tigris-river-119231>.
4. Thorkild Jacobsen y Robert M. Adams, «Salt and Silt in Ancient Mesopotamian Agriculture: Progressive Changes in Soil Salinity and Sedimentation Contributed to the Breakup of Past Civilizations», *Science*, vol. 128, n.º 3334, 21 de noviembre de 1958, págs. 1251-1252.
5. *Ibidem.*
6. *Ibid.*
7. *Ibid.*
8. *Ibid.*
9. Fred Pearce, *Keepers of the Spring: Reclaiming Our Water in an Age of Globalization*, Washington D. C., Island Press, 2004.
10. Eli Kotzer, «Artificial Kidneys for the Soil — Solving the Problem of Salinization of the Soil and Underground Water», *Desalination*, vol. 185, n.º 1-3, 2005, págs. 71-77.
11. Shepard Krech, John Robert McNeill y Carolyn Merchant, *Encyclopedia of World Environmental History*, Nueva York, Routledge, 2004, págs. 1089-1090.
12. Jeremy Rifkin, *The Empathic Civilization: The Race to Global Consciousnes in a World in Crisis*, Nueva York, TarcherPerigee, 2009, pág. 2 (trad. cast.: *La civilización empática: la carrera hacia una conciencia global en un mundo en crisis*, Barcelona, Paidós, 2014, págs. 13-14).
13. IPCC, *Rep. Climate Change: The Physical Science Basis. Working Group I Contribution to the IPCC Sixth Assessment Report*, Cambridge, Cambridge University Press, 2021, <https://report.ipcc.ch/ar6/wg1/IPCC_AR6_WGI_FullReport.pdf>.
14. WMO, *2022 State of Climate Services Energy*, WMO, n.º 1301, 2022, <https://library.wmo.int/viewer/58116?medianame=1301_WMO_Climate_services_Energy_en_#page=2&viewer=picture&o=bookmarks&n=0&q=>.
15. *Ibidem.*
16. Josh Klemm e Isabella Winkler, «Which of the World's Hundreds of Thousands of Aging Dams Will Be the Next to Burst?», *New York Times*, 17 de septiembre de 2023, <https://www.nytimes.com/2023/09/17/opinion/libya-floods-dams.html>.

17. WMO, *2022 State of Climate Services*, *op. cit.*, pág. 4, véase nota 14.
18. FAO, «The Mediterranean Eco-Region», NTPC Document (NWFP FAO), <https://www.fao.org/3/x5593e/x5593e02.htm#:~:text=This%20eco%2Dregion%20covers%20the,terrestrial%2C%20freshwater%20and%20marine%20ecosystems>.
19. E. W. Ali, J. Cramer, E. Carnicer, N. Georgopoulou, G. Hilmi, Le Cozannet y P. Lionello, «Cross-Chapter Paper 4: Mediterranean Region», en H.-O. Pörtner, D. C. Roberts, M. Tignor, E. S. Poloczanska, K. Mintenbeck, A. Alegría *et al.* (comps.), *Climate Change 2022: Impacts, Adaptation and Vulnerability: Contribution of Working Group II to the Sixth Assessment Report of the Intergovernmental Panel on Climate Change*, Cambridge y Nueva York, Cambridge University Press, págs. 2233-2272. doi:10.1017/9781009325844.021, <https://www.ipcc.ch/report/ar6/wg2/chapter/ccp4/>.
20. «Climate Change in the Mediterranean», UNEPMAP, <www.unep.org/unepmap/resources/factsheets/climate-change>.
21. Alexandre Tuel, Suchul Kang y Elfatih A. Eltahir, «Understanding Climate Change over the Southwestern Mediterranean Using High-Resolution Simulations», *Climate Dynamics*, vol. 56, n.º 3-4, 2 de noviembre de 2020, págs. 985-1001, <https://doi.org/10.1007/s00382-020-05516-8>.
22. «Climate Change in the Mediterranean», art. cit., véase nota 20.
23. MIT Climate Portal, «Why the Mediterranean Is a Climate Change Hotspot», *MIT News*, 17 de junio de 2020, <https://news.mit.edu/2020/why-mediterranean-climate-change-hotspot-0617>.
24. Samya Kullab, «Politics, Climate Conspire as Tigris and Euphrates Dwindle», *AP News*, 18 de noviembre de 2022, <https://apnews.com/article/iran-middle-east-business-world-news-syria-3b8569a74d798b9923e2a8b812fa1fca>.
25. Hamza Ozguler y Dursun Yildiz, «Consequences of the Droughts in the Euphrates — Tigris Basis», *Water Management and Diplomacy*, vol. 1, 2020, <https://dergipark.org.tr/tr/download/article-file/1151377>.
26. Tomer Barak y Hay Eytan Cohen Yanarocak, «Confronting Climate Change, Turkey Needs "Green" Leadership Now More than Ever», Middle East Institute, 25 de enero de 2022, <https://www.mei.edu/publications/confronting-climate-change-turkey-needs-green-leadership-now-more-ever>.
27. M. Türkeş, «İklim Verileri Kullanılarak Türkiye'nin Çölleşme Haritası: Dokümanı Hazırlanması Raporu», Orman ve Su İşleri Bakanlığı, Çölleşme ve Erozyonla Mücadele Genel Müdürlüğü, Ankara, 2013, pág. 57, <https://www.researchgate.net/publication/293334692_Iklim_VerileriKullanilarak_Turkiye'nin_Colleme_Haritasi_Dokumani_Hazirlanmasi_Raporu>.

28. Caterina Scaramelli, «The Lost Wetlands of Turkey», *MERIP*, 20 de octubre de 2020, <https://merip.org/2020/10/the-lost-wetlands-of-turkey/>.
29. Abbie Cheeseman, «Iraq's Mighty Rivers Tigris and Euphrates "Will Soon Run Dry"», *The Times*, 3 de diciembre de 2021, <https://www.thetimes.co.uk/article/iraqs-mighty-rivers-tigris-and-euphrates-will-soon-run-dry-q5h72g5sk>.
30. *Ibidem.*
31. Samya Kullab, «Politics, Climate Conspire as Tigris and Euphrates Dwindle», *Associated Press*, 18 de noviembre de 2022, <https://apnews.com/article/iran-middle-east-business-world-news-syria-3b8569a74d798b9923e2a8b812fa1fca>.
32. *Ibidem.*
33. IOM Iraq, «Migration, Environment, and Climate Change in Iraq», ONU, <https://iraq.un.org/en/194355-migration-environment-and-climate-change-iraq>.
34. «A 3,400-Year-Old City Emerges from the Tigris River», Universidad de Tubinga, 30 de mayo de 2022, <https://uni-tuebingen.de/en/university/news-and-publications/press-releases/press-releases/article/a-3400-year-old-city-emerges-from-the-tigris-river/>.
35. Paul Hockenos, «As the Climate Bakes, Turkey Faces a Future without Water», *Yale E360*, 30 de septiembre de 2021, <https://e360.yale.edu/features/as-the-climate-bakes-turkey-faces-a-future-without-water>.
36. *Ibidem.*
37. *Ibid.*
38. *Ibid.*
39. Ercan Ayboga, «Policy and Impacts of Dams in the Euphrates and Tigris Basins», *Paper for the Mesopotamia Water Forum 2019*, Sulaymaniyah, Kurdistán, Región de Irak, vol. 2, <https://www.savethetigris.org/wp-content/uploads/2019/01/Paper-Challenge-B-Dams-FINAL-to-be-published.pdf>; Ercan Ayboga e Akgun Ilhan, «Iran's Dam Policy and the Case of Lake Urmia», 2012, <https://www.academia.edu/1231045/Irans_Dam_Policy_and_the_Case_of_the_Lake_Urmia/>; Kaveh Madani, «Water Management in Iran: What Is Causing the Looming Crisis?», *Journal of Environmental Studies and Sciences*, vol. 4, n.º 4, 2014, págs. 315-328.
40. «10 Years on, Turkey Continues Its Support for an Ever-Growing Number of Syrian Refugees», Banco Mundial, 22 de junio de 2021, <https://www.worldbank.org/en/news/feature/2021/06/22/10-years-on-turkey-continues-its-support-for-an-ever-growing-number-of-syrian-refugees>; «Climate Change, War, Displacement, and Health: The Impact on Syrian Refugee Camps —

Syrian Arab Republic», *ReliefWeb*, 20 de septiembre de 2022, <https://reliefweb.int/report/syrian-arab-republic/climate-change-war-displacement-and-health-impact-syrian-refugee-camps>.

41. «Istanbul Population 2023», <https://worldpopulationreview.com/world-cities/istanbul-population>.
42. Akgün İlhan, «Istanbul's Water Crisis», *Green European Journal*, 8 de noviembre de 2021, <https://www.greeneuropeanjournal.eu/istanbuls-water-crisis/>.
43. Katy Dartford, «Turkey Faces Its Most Severe Drought in a Decade», Euronews, 14 de enero de 2021, <https://www.euronews.com/my-europe/2021/01/14/pray-for-rain-ceremonies-are-useless-turkey-faces-its-most-severe-drought-in-a-decade>.
44. Akgün İlhan, «Istanbul's Water Crisis», véase nota 42.
45. Dave Chambers, «Icebergs to Save Cape Town from Drought Would Be Drop in the Ocean», *News24*, 11 de enero de 2023, <https://www.news24.com/news24/bi-archive/icebergs-to-save-cape-town-from-drought-would-be-drop-in-the-ocean-2023-1#>; Alan Condron, «Towing Icebergs to Arid Regions to Reduce Water Scarcity», *Scientific Reports*, vol. 13, n.º 1, 7 de enero de 2023, <https://doi.org/10.1038/s41598-022-26952-y>.
46. William Hale, «Turkey's Energy Dilemmas: Changes and Challenges», *Middle Eastern Studies*, vol. 58, n.º 3, 2022, pág. 453, doi: 10.1080/00263206.2022.2048478.
47. *Turkey 2021: Energy Policy Review*, International Energy Agency, marzo de 2021, <https://iea.blob.core.windows.net/assets/cc499a7b-b72a-466c-88de-d792a9daff44/Turkey_2021_Energy_Policy_Review.pdf>.
48. William Hale, «Turkey's Energy Dilemmas», art. cit., véase nota 46.
49. «Renewable Power's Growth is being Turbocharged as Countries Seek to Strengthen Energy Security», International Energy Agency, 6 de diciembre de 2022, <https://www.iea.org/news/renewable-power-s-growth-is-being-turbocharged-as-countries-seek-to-strengthen-energy-security>.
50. Gareth Chetwynd, «Spain Eyes Massive Solar and Wind Boosts under New Energy Plan», *Recharge*, 29 de junio de 2023, <https://www.rechargenews.com/energy-transition/spain-eyes-massive-solar-and-wind-boosts-under-new-energy-plan/2-1-1477558>.
51. *Ibidem.*
52. Shaheena Uddin, «For Five Hours Last Week Greece Ran Entirely on Electricity from Solar, Wind and Water», *Sky News*, 14 de octubre de 2022, <https://news.sky.com/story/for-five-hours-last-week-greece-ran-entirely-on-electricity-from-solar-wind-and-water-12720353#:~:text=Greece%20ran%20entirely%20on%20rene>.
53. Monica Tyler Davies, «A New Fossil Free Milestone: $11 Trillion Has Been

Committed to Divest from Fossil Fuels», 350 Action, 11 de septiembre de 2019, <https://350.org/11-trillion-divested/>.

54. Agencia Internacional de la Energía, «World Energy Outlook 2022 Shows the Global Energy Crisis Can Be a Historic Turning Point Towards a Cleaner and More Secure Future», IEA50, 27 de octubre de 2022, <https://www.iea.org/news/world-energy-outlook-2022-shows-the-global-energy-crisis-can-be-a-historic-turning-point-towards-a-cleaner-and-more-secure-future>.
55. William Hale, «Turkey's Energy Dilemmas», art. cit., véase nota 46.
56. *Ibidem.*
57. Elena Ambrosetti, «Demographic Challenges in the Mediterranean», *Mediterranean Yearbook 2020*, IEMed, <https://www.iemed.org/wp-content/uploads/2021/01/Demographic-Challenges-in-the-Mediterranean.pdf>.
58. *Turkey_2021_Energy_Policy_Review, op. cit.*, véase nota 47.
59. «Turkey Green Energy and Clean Technologies», International Trade Administration, 22 de abril de 2022, <https://www.trade.gov/market-intelligence/turkey-green-energy-and-clean-technologies>.
60. «Turkey's Installed Solar Power Capacity to Exceed 30 GW by 2030», *Daily Sabah*, 20 de junio de 2022, <https://www.dailysabah.com/business/energy/turkeys-installed-solar-power-capacity-to-exceed-30-gw-by-2030>.
61. Burhan Yuksekkas, «Turkish Companies Go Solar at Record Pace to Cut Energy Costs», Bloomberg, 1 de diciembre de 2022, <https://www.bloomberg.com/news/articles/2022-12-01/turkey-solar-panel-demand-booms-as-companies-avoid-rising-power-costs>.
62. *Ibidem.*
63. «Turkey's Installed Solar Power Capacity», art. cit., véase nota 60.
64. A. J. Dellinger, «Gigawatt: The Solar Energy Term You Should Know About», CNET, 16 de noviembre de 2021, <https://www.cnet.com/home/energy-and-utilities/gigawatt-the-solar-energy-term-you-should-know-about/>.
65. Joyce Lee y Feng Zhao, *Global Wind Report 2022*, Global Wind Energy Council, 4 de abril de 2022, pág. 138, <https://gwec.net/wp-content/uploads/2022/04/Annual-Wind-Report-2022_screen_final_April.pdf>.
66. «Turkey Reaches 10 GW Wind Energy Milestone», Wind Europe, 9 de septiembre de 2021, <https://windeurope.org/newsroom/news/turkey-reaches-10-gw-wind-energy-milestone/>.
67. Alfredo Parres, «Grid Integration Key to Turkey's Wind Power Success», ABB Conversations, 30 de marzo de 2015, <https://www.abb-conversations.com/2015/03/grid-integration-key-to-turkeys-wind-power-success/>.
68. «Turkey Holds 75 Gigawatts of Offshore Wind Energy Potential», *Daily Sabah*, 19 de abril de 2021, <https://www.dailysabah.com/business/energy/turkey-

holds-75-gigawatts-of-offshore-wind-energy-potential>; *Turkey_2021_Energy_Policy_Review*, *op. cit.*, véase nota 60; Eylem Yilmazu Ulu y Omer Altan Dombayci, «Wind Energy in Turkey: Potential and Development», *Eurasia Proceedings of Science, Technology, Engineering, and Mathematics*, vol. 4, 2018, págs. 132-136, <http://www.epstem.net/tr/download/article-file/595454>.

69. «Turkey Reaches 10 GW Wind Energy Milestone», Wind Europe, 9 de septiembre de 2021, <https://windeurope.org/newsroom/news/turkey-reaches-10-gw-wind-energy-milestone/>.

70. Takvor Soukissian, Flora E. Karathanasi y Dimitrios K. Zaragkas, «Exploiting Offshore Wind and Solar Resources in the Mediterranean Using ERA5 Reanalysis Data, 2021», Energy Conversion and Management, 237, 1 de junio de 2021, <https://arxiv.org/pdf/2104.00571.pdf>.

71. «The Hydrogen Colour Spectrum», National Grid Group, <https://www.nationalgrid.com/stories/energy-explained/hydrogen-colour-spectrum#:~:text=Grey%20hydrogen,gases%20made%20in%20the%20process>; Catherine Clifford, «Hydrogen Power is Gaining Momentum, but Critics Say it's neither Efficient nor Green Enough», CNBC, 6 de enero de 2022, <https://www.cnbc.com/2022/01/06/what-is-green-hydrogen-vs-blue-hydrogen-and-why-it-matters.html>.

72. Turner Jackson, «3 Questions: Blue Hydrogen and the World's Energy Systems», *MIT News*, MIT Energy Initiative, 17 de octubre de 2022, <https://news.mit.edu/2022/3-questions-emre-gencer-blue-hydrogen-1017#:~:text=hydrogen%20%20production%20%20processes.-,Natural%20%20gas%20%2Dbased%20%20hydrogen%20%20production%20%20with%20%20carbon%20%20capture%20%20and%20%20storage,a%20%20low%20%2Dcarbon%20%20energy%20%20carrier>; Jane Marsh, «Hydrogen for Clean Energy Could Be Produced from Seawater», *Sustainability Times*, 19 de octubre de 2022, <https://www.sustainability-times.com/low-carbon-energy/hydrogen-for-clean-energy-could-be-produced-from-seawater/>; Shawn Johnson, «Water-Splitting Device Solves Puzzle of Producing Hydrogen Directly from Seawater», *BusinessNews*, 6 de diciembre de 2022, <https://biz.crast.net/water-splitting-device-solves-puzzle-of-producing-hydrogen-directly-from-seawater/>; Yun Kuang, Michael J. Kenney, Yongtao Meng, Wei-Hsuan Hung, Yijin Liu, Jianan Erick Huang *et al.*, «Solar-Driven, Highly Sustained Splitting of Seawater into Hydrogen and Oxygen Fuels», *Proceedings of the National Academy of Science*, vol. 116, n.° 14, 2 de abril de 2019, <https://www.pnas.org/doi/10.1073/pnas.1900556116#bibliography>.

73. Darius Snieckus, «World's Largest Floating Wind-Fueled H2 Hub in Frame for Italian Deepwater "by 2027"», *Recharge*, 26 de septiembre de 2022, <https://

www.rechargenews.com/energy-transition/worlds-largest-floating-wind-fuell ed-h2-hub-in-frame-for-italian-deepwater-by-2027/2-1-1320795>.

74. «The Precautionary Principle», *Eur-Lex*, 30 de noviembre de 2016, <https://eurlex.europa.eu/EN/legal-content/summary/the-precautionary-principle.html>.
75. *Ibidem.*
76. Martina Bocci y Francesca Coccon, «Using Ecological Sensitivity to Guide Marine Renewable Energy Potentials in the Mediterranean Region», *Interreg Mediterranean Fact Sheet*, 2020, pág. 1, <https://planbleu.org/wp-content/uploads/2021/03/MBPC_Technical_Factsheet_on_BAT___BEP_for_Mari ne_Renewable_Energy_FINAL.pdf>.
77. *Ibidem*, pág. 12.
78. *Ibid.*, pág. 14.
79. «Renewable Energy - Powering a Safer Future», ONU, <https://www.un.org/en/climatechange/raising-ambition/renewable-energy> (trad. cast.: «Energías renovables: energías para un futuro más seguro», <https://www.un.org/es/climatechange/raising-ambition/renewable-energy>).
80. Antonio Zapata-Sierra, Mila Cascajares, Alfredo Alcayde y Francisco Manzano-Agugliaro, «Worldwide Research Trends on Desalination», *Desalination*, vol. 519, 1 de diciembre de 2021, <https://www.sciencedirect.com/science/article/pii/S0011916421003763>.
81. *Ibidem*, apartado 1.
82. John Tonner, «Barriers to Thermal Desalination in the United States», *Desalination and Wate Purification Research and Development Program Report*, n.° 144, U.S. Department of the Interior Bureau of Reclamation, marzo de 2008, <https://www.usbr.gov/research/dwpr/reportpdfs/report144.pdf>.
83. Hesham R. Lofty, Jan Staš y Hynek Roubík, «Renewable Energy Powered Membrane Desalination — Review Of Recent Development», *Environmental Science and Pollution Research*, vol. 29, 2022, <https://link.springer.com/article/10.1007/s11356-022-20480-y>.
84. Abdul Latif Jameel, «Fresh Water; Fresh Ideas. Can Renewable Energy be the Future of Desalination?», 16 de noviembre de 2020, <https://alj.com/en/pers pective/fresh-water-fresh-ideas-can-renewable-energy-be-the-future-of-desa lination/>; Laura F. Zarza, «Spanish Desalination Know How, a Worldwide Benchmark», *Smart Water Magazine*, 28 de febrero de 2022, <https://smartwa termagazine.com/news/smart-water-magazine/spanish-desalination-know-how-a-worldwide-benchmark>.
85. Hesham R. Lofty, Jan Staš y Hynek Roubík, «Renewable Energy Powered Membrane Desalination», art. cit., véase nota 83.

86. Molly Walton, «Desalinated Water Affects the Energy Equation in the Middle East», International Energy Agency, 21 de enero de 2019, <https://www.iea.org/commentaries/desalinated-water-affects-the-energy-equation-in-the-middle-east>.
87. «Water Desalination Using Renewable Energy», IEA-ETSAP, IRENA Technology Brief, 12 de marzo de 2012, pág. 1, <https://www.irena.org/-/media/Files/IRENA/Agency/Publication/2012/IRENA-ETSAP-Tech-Brief-I12-Water-Desalination.pdf>.
88. «Global Clean Water Desalination Alliance (GCWDA)», Global Clean Water Desalination Alliance (GCWDA), Climate Initiatives Platform, <https://climateinitiativesplatform.org/index.php/Global_Clean_Water_Desalination_Alliance_(GCWDA)>.
89. Abdul Latif Jameel, «Fresh Water; Fresh Ideas», art. cit., véase nota 84; «The Role of Desalination in an Increasingly Water-Scarce World», Grupo Banco Mundial, 2019, pág. 57, <https://documents1.worldbank.org/curated/en/476041552622967264/pdf/135312-WP-PUBLIC-14-3-2019-12-3-35-W.pdf>.
90. Abdul Latif Jameel, «Fresh Water; Fresh Ideas», art. cit., véase nota 84.
91. Aidan Lewis, «Egypt to Build 21 Desalination Plants in Phase 1 of Scheme — Sovereign Fund», Reuters, 1 de diciembre de 2022, <https://www.reuters.com/markets/commodities/egypt-build-21-desalination-plants-phase-1-scheme-sovereign-fund-2022-12-01/>.
92. «Acciona Starts Construction of Jubail 3B Desalination Plant in Saudi Arabia», comunicado de prensa de Acciona, 9 de junio de 2022, <https://www.acciona.com/updates/articles/acciona-starts-construction-jubail-3b-desalination-plant-saudi-arabia/?_adin=02021864894>.
93. Susan Kraemer, «Australia Gets Ten Times Bigger Solar Farm Following Carbon Tax», *CleanTechnica*, 2 de septiembre de 2011, <https://cleantechnica.com/2011/09/01/australia-gets-ten-times-bigger-solar-farm-following-carbon-tax/>.
94. Simon Atkinson, «Precisely Controlling the Density of Water Filtration Membranes Increases Their Efficiency, Shows Research», *Membrane Technology*, n.° 8, 11 de diciembre de 2021, págs. 5-6, <https://doi.org/10.1016/s0958-2118(21)00124-5>.
95. David L. Chandler, «Turning Desalination Waste into a Useful Resource», MIT, 15 de mayo de 2019, <https://energy.mit.edu/news/turning-desalination-waste-into-a-useful-resource/>.
96. Daniel Hickman y Raffaele Molinari, «Can Brine from Seawater Desalination Plants Be a Source of Critical Metals?», *ChemistryViews*, 25 de septiembre de

2023, <https://www.chemistryviews.org/details/ezine/11347408/can_brine_from_seawater_desalination_plants_be_a_source_of_critical_metals/>.

97. Robert Strohmeyer, «The 7 Worst Tech Predictions of All Time», *PCWorld*, 31 de diciembre de 2008, <https://www.pcworld.com/article/532605/worst_tech_predictions.html>.
98. Peter J. Denning y Ted G. Lewis, «Exponential Laws of Computing Growth», *Communications of the ACM*, vol. 60, n.° 1, enero de 2017, <https://cacm.acm.org/magazines/2017/1/211094-exponential-laws-of-computing-growth/abstract>.
99. Petroc Taylor, «Smartphone Subscriptions Worldwide 2016–2021, with forecasts from 2022 to 2027», *Statista*, 19 de julio de 2023, <https://www.statista.com/statistics/330695/number-of-smartphone-users-worldwide/>.
100. Wafa Suwaileh, Daniel Johnson y Nidal Hilal, «Membrane Desalination and Water Re-Use for Agriculture: State of the Art and Future Outlook», *Desalination*, vol. 491, 1 de octubre de 2020, <https://www.sciencedirect.com/science/article/abs/pii/S0011916420310213>.

### 6. La importancia de la ubicación

1. «China-EU-International Trade in Goods Statistics», *Statistics Explained*, febrero de 2022, <https://ec.europa.eu/eurostat/statistics-explained/index.php?title=China-EU_-_international_trade_in_goods_statistics>.
2. James McBride, Noah Berman y Andrew Chatzky, «China's Massive Belt and Road Initiative», Council on Foreign Relations, 2 de febrero de 2023, <https://www.cfr.org/backgrounder/chinas-massive-belt-and-road-initiative>.
3. «About the Belt and Road Initiative (BRI)», Green Finance & Development Center, <https://greenfdc.org/belt-and-road-initiative-about/>.
4. Suprabha Baniya, Nadia Rocha y Michele Ruta, «Trade Effects of the New Silk Road: A Gravity Analysis», *World Bank Policy Research Working Paper*, 8694, enero de 2019; Francois Michel De Soyres, Alen Mulabdic, Siobhan Murray, Nadia Patrizia Rocha Gaffurri y Michelle Ruta, «How Much Will the Belt and Road Initiative Reduce Trade Costs?», Banco Mundial, 16 de octubre de 2018, <https://blogs.worldbank.org/trade/how-much-will-belt-and-road-initiative-reduce-trade-costs>; Chartered Institute of Building, «Belt and Road Initiative to boost world GDP by over $7 trillion per annum by 2040», Centre for Economics and Business Research, 27 de mayo de 2019, <https://cebr.com/reports/belt-and-road-initiative-to-boost-world-gdp-by-over-7-trillion-per-annum-by-2040/>.

5. *Ibidem.*
6. Nicolas J. Firzli, «Pension Investment in Infrastructure Debt: A New Source of Capital for Project Finance», Banco Mundial, 24 de mayo de 2016, <https://blogs.worldbank.org/ppps/pension-investment-infrastructure-debt-new-source-capital-project-finance>.
7. Charlie Campbell, «China Says It's Building the New Silk Road. Here Are Five Things to Know Ahead of a Key Summit», *Time*, 12 de mayo de 2017, <https://time.com/4776845/china-xi-jinping-belt-road-initiative-obor/>; James Griffiths, «Just What is this One Belt, One Road thing Anyway?», CNN, 11 de mayo de 2017, <https://www.cnn.com/2017/05/11/asia/china-one-belt-one-road-explainer/index.html>.
8. Felix K. Chang, «The Middle Corridor through Central Asia: Trade and Influence Ambitions», Foreign Policy Research Institute, 21 de febrero de 2023, <https://www.fpri.org/article/2023/02/the-middle-corridor-through-central-asia-trade-and-influence-ambitions/>.
9. Laura Basagni, «The Mediterranean Sea and its Port System: Risk and Opportunities in a Globally Connected World», en Aleksandra Chmielewska (comp.), *Infrastructures and Power in the Middle East and North Africa*, IEMed, págs. 12-33 (p. 13), <https://www.gmfus.org/sites/default/files/Chapter%20Laura%20Basagni__JPS_Infrastructures%20and%20power%20in%20the%20MENA-12-33.pdf>.
10. *Ibidem*, pág. 13.
11. *Ibid.*
12. Michele Barbero, «Europe Is Trying (and Failing) to Beat China at the Development Game», *Foreign Policy*, Graham Digital Holding Company, 10 de enero de 2023, <https://foreignpolicy.com/2023/01/10/europe-china-eu-global-gateway-bri-economic-development/>; «Demographic Change + Export Controls + Global Gateway», *Merics*, 2 de febrero de 2023, <https://merics.org/en/merics-briefs/demographic-change-export-controls-global-gateway>.
13. «Bioregion», Agencia Europa de Medioambiente, <https://www.eea.europa.eu/help/glossary/chm-biodiversity/bioregion>.
14. Euroregion, <https://euroregio.eu/es/>.
15. Programa de la presidencia catalana de la Eurorregión Pirineos Mediterráneo — 2023-2025, <https://euroregio.eu/wp-content/uploads/230519_GenCat_Progr_Presid_2023-2025_ES.pdf>.
16. «The Future Looks Bright for Solar Energy in Jordan: A 2023 Outlook», *SolarQuarter*, 25 de febrero de 2023, <https://solarquarter.com/2023/02/25/the-future-looks-bright-for-solar-energy-in-jordan-a-2023-outlook/>.

17. «Green Blue Deal», *EcoPeace Middle East*, 31 de marzo de 2022, <https://ecopeaceme.org/gbd/>.

## 7. Liberar las aguas

1. Elizabeth Pennisi, «Just 19 % of Earth's Land Is Still "Wild", Analysis Suggests», *Science*, 19 de abril de 2021, <https://www.science.org/content/article/just-19-earth-s-land-still-wild-analysis-suggests>.
2. Michelle Nijhuis, «World's Largest Dam Removal Unleashes U.S. River After Century of Electric Production», *National Geographic*, 4 de mayo de 2021, <https://www.nationalgeographic.com/science/article/140826-elwha-river-dam-removal-salmon-science-olympic>.
3. Sarah Laskow, «Finding Brooklyn's Ghost Streams, with Old Maps and New Technology», *Atlas Obscura*, 8 de enero de 2016, <https://www.atlasobscura.com/articles/finding-brooklyns-ghost-streams-with-old-maps-and-new-technology>.
4. Adam Shell, «No U.S. Stock, Bond Trading Monday, Tuesday», *USA Today*, 29 de octubre de 2012, <https://www.usatoday.com/story/money/markets/2012/10/28/nyse-sandy/1664249/>; «Impact of Hurricane Sandy», <https://www.nyc.gov/html/sirr/downloads/pdf/final_report/Ch_1_SandyImpacts_FINAL_singles.pdf>.
5. Fran Southgate, «Rewilding Water», *Rewilding Britain*, <https://www.rewildingbritain.org.uk/why-rewild/what-is-rewilding/examples/rewilding-water>.
6. *Ibidem.*
7. *Ibid.*
8. *Ibid.*
9. Joshua Larsen y Annegret Larsen, «Rewilding: Beavers Are Back — Here's What This Might Mean for the U.K.», *Positive News*, 24 de septiembre de 2021, <https://www.positive.news/environment/rewilding-beavers-are-back-heres-what-this-might-mean/>.
10. Marvin S. Soroos, «The International Commons: A Historical Perspective», *Environmental Review*, vol. 12, n.º 1, primavera de 1988, págs. 1-22, <https://www.jstor.org/stable/3984374>.
11. Sir Walter Raleigh, «A Discourse of the Invention of Ships, Anchors, Compass, & etc»., en *Oxford Essential Quotations*, editado por Susan Racliffe, 2017, <https://www.oxfordreference.com/display/10.1093/acref/9780191843730.001.0001/q-oro-ed5-00008718>.
12. William E. Livezey, *Mahan on Sea Power*, Norman, University of Oklahoma

Press, 1981, págs. 281-282, <https://www.baltdefcol.org/files/files/BSDR/BSDR_11_2.pdf>.

13. Clive Schofield y Victor Prescott, *The Maritime Political Boundaries of the World*, Leiden, Martinus Nijhoff, 2004, pág. 36; FAO, «The State of World Fisheries and Aquaculture 2020. Sustainability in Action», 2020, pág. 94; «United Nations Convention on the Law of the Sea (UNCLOS)», Environmental Science: In Context, *Encyclopedia.com*, 8 de enero de 2024, <https://www.encyclopedia.com/environment/energy-government-and-defense-magazines/united-nations-convention-law-sea-unclos>; «Opposition to New Offshore Drilling in the Pacific Ocean», *Oceana USA*, 29 de agosto de 2022, <https://usa.oceana.org/pacific-drilling/>.
14. «Overfishing in the Georges Bank: AMNH», American Museum of Natural History, 2013, <https://www.amnh.org/explore/videos/biodiversity/georges-bank-fish-restoration>.
15. *Ibidem.*
16. Alison Chase, «Marine Protected Areas Are Key to Our Future», *Natural Resources Defense Council*, 14 de junio de 2021, <https://www.nrdc.org/bio/alison-chase/marine-protected-areas-are-key-our-future#:~:text=Fully%20%20and%20%20highly%20%20protected%20%20marine,and%20%20the%20%20jobs%20%20they%20%20generate>.
17. Matt Rand, «Study Shows Benefits Extend beyond Sea Life to Communities on Land», The Pew Charitable Trusts, 7 de julio de 2020, <https://www.pewtrusts.org/en/research-and-analysis/articles/2020/07/07/marine-reserves-can-help-oceans-and-people-withstand-climate-change>.
18. David Stanway, «Nations Secure U.N. Global High Seas Biodiversity Pact», Reuters, 6 de marzo de 2023, <https://www.reuters.com/business/environment/nations-secure-un-global-high-seas-biodiversity-pact-2023-03-05/>.
19. Kevin McAdam, «The Human Right to Water — Market Allocations and Subsistence in a World of Scarcity», *The Interdisciplinary Journal of Study Abroad*, vol. 12, n.º 1, 2005, págs. 59-85, <https://files.eric.ed.gov/fulltext/EJ891474.pdf>.
20. Erick Burgueño Salas, «Water Company Market Value Worldwide 2022», *Statista*, 17 de mayo de 2023, <https://www.statista.com/statistics/1182423/leading-water-utilities-companies-by-market-value-worldwide/#:~:text=The%20water%20company%20with%20the,electricity%20and%20natural%20gas%20services>.
21. «Water Privatization: Facts and Figures», Food & Water Watch, 29 de marzo de 2023, <https://www.foodandwaterwatch.org/2015/08/02/water-privatization-facts-and-figures/>.

22. Bobby Magill, «Climate Change Could Increase Global Fresh Water», MIT, Climate Central, 2 de octubre de 2014, <https://www.climatecentral.org/news/climate-change-could-increase-global-fresh-water-supply-mit-18124>; «2014 Energy and Climate Outlook», MIT, Joint Program on the Science and Policy of Global Change, 2014, <https://globalchange.mit.edu/sites/default/files/newsletters/files/2014%20Energy%20%26%20Climate%20Outlook.pdf>.
23. «2014 Energy and Climate Outlook», art. cit., véase nota 22.
24. Bobby Magill, «Climate Change Could Increase Global Fresh Water», art. cit., véase nota 22.
25. *Ibidem.*
26. Erica Gies, «Slow Water: Can We Tame Urban Floods by Going with the Flow?», *Guardian*, 7 de junio de 2022, <https://www.theguardian.com/environment/2022/jun/07/slow-water-urban-floods-drought-china-sponge-cities>.
27. *Ibidem.*
28. «Stormwater Tip: How are Bioswales and Rain Gardens Different?», Pittsburgh Water & Sewer Authority, junio de 2021, <https://www.pgh2o.com/news-events/news/newsletter/2021-06-29-stormwater-tip-how-are-bioswales-and-rain-gardens-different>.
29. «Using Green Roofs to Reduce Heat Islands», Environmental Protection Agency (EPA), <https://www.epa.gov/heatislands/using-green-roofs-reduce-heat-islands#1>.
30. Stefano Salata y Bertan Arslan, «Designing with Ecosystem Modelling: The Sponge District Application in Izmir, Turkey», *Sustainability*, vol. 14, n.º 6, 15 de marzo de 2022, pág. 3420, <https://doi.org/10.3390/su14063420>.
31. Jared Green, «Kongjian Yu Defends His Sponge City Campaign», *The Dirt*, 4 de agosto de 2021, <https://dirt.asla.org/2021/08/04/kongjian-yu-defends-his-sponge-city-campaign/>.
32. Brad Lancaster, «Roman and Byzantine-Era Cisterns of the Past Reviving Life in the Present», *Rainwater Harvesting for Drylands and Beyond*, 2011, <https://www.harvestingrainwater.com/2011/07/roman-and-byzantine-era-cisterns-of-the-past-reviving-life-in-the-present/>.
33. «Rainwater Conservation for Community Climate Change Resiliency», 5 de marzo de 2020, <https://www.peacecorps.gov/mexico/stories/rainwater-conservation-community-climate-change-resiliency/>.
34. «One Million Cisterns for the Sahel Initiative», FAO, 2018, <https://www.fao.org/3/ca0882en/CA0882EN.pdf>.
35. *Ibidem*, sección 1.

36. «President of Niger: "Development Is the Only Way to Stop Migration"», FAO, 18 de junio de 2018, <https://www.fao.org/newsroom/detail/President-of-Niger-Development-is-the-only-way-to-stop-migration-/en>.
37. Alexander Otte, «Social Dimensions», en *The United Nations World Water Development Report: Leaving No One Behind*, Unesco, 2019, págs. 58-71, <https://unesdoc.unesco.org/ark:/48223/pf0000367652> (trad. cast.: «Dimensiones sociales», en *Informe mundial de las Naciones Unidas sobre el desarrollo de los recursos hídricos 2019: no dejar a nadie atrás*, Unesco, 2019, <https://unesdoc.unesco.org/ark:/48223/pf0000367652_spa>, págs. 62-75).
38. Rainwater Collection Legal States 2024, 2024, <https://worldpopulationreview.com/state-rankings/rainwater-collection-legal-states>.
39. CNT, «The Case for Fixing the Leaks: Protecting People and Saving Water While Supporting Economic Growth in the Great Lakes Region», Center for Neighborhood Technology, 2013, <https://cnt.org/sites/default/files/publications/CNT_CaseforFixingtheLeaks.pdf>.
40. Bob Berkebile, Stephen Mcdowell y Laura Lesniewski, «Flow — The Making of the Omega Center for Sustainable Living», BNIM, 2010, <https://www.bnim.com/sites/default/files/library/flow_0.pdf>; «The Eco Machine», Omega Institute for Holistic Studies, 2023, <https://www.eomega.org/center-sustainable-living/eco-machine>.
41. *Ibidem.*
42. Jim Robbins, «Beyond the Yuck Factor: Cities Turn to Extreme Water Recycling», Yale Environment 360, 6 de junio de 2023, <https://e360.yale.edu/features/on-site-distributed-premise-graywater-blackwater-recycling>.
43. *Ibidem.*
44. «Salesforce Announces Work.com for Schools and $20 Million to Help Schools Reopen Safely and Support Student Learning Anywhere», *Salesforce*, 11 de agosto de 2020, <https://www.salesforce.com/news/press-releases/2020/08/11/salesforce-announces-work-com-for-schools-and-20-million-to-help-schools-reopen-safely-and-support-student-learning-anywhere/>.
45. Patrick Sisson, «Facing Severe Droughts, Developers Seek to Reuse the Water They Have», *The New York Times*, 3 de agosto de 2021, <https://www.nytimes.com/2021/08/03/business/drought-water-reuse-development.html>.
46. Jim Robbins, «Beyond the Yuck Factor: Cities Turn to Extreme Water Recycling», Yale Environment 360, 6 de junio de 2023, <https://e360.yale.edu/features/on-site-distributed-premise-graywater-blackwater-recycling>.
47. *Ibidem.*
48. *Ibid.*
49. *Ibid.*

## 8. La gran migración y el auge de la sociedad efímera

1. Abrahm Lustgarten y Meridith Kohut, «Climate Change Will Force a New American Migration», *ProPublica*, 15 de septiembre de 2020, <https://www.propublica.org/article/climate-change-will-force-a-new-american-migration>.
2. Lee R. Kump, «The Last Great Global Warming», *Scientific American*, 1 de julio de 2011, <https://www.scientificamerican.com/article/the-last-great-global-warming/>.
3. Benito de Nursia, Regla de San Benito, Abadía de Regina Laudis, <https://abbeyofreginalaudis.org/community-rule-english.html> (trad. cast.: *Regla de los monjes*, Salamanca, Sígueme, 2006).
4. Sebastian De Grazia, *Of Time, Work, and Leisure*, Nueva York, Century Foundation, 1962, pág. 41.
5. *Ibidem*.
6. Reinhard Bendix, *Max Weber: An Intellectual Portrait*, Garden City, Anchor-Doubleday, 1962, pág. 318 (trad. cast.: *Max Weber*, Buenos Aires, Amorrortu, 1970).
7. Jonathan Swift, 1667-1745, *Gulliver's Travels*, Nueva York, Avenel Books, 1985 (trad. cast.: *Los viajes de Gulliver*, Madrid, Anaya, 2018).
8. «Linear Perspective», *Encyclopedia Britannica*, <https://www.britannica.com/art/linear-perspective>.
9. Fritjof Capra, *The Tao of Physics: An Exploration of the Parallels Between Modern Physics and Eastern Mysticism*, Berkeley, Shambhala Publications, 1975, pág. 138 (trad. cast.: *El tao de la física*, Málaga, Sirio, 2017).
10. Norbert Wiener, *The Human Use of Human Beings: Cybernetics and Society*, Nueva York, Da Capo Press, 1988, pág. 96 (trad. cast.: *Cibernética y sociedad*, Buenos Aires, Sudamericana, 1988).
11. Alfred North Whitehead, *Science and the Modern World*, Cambridge, Cambridge University Press, 1926, pág. 22.
12. Alfred North Whitehead, *Science and the Modern World*, Cambridge, Cambridge University Press, 1929, pág. 61 (trad. cast.: *La ciencia y el mundo moderno*, Buenos Aires, Losada, 2016); Alfred North Whitehead, *Nature and Life*, Chicago, Chicago University Press, 1934, reimpresión, Cambridge, Cambridge University Press, 2011 (trad. cast.: *Naturaleza y vida*, Buenos Aires, Instituto de Filosofía y Letras, 1941).
13. Alfred North Whitehead, *Science and the Modern World*, *op. cit.*; *Nature and Life*, *op. cit.*, véase nota 12.
14. Whitehead, *Nature and Life*, *op. cit.*, pág. 65.

15. Robin G. Collingwood, *The Idea of Nature*, Oxford, Oxford University Press, 1945, pág. 146 (trad. cast.: *Idea de la naturaleza*, Madrid, FCE, 2006).
16. Whitehead, *Nature and Life*, *op. cit.*, págs. 45-48.
17. Allan Silverman, «Plato's Middle Period Metaphysics and Epistemology», *Stanford Encyclopedia of Philosophy*, otoño de 2014, <https://plato.stanford.edu/archives/fall2014/entries/plato-metaphysics>.
18. Vernon J. Bourke, «Rationalism», *Dictionary of Philosophy*, Totowa, NJ, Littlefield, Adams, and Company, 1962, pág. 263.
19. Isaac Newton, *Newton's Principia: The Mathematical Principles of Natural Philosophy*, Nueva York, Daniel Adee, 1846 (trad. cast.: *Principios matemáticos de la filosofía natural*, Madrid, Alianza Editorial, 2022).
20. «Ephemeral Art», Unesco Courier, 1996, pág. 11, <https://unesdoc.unesco.org/ark:/48223/pf0000104975>.
21. «Annual Park Ranking Report for Recreation Visits in 2022», National Parks Service, <http://npshistory.com/publications/visitation/annual-park-ranking/2022.pdf>.
22. Mary Caperton Morton, «Mount Rushmore's Six Grandfathers and Four Presidents», *Eos*, 14 de octubre de 2021, <https://eos.org/features/mount-rushmores-six-grandfathers-and-four-presidents>; Mario González y Elizabeth Cook-Lynn, *The Politics of Hallowed Ground: Wounded Knee and the Struggle for Indian Sovereignty*, Urbana, University of Illinois Press, 1999.
23. Peter Osborne y Matthew Charles, «Walter Benjamin», *Stanford Encyclopedia of Philosophy*, 14 de octubre de 2020, <https://plato.stanford.edu/entries/benjamin/>.

## 9. Repensar nuestro apego al lugar

1. K. C. Samir y Wolfgang Lutz, «The Human Core of the Shared Socioeconomic Pathways: Population Scenarios by Age, Sex and Level of Education for All Countries to 2100», *Global Environmental Change*, 4 de julio de 2014, <https://www.sciencedirect.com/science/article/pii/S0959378014001095>.
2. Dean Spears, «All of the Predictions Agree on One Thing: Humanity Peaks Soon», *New York Times*, 18 de septiembre de 2023, <https://www.nytimes.com/interactive/2023/09/18/opinion/human-population-global-growth.html>.
3. «The Great Human Migration», Smithsonian.com, 1 de julio de 2008, <https://www.smithsonianmag.com/history/the-great-human-migration-13561/>.

4. Patrick Manning y Tiffany Trimmer, *Migration in World History*, Nueva York, Routledge, 2020.
5. *Ibidem*, pág. 33.
6. K. R. Howe, *Vaka Moana: Voyages of the ancestors: The Discovery and Settlement of the Pacific*, Honolulu, University of Hawai'i Press, 2014.
7. Kim Tingley, «The Secrets of the Wave Pilots», *New York Times*, 17 de marzo de 2016, <https://www.nytimes.com/2016/03/20/magazine/the-secrets-of-the-wave-pilots.html#:~:text=When%20they%20hit%2C%20part%20of,-sight%20%E2%80%94%20these%20and%20other%20patterns>.
8. «U.S. Immigration Flows, 1820-2013», *Carolina Demography*, 30 de julio de 2019, <https://carolinademography.cpc.unc.edu/2015/04/27/u-s-immigration-flows-1820-2013/>.
9 . Bureau, U.S. Census, «Calculating Migration Expectancy Using ACS Data», Census.gov, 3 de diciembre de 2021, <https://www.census.gov/topics/population/migration/guidance/calculating-migration-expectancy.html>.
10. Anusha Natarajan, «Key Facts about Recent Trends in Global Migration», Pew Research Center, 16 de diciembre de 2022, <https://www.pewresearch.org/short-reads/2022/12/16/key-facts-about-recent-trends-in-global-migration/>.
11. «The Rise of Dual Citizenship: Who Are These Multi-Local Global Citizens?», Global Citizen Forum, 31 de enero de 2022, <https://www.globalcitizenforum.org/story/the-rise-of-dual-citizenship-why-multi-local-global-citizens-are-becoming-the-new-normal/#:~:text=Essentially%20%2C%20%20anyone%20%20who%20%20holds%20%20two,by%20%20governments%20%20around%20%20the%20%20world>.
12. «UNWTO Tourism Highlights», e-unwto.org, 2018, <https://www.e-unwto.org/doi/pdf/10.18111/9789284419876>.
13. «Travel & Tourism Economic Impact», World Travel & Tourism Council (WTTC), <https://wttc.org/research/economic-impact>.
14. Susan C. Antón, Richard Potts y Leslie C. Aiello, «Evolution of Early Homo: An Integrated Biological Perspective», *Science*, vol. 345, n.º 6192, 4 de julio de 2014, <https://doi.org/10.1126/science.1236828>.
15. Alan Buis, «Milankovitch (Orbital) Cycles and Their Role in Earth's Climate — Climate Change: Vital Signs of the Planet», NASA, 7 de febrero de 2022, <https://climate.nasa.gov/news/2948/milankovitch-orbital-cycles-and-their-role-in-earths-climate/>.
16. Susan C. Antón, Richard Potts y Leslie C. Aiello, «Evolution of Early Homo: An Integrated Biological Perspective», art. cit., véase nota 14.
17. Jacqueline Armada, «Sustainable Ephemeral: Temporary Spaces with Lasting

Impact», SURFACE at Syracuse University, 1 de mayo de 2012, <https://surface.syr.edu/honors_capstone/111/>.

18. Clay Lancaster, «Metaphysical Beliefs and Architectural Principles», *JSTOR*, mayo de 1956, <https://www.jstor.org/stable/427046>.
19. Kevin Nute, *Place, Time and Being in Japanese Architecture*, Nueva York, Psychology Press, 2004, <https://philpapers.org/rec/NUTPTA>.
20. Tadao Ando, «Laureate Biography», Laureates, The Pritzker Architecture Prize, 1995, <https://www.pritzkerprize.com/sites/default/files/file_fields/field_files_inline/1995_bio.pdf>.
21. Matsuda Naonori, «Japan's Traditional Houses: The Significance of Spatial Conceptions», en Ronald G. Knapp (comp.), *Asia's Old Dwellings: Tradition, Resilience, and Change*, Oxford, Oxford University Press, 2003, pág. 309, <https://library.villanova.edu/Find/Record/637894/TOC>.
22. Clay Lancaster, «Metaphysical Beliefs and Architectural Principles», *JSTOR*, mayo de 1956, <https://www.jstor.org/stable/427046>.
23. «Ecological Threat Register 2021: Understanding Ecological Threats, Resilience, and Peace», The Institute for Economics & Peace, octubre de 2021, <https://www.economicsandpeace.org/wp-content/uploads/2021/10/ETR-2021-web.pdf>.
24. «Life in Za'atari, the Largest Syrian Refugee Camp in the World», Oxfam International, 25 de mayo de 2022, <https://www.oxfam.org/en/life-zaatari-largest-syrian-refugee-camp-world>.
25. «Za'atari Refugee Camp — Factsheet, November 2016 — Jordan», ReliefWeb, 16 de noviembre de 2016, <https://reliefweb.int/report/jordan/zaatari-refugee-camp-factsheet-november-2016>.
26. *Ibidem.*; Lilly Carlisle, «Jordan's Za'atari Refugee Camp: 10 Facts at 10 Years», UNHCR US, julio de 2022, <https://www.unhcr.org/us/news/stories/jordans-zaatari-refugee-camp-10-facts-10-years>; Mario Echeverria y Moh'd Al-Taher, «Jordan: Zaatari Refugee Camp», septiembre de 2022, <https://www.unhcr.org/jo/wp-content/uploads/sites/60/2022/12/9-Zaatari-Fact-Sheet-September-2022.pdf>.
27. «Solving the Housing Challenge of 1.6 Billion People through Sheltertech», Plug and Play Tech Center, 20 de diciembre de 2022, <https://www.plugandplaytechcenter.com/press/solving-housing-challenges-through-sheltertech/>.
28. Kendall Jeffreys, «Ephemeral Waters», Rachel Carson Council, <https://rachelcarsoncouncil.org/ephemeral-waters/>.
29. FormLab, «Additive vs. Subtractive Manufacturing», <https://formlabs.com/blog/additive-manufacturing-vs-subtractive-manufacturing/>.

30. Rupendra Brahambhatt, «Virginia Is About to 3D-Print an Entire Neighborhood of Homes — And It's Cheaper Than You Think», *ZME Science*, 17 de junio de 2022, <https://www.zmescience.com/ecology/world-problems/3d-printing-houses-17062022/>.
31. Tara Massouleh McCay, «Virginia Family Buys First Habitat for Humanity 3D-Printed Home», *Southern Living*, 29 de diciembre de 2021, <https://www.southernliving.com/travel/virginia/virginia-family-buys-first-habitat-for-humanity-3d-printed-home>.
32. Jessica Cherner, «Habitat for Humanity Debuts First Completed Home Constructed via 3D Printer», *Architectural Digest*, 3 de enero de 2022, <https://www.architecturaldigest.com/story/habitat-for-humanity-3d-printer-home>.
33. *Ibidem.*
34. «Virginia Launches World's Biggest 3D-Printed Housing Project», *Freethink*, 11 de junio de 2022, <https://www.freethink.com/hard-tech/3d-printing-houses#:~:text=Over%20%20the%20%20next%20%205%20%20years,solve%20%20America%20%27s%20%20affordable%20%20housing%20%20crisis>.
35. *Ibidem.*
36. «GE Renewable Energy Inaugurates 3D Printing Facility That Will Research More Efficient Ways to Produce Towers for Wind Turbines», *GE News*, 21 de abril de 2022, <https://www.ge.com/news/press-releases/ge-renewable-energy-inaugurates-3d-printing-facility-research-more-efficient-ways-produce-towers-for-wind-turbines>.
37. James Parkes, «Long-Awaited 3D-Printed Stainless Steel Bridge Opens in Amsterdam», *Dezeen*, 19 de julio de 2021, <https://www.dezeen.com/2021/07/19/mx3d-3d-printed-bridge-stainless-steel-amsterdam/>.
38. Madeleine Prior, «3D Printed Energy Infrastructure with Lower Material Consumption», *3Dnatives*, 31 de enero de 2022, <https://www.3dnatives.com/en/3d-printed-energy-infrastructure-with-lower-material-consumption-010220224/>.
39. Michael Molitch-Hou, «Has House 3D Printing Finally Made It?», *Forbes Magazine*, 10 de junio de 2022, <https://www.forbes.com/sites/michaelmolitch-hou/2022/06/09/has-house-3d-printing-finally-made-it/?sh=12d91748f86a>.
40. Ankita Gangotra, Emanuela del Gado y Joanna I. Lewis, «3D Printing Has Untapped Potential for Climate Mitigation in the Cement Sector», *Communications Engineering*, vol. 2, n.º 6, 3 de febrero de 2023, <https://doi.org/10.1038/s44172-023-00054-7>.
41. Michael Molitch-Hou, «Has House 3D Printing Finally Made It?», art. cit., véase nota 39.

42. Paula Pintos, «Tecla Technology and Clay 3D Printed House / Mario Cucinella Architects», *ArchDaily*, 27 de abril de 2021, <https://www.archdaily.com/960714/tecla-technology-and-clay-3d-printed-house-mario-cucinella-architects>.
43. Adele Peters, «IKEA's 8 Principles for Circular Design Show How to Build a Business Based on Reuse», *Fast Company*, 10 de septiembre de 2021, <https://www.fastcompany.com/90674372/ikeas-8-principles-for-circular-design-show-how-to-build-a-business-based-on-reuse>.

### 10. Llevar la agricultura de alta tecnología a los interiores

1. Ryan Hobert y Christine Negra, «Climate Change and the Future of Food», United Nations Foundation, 1 de septiembre de 2020, <https://unfoundation.org/blog/post/climate-change-and-the-future-of-food/#:~:text=By%20%20some%20%20estimates%20%2C%20%20in%20%20the,the%20%20brunt%20%20of%20%20these%20%20impacts>.
2. «Water Scarcity: Overview», WWF, <https://www.worldwildlife.org/threats/water-scarcity>.
3. «Hoover Dam», Water Education Foundation, <https://www.watereducation.org/aquapedia/hoover-dam>; <https://www.newsweek.com/lake-mead-water-filling-colorado-explained-reservoir-1783553>.
4. Dave Davies, «The Colorado River Water Shortage Is Forcing Tough Choices in 7 States», NPR, 29 de septiembre de 2022, <https://www.npr.org/2022/09/29/1125905928/the-colorado-river-water-shortage-is-forcing-tough-choices-in-7-states>; Abrahm Lustgarten y Meridith Kohut, «Climate Change Will Force a New American Migration», *ProPublica*, 15 de septiembre de 2020, <https://www.propublica.org/article/climate-change-will-force-a-new-american-migration>.
5. Ken Ritter, «Feds Announce Start of Public Process to Reshape Key Rules on Colorado River Water Use by 2027», *AP News*, 15 de junio de 2023, <https://apnews.com/article/colorado-river-water-management-guidelines-drought-d7f09d3e471239d9cafcb4e2dcc53820>.
6. Timothy Egan, «The Hoover Dam Made Life in the West Possible, or So We Thought», *New York Times*, 14 de mayo de 2021, <https://www.nytimes.com/2021/05/14/opinion/water-hoover-dam-climate-change.html>.
7. «Water Facts — Worldwide Water Supply», Bureau of Reclamation, 4 de noviembre de 2020, <https://www.usbr.gov/mp/arwec/water-facts-ww-water-sup.html>.

8. David Kirkpatrick, «What Are Vertical Farms, and Can They Really Feed the World?», World Economic Forum, 30 de noviembre de 2015, <https://www.weforum.org/agenda/2015/11/what-are-vertical-farms-and-can-they-really-feed-the-world/>.
9. Victoria Masterson, «Vertical Farming — Is This the Future of Agriculture?», Climate Champions, 24 de mayo de 2022, <https://climatechampions.unfccc.int/vertical-farming-is-this-the-future-of-agriculture/#:~:text=Vertical%20farms%20also%20tend%20to,harvesting%20is%20twice%20a%20year>; The Choice, «We Met the Founder of Europe's Largest Vertical Farm», The Choice by ESCP, 24 de junio de 2021, <https://thechoice.escp.eu/their-choice/we-met-the-founder-of-europes-largest-vertical-farm/>.
10. Antoine Hubert, «Why We Need to Give Insects the Role They Deserve in Our Food Systems», Foro Económico Mundial, 21 de julio de 2021, <https://www.weforum.org/agenda/2021/07/why-we-need-to-give-insects-the-role-they-deserve-in-our-food-systems/>.
11. *Ibidem.*
12. Arnold Van Huis y Dennis G. A. B. Oonincx, «The Environmental Sustainability of Insects as Food and Feed: A Review — Agronomy for Sustainable Development», SpringerLink, 15 de septiembre de 2017, <https://link.springer.com/article/10.1007/s13593-017-0452-8>; Jason Plautz, «Eat A Cricket, Save the World», *The Atlantic*, 27 de abril de 2014, <https://www.theatlantic.com/politics/archive/2014/04/eat-a-cricket-save-the-world/452844/>.
13. Hannah Fuller, «Entomophagy: A New Meaning to "Tasty Grub"», Grounded Grub, 6 de octubre de 2022, <https://groundedgrub.com/articles/entomophagy-a-new-meaning-to-tasty-grub#:~:text=Insects%20are%20also%20cold%2Dblooded,can%20require%20less%20than%202g>.
14. «7 Upscale Bug Dishes from around the World», *Food & Wine*, 21 de abril de 2023, <https://www.foodandwine.com/travel/gourmet-bug-dishes-around-world>.
15. *Ibidem.*
16. Tori Avey, «Discover the History of Sushi», PBS, 5 de septiembre de 2012, <https://www.pbs.org/food/the-history-kitchen/history-of-sushi/#:~:text=Kawafuku%20was%20the%20first%20to,Hollywood%20and%20catered%20to%20celebrities>.

## 11. El eclipse de los Estados nación soberanos y la gestación de la gobernanza biorregional

1. Daniel F. Balting, Amir AghaKouchak, Gerrit Lohmann y Monica Ionita, «Northern Hemisphere Drought Risk in a Warming Climate», *Nature News*, 2 de diciembre de 2021, <https://www.nature.com/articles/s41612-021-00218-2>.
2. Peter Gatrell, «The Nansen Passport: The Innovative Response to the Refugee Crisis That Followed the Russian Revolution», Manchester 1824, 6 de noviembre de 2017, <https://www.manchester.ac.uk/discover/news/the-nansen-passport-the-innovative-response-to-the-refugee-crisis-that-followed-the-russian-revolution/>.
3. Gaia Vince, «The Century of Climate Migration: Why We Need to Plan for the Great Upheaval», *Guardian*, 18 de agosto de 2022, <https://www.theguardian.com/news/2022/aug/18/century-climate-crisis-migration-why-we-need-plan-great-upheaval>.
4. Avery Koop, «Ranked: The World's Most and Least Powerful Passports in 2023», *Visual Capitalist*, 17 de mayo de 2023, <https://www.visualcapitalist.com/most-and-least-powerful-passports-2023/>.
5. «The Rise of Dual Citizenship: Who Are These Multi-Local Global Citizens», *Global Citizen Forum*, 31 de enero de 2022, <https://www.globalcitizenforum.org/story/the-rise-of-dual-citizenship-why-multi-local-global-citizens-are-becoming-the-new-normal/>.
6. Robert Los, «Climate Passport: A Legal Instrument to Protect Climate Migrants — A New Spirit for a Historical Concept», Earth Refuge, primer grupo de reflexión jurídica del planeta dedicado a los migrantes climáticos, 31 de diciembre de 2020, <https://earthrefuge.org/climate-passport-a-legal-instrument-to-protect-climate-migrants-a-new-spirit-for-a-historical-concept/>; Ulrike Grote, Dirk Messner, Sabine Schlacke y Martina Fromhold-Eisebith, «Just & In-Time Climate Poli: Four Initiatives for a Fair Transformation», Consejo Consultivo Alemán, agosto de 2018.
7. «The 1951 Refugee Convention», UNHCR, 2024, <https://www.unhcr.org/about-unhcr/who-we-are/1951-refugee-convention>.
8. Robert Los, «Climate Passport», art. cit., véase nota 6.
9. Abrahm Lustgarten, «The Great Climate Migration Has Begun», *New York Times*, 23 de julio de 2020, <https://www.nytimes.com/interactive/2020/07/23/magazine/climate-migration.html>.
10. Xu Chi, Timothy A. Kohler, Timothy M. Lenton, Jens-Christian Svenning y Marten Scheffer, «Future of the Human Climate Niche», mahb.stanford.edu, 27

de octubre de 2019, <https://mahb.stanford.edu/wp-content/uploads/2023/12/xu-et-al-2020-future-of-the-human-climate-niche.pdf>.

11. Im Eun-Soon, «Deadly Heat Waves Projected in the Densely Populated Agricultural Regions of South Asia», *Science*, 2 de agosto de 2017, <https://www.science.org/doi/10.1126/sciadv.1603322>.
12. Wilfried Ten Brinke, «Permafrost Russia», *Climate Change Post*, <www.climatechangepost.com/russia/permafrost/>.
13. Carlos Carroll, Sean A. Parks, Solomon Z. Dobrowski y David R. Roberts, «Climatic, Topographic, and Anthropogenic Factors Determine Connectivity Between Current and Future Climate Analogs in North America», *Global Change Biology*, vol. 24, n.º 11, 2 de julio de 2018, págs. 5318-5331, <https://onlinelibrary.wiley.com/doi/10.1111/gcb.14373>.
14. *Ibidem*, sección 1.
15. Anna Wearn, «Preparing for the Future: How Wildlife Corridors Help Increase Climate Resilience», Center for Large Landscape Conservation, 28 de enero de 2021, <https://largelandscapes.org/news/how-wildlife-corridors-help-increase-climate-resilience/>.
16. Brenda Mallory, «Guidance for Federal Departments and Agencies on Ecological Connectivity and Wildlife Corridors», 21 de marzo de 2023, <https://www.whitehouse.gov/wp-content/uploads/2023/03/230318-Corridors-connectivity-guidance-memo-final-draft-formatted.pdf>.
17. *Ibidem*, apartado 1.
18. *Ibid.*, apartado 2.
19. «World's Deadliest Construction Projects: Why Safety Is Important», 360training, 3 de enero de 2023, <https://www.360training.com/blog/worlds-deadliest-construction-projects>.
20. Charles Maechling, «Pearl Harbor 1941: The First Energy War», *Foreign Service Journal*, agosto de 1979, págs. 11-13.
21. «International Programs — Historical Estimates of World Population», U.S. Census Bureau, <https://web.archive.org/web/20130306081718/https://www.census.gov/population/international/data/worldpop/table_history.php>.
22. Sébastien Roblin, «The U.S. Military Is Terrified of Climate Change. It's Done More Damage than Iranian Missiles», *NBC News*, 20 de septiembre de 2020, <https://www.nbcnews.com/think/opinion/u-smilitary-terrified-climate-change-it-s-done-more-ncna1240484>.
23. Andrew Eversden, «"Climate Change Is Going to Cost Us": How the U.S. Military Is Preparing for Harsher Environments», *Defense News*, 18 de agosto de 2022, <https://www.defensenews.com/smr/energy-and-environment/2021/08/09/

climate-change-is-going-to-cost-us-how-the-us-military-is-preparing-for-harsher-environments/>.

24. Sébastien Roblin, «The U.S. Military Is Terrified of Climate Change», art. cit., véase nota 22.
25. *Ibidem.*
26. Jason Channell, Elizabeth Curmi, Phuc Nguyen, Elaine Prior, Alastair R. Syme, Heath R. Jansen *et al.*, «Energy Darwinism II: Why a Low Carbon Future Doesn't Have to Cost the Earth», *Citi GPS: Global Perspectives and Solutions*, agosto de 2015, pág. 8.
27. Patrick Tucker, «Climate Change Is Already Disrupting the Military. It Will Get Worse, Officials Say», Defense One, 10 de agosto de 2021, <https://www.defenseone.com/technology/2021/08/climatechange-already-disrupting-military-it-will-get-worse-officials-say/184416/>.
28. «U.S. Department of Defense — Climate Risk Analysis», U.S. Department of Defense, octubre de 2021, <https://media.defense.gov/2021/Oct/21/2002877353/-1/-1/0/DOD-CLIMATE-RISK-ANALYSIS-FINAL.PDF>.
29. Climate Adaptation Plan, Departamento de Defensa de Estados Unidos, septiembre de 2021, pág. 7, <https://www.sustainability.gov/pdfs/dod-2021-cap.pdf>.
30. «Response to 2017 Hurricanes Harvey, Irma, and Maria: Lessons Learned for Judge Advocates 8», Center for Law & Military Operations, 2018, <https://tile.loc.gov/storage-services/service/ll/llmlp/Domestic-Disaster-Response_202017/Domestic-Disaster-Response_202017.pdf>.
31. Jay Heisler, «World Security Chiefs Debate Military Response to Climate Change», *Voice of America* (*VOA News*), 24 de noviembre de 2021, <https://www.voanews.com/a/world-security-chiefs-debate-military-response-to-climate-change-/6326707.html>.

## 12. Dos formas de escuchar las aguas

1. Arthur Schopenhauer, *The World as Will and Representation*, vol. 1, Nueva York, Dover Publications, 1966, págs. 225-226 (trad. cast.: *El mundo como voluntad y representación*, vol. 1, Madrid, Gredos, 2010).
2. Ian Sample, «From Bambi to Moby-Dick: How a Small Deer Evolved into the Whale», *Guardian*, 20 de diciembre de 2007, <https://www.theguardian.com/science/2007/dec/20/sciencenews.evolution#:~:text=The%20first%20whales%2C%20Pakicetidae%2C%20emerged,big%20feet%20and%20strong%20tails>.

3. Christopher Connery, «There Was No More Sea: The Supersession of the Ocean, from the Bible to Cyberspace», *Journal of Historical Geography*, vol. 32, 2006, págs. 494-511, doi: 10.1016/j.jhg.2005.10.005.
4. *Ibidem*, pág. 494.
5. Xi Jinping, «Pushing China's Development of an Ecological Civilization to a New Stage», 中国好故, <https://www.chinastory.cn/PCywdbk/english/v1/detail/20190925/1012700000042741569371933649488302_1.html>.
6. «China Aims to Build Climate-Resilient Society by 2035», The State Council of the People's Republic of China, 14 de junio de 2022, <https://english.www.gov.cn/statecouncil/ministries/202206/14/content_WS62a8342cc6d02e533532c23a.html>.
7. Norman MacLean, *Young Men and Fire*, Chicago, University of Chicago Press, 2017 (trad. cast.: *La montaña en llamas*, Logroño, Pepitas de Calabaza, 2021); David von Drehle, «How to Prevent Deadly Wildfires? Stop Fighting Fires», *Washington Post*, 22 de septiembre de 2022, <https://www.washingtonpost.com/opinions/2022/09/22/wildfire-death-prevention-mann-gulch-forest-management/>.
8. David von Drehle, «How to Prevent Deadly Wildfires? Stop Fighting Fires», art. cit., *Washington Post*, 22 de septiembre de 2022, <https://www.washingtonpost.com/opinions/2022/09/22/wildfire-death-prevention-mann-gulch-forest-management/>.
9. «Study: Third of Big Groundwater Basins in Distress», NASA, Jet Propulsion Laboratory, California Institute of Technology, 16 de junio de 2015, <https://www.jpl.nasa.gov/news/study-third-of-big-groundwater-basins-in-distress>.
10. Jay Famiglietti, «A Map of the Future of Water», The Pew Charitable Trusts, 3 de marzo de 2019, <https://www.pewtrusts.org/en/trend/archive/spring-2019/a-map-of-the-future-of-water>.
11. «History of Summer Solstice Traditions», National Trust, <https://www.nationaltrust.org.uk/discover/history/history-of-summer-solstice-traditions>.
12. «Winter Solstice — History», 21 de septiembre de 2017, <https://www.history.com/topics/natural-disasters-and-environment/winter-solstice>.
13. Lawrence Wright, *Clockwork Man*, Nueva York, Horizon Press, 1969, pág. 47.
14. Eviatar Zerubavel, «Easter and Passover: On Calendars and Group Identity», *American Sociological Review*, vol. 47, n.º 2, abril de 1982, págs. 287-288, <https://doi.org/10.2307/2094969>.
15. *Ibidem*.
16. Andrew Tarantola, «That Time France Tried to Make Decimal Time a Thing», *Engadget*, 17 de enero de 2022, <https://www.engadget.com/that-time-france-tried-to-make-decimal-time-a-thing-143600302.html>.

17. Sebastian De Grazia, *Of Time, Work, and Leisure*, Nueva York, Twentieth Century Fund, 1962, pág. 119 (trad. cast.: *Tiempo, trabajo y ocio*, Madrid, Tecnos, 1966).
18. Tom Darby, *The Feast: Meditations on Politics and Time*, Toronto, University of Toronto Press, 1982.
19. Anne Marie Helmenstine, «How Many Molecules Are in a Drop of Water?», *ThoughtCo*, 27 de agosto de 2019, <https://www.thoughtco.com/atoms-in-a-drop-of-water-609425>.
20. Adesuwa Okoyomon, «How Long Does the Water Cycle Really Take?», *Science World*, 15 de abril de 2020, <https://www.scienceworld.ca/stories/how-long-does-water-cycle-really-take/>.

### 13. Engullidos por el metaverso o impulsados por el acuaverso

1. Josh Howarth, «Alarming Average Screen Time Statistics (2023)», *Exploding Topics*, 13 de enero de 2023, <https://explodingtopics.com/blog/screen-time-stats>.
2. Ray Kurzweil, *The Singularity Is Near: When Humans Transcend Biology*, Nueva York, Viking, 2005, pág. 30 (trad. cast.: *La singularidad está cerca: cuando los humanos transcendamos la biología*, Berlín, Lola Books, 2021).
3. *Ibidem*, pág. 136.
4. A. M. Turing, «Computing Machinery and Intelligence», *Mind LIX*, vol. 236, octubre de 1950, págs. 433-460, <https://doi.org/10.1093/mind/LIX.236.433>.
5. Ethan Siegel, «How Many Atoms Do We Have in Common with One Another?», *Forbes*, 30 de abril de 2020, <https://www.forbes.com/sites/startswithabang/2020/04/30/how-many-atoms-do-we-have-in-common-with-one-another/?sh=75adfe6a1b38>.
6. J. Gordon Betts, Kelly A. Young, James A. Wise, Eddie Johnson, Brandon Poe, Dean H. Kruse *et al.*, *Anatomy and Physiology*, Houston, Rice University, 2013, pág. 43; Curt Stager, *Your Atomic Self*, pág. 197.
7. Arthur Schopenhauer, *On the Basis of Morality*, Providence, RI, Berghahn Books, 1995; véase la introducción de David E. Cartwright, pág. ix (trad. cast.: *Fundamento de la moral*, Barcelona, Bauza, 1920).
8. *Ibidem*.
9. *Ibid.*, pág. 61. La cita incluida en la cita de Schopenhauer es de la obra de Immanuel Kant: *Critique of Practical Reason* (trad. cast.: *Crítica de la razón práctica*, Madrid, Verbum, 2020). El énfasis es de Schopenhauer.

10. La cita procede de Immanuel Kant, *Foundation of the Metaphysics of Morals* (trad. cast.: *Fundamentación de la metafísica de las costumbres*, Madrid, Espasa Calpe, 1980). El énfasis es de Schopenhauer.
11. Schopenhauer, *On the Basis of Morality*, *op. cit.*, pág. 62, véase nota 9.
12. *Ibidem*, pág. 66.
13. *Ibid.*, págs. 143, 147.
14. *Ibid.*, pág. 144.
15. Penfei Li, Jianyi Yang, Mohammad Atiqul Islam y Shaolei Ren, «Making AI Less "Thirsty": Uncovering and Addressing the Secret Water Footprint of AI Models», *ArXiv*, abs/2304.03271, 2023: n. p. [s.l.]
16. *Ibidem*.
17. Sarah Brunswick, «A Tale of Two Shortages: Reconciling Demand for Water and Microchips in Arizona», ABA, 1 de febrero de 2023, <https://archive.ph/HkL3j#selection-1133.0-1133.15>; «Global Semiconductor Sales, Units Shipped Reach All-Time Highs in 2021 as Industry Ramps up Production amid Shortage», Semiconductor Industry Association, 14 de febrero de 2022, <https://www.semiconductors.org/global-semiconductor-sales-units-shipped-reach-all-time-highs-in-2021-as-industry-ramps-up-production-amid-shortage/>.
18. Penfei Li, *et al.*, «Making AI Less "Thirsty"», art. cit., véase nota 15.
19. Bum Jin Park, Yuko Tsunetsugu, Tamami Kasetani, Takahide Kagawa y Yoshifumi Miyazaki, «The Physiological Effects of Shinrin-yoku (Taking in the Forest of Forest Bathing): Evidence from Field Experiments in 24 Forests Across Japan», *Environmental Health and Preventative Medicine*, vol. 15, n.° 1, 2010, pág. 21.
20. Roly Russell, Anne D. Guerry, Patricia Balvanera, Rachelle K. Gould, Xavier Basurto, Kai M. A. Chan, *et al.*, «Humans and Nature: How Knowing and Experiencing Nature Affect Well-Being», *Annual Review of Environment and Resources*, vol. 38, 17 de octubre de 2013, págs. 473-502, <https://doi.org/10.1146/annurev-environ-012312-110838>.
21. Andrea Wulf, «A Biography of E. O. Wilson, the Scientist Who Foresaw Our Troubles», *New York Times*, 10 de noviembre de 2021, <https://www.nytimes.com/2021/11/10/books/review/scientist-eo-wilson-richard-rhodes.html>; Wilson, Edward O. «The Biological Basis of Morality», *The Atlantic*, abril de 1998, <https://www.theatlantic.com/magazine/archive/1998/04/the-biological-basis-of-morality/377087/>.
22. Richard Louv, *Last Child in the Woods*, Chapel Hill, NC, Algonquin Books, 2008 (trad. cast.: *Los últimos niños en el bosque*, Madrid, Capitán Swing, 2020).

23. Patrick Barkham, «Should Rivers Have the Same Rights as People?», *Guardian*, 25 de julio de 2021, <https://www.theguardian.com/environment/2021/jul/25/rivers-around-the-world-rivers-are-gaining-the-same-legal-rights-as-people>.
24. *Ibidem*.

# ÍNDICE ONOMÁSTICO Y DE MATERIAS